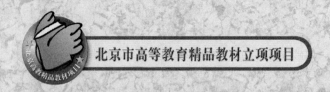

普通高等教育精品教材·省级

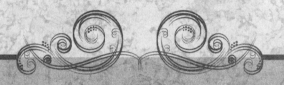

数据库基础教程

王月海 何丽 孟丹 张艳苏 编著

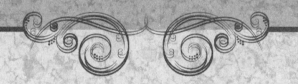

Fundamentals of Database Systems

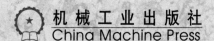
机械工业出版社
China Machine Press

本书以培养应用型软件人才为目标，结合编者多年的教学经验和项目开发经验而编写。

本书分为三部分，第一部分是数据处理和数据库基础理论，主要介绍数据处理技术发展、数据库模型、标准 SQL 语言、规范化理论、数据库设计、数据库安全与保护；第二部分是数据库应用，主要介绍在 SQL Server 2008 环境下如何完成数据库的创建、数据库的操作、存储过程与触发器、数据库连接技术、综合数据库应用系统开发案例；第三部分是数据库技术的发展及展望，主要介绍面向对象数据库系统、分布式数据库系统、多媒体数据库系统、移动数据库系统以及数据仓库与数据挖掘。

本书取材新颖，将数据库原理知识与实际数据库开发工具结合在一起，旨在培养读者的综合实践与创新能力。

本书可作为高等院校计算机应用专业以及信息管理等相关专业的教材或参考书，也可作为相关人员学习数据库知识的参考书。

图书在版编目（CIP）数据

数据库基础教程／王月海等编著 . —北京：机械工业出版社，2011. 8
（北京市高等教育精品教材立项项目）

ISBN 978-7-111-35592-2

Ⅰ. 数… Ⅱ. 王… Ⅲ. 数据库系统－高等学校－教材 Ⅳ. TP311. 13

中国版本图书馆 CIP 数据核字（2011）第 157073 号

机械工业出版社（北京市西城区百万庄大街22 号 邮政编码 100037）
责任编辑：李 荣
北京瑞德印刷有限公司印刷
2011 年 8 月第 1 版第 1 次印刷
185mm×260mm · 17. 5 印张
标准书号：ISBN 978-7-111-35592-2
定价：30. 00 元

凡购本书，如有缺页、倒页、脱页，由本社发行部调换

客服热线：（010）88378991；88361066

购书热线：（010）68326294；88379649；68995259

投稿热线：（010）88379604

读者信箱：hzjsj@hzbook.com

前　言

数据库技术主要研究如何存储、使用和管理数据。它自 20 世纪 60 年代产生至今已有 40 多年的历史，出现了 C. W. Bachman、E. F. Codd 和 James Gray 三位图灵奖获得者，带动了一个巨大的软件产业的发展。数据库技术一直是最活跃、发展速度最快、应用最广的 IT 技术之一。

在过去 20 年里，数据库技术的应用有了巨大的增长，几乎每个行业都要用数据库来存储、操纵、检索数据。例如，在商业、医疗保健、教育、政府组织、图书馆、军事、工业控制等领域都有数据库的应用，它已成为信息管理、电子商务、网络服务等应用系统的核心技术和重要基础。从某种意义上说，数据库技术已成为计算机、控制、信息等相关专业的工程技术人员所必须具备的专业知识。

全书共 12 章，分为三部分。

第一部分是数据处理和数据库基础理论，包括第 1～7 章，主要介绍数据处理技术发展、数据库模型、标准 SQL 语言、规范化理论、数据库设计步骤、数据库安全与保护措施；第二部分是数据库应用，包括第 8～11 章，主要介绍在 SQL Server 2008 环境下如何完成数据库的创建及对数据库的操作、T-SQL 语言、存储过程与触发器、常用数据库访问技术，在第 11 章中以开发一个学生公寓管理系统为例，介绍如何进行需求分析、概念结构设计、逻辑结构设计、物理结构设计及数据库应用系统的开发等数据库设计步骤，并用 C# + SQL Server 2008 实现这个实际的系统；第三部分是数据库技术的发展及展望，主要介绍面向对象数据库系统、分布式数据库系统、多媒体数据库系统、移动数据库系统以及数据仓库与数据挖掘。

本书采用理论与应用相结合的写作思路，自始至终贯彻案例教学的思想，使读者清晰地认识到理论和应用各自解决的问题，在内容编排上由理论到实践、从技术基础到具体开发应用。本书取材新颖，书中的案例采用流行的 C# 开发技术和最新的 SQL Server 2008 数据库管理系统，将数据库原理知识与实际数据库开发工具结合在一起，旨在培养读者的综合实践与创新能力。

本书在编写过程中，参考了大量的相关技术资料和程序开发源码资料，在此向资料的作者深表谢意，书中的全部程序都已经上机调试通过。由于编者水平和时间有限，书中难免有错误及不妥之处，敬请各位同行和读者不吝赐教，批评指正。

编　者
2011 年 6 月

教学建议

教学内容	教学目标及教学要求参考	课时安排参考	可选实验参考
第1章 数据处理概述	• 熟悉数据、信息等基本概念 • 理解数据处理与数据管理的区别 • 了解数据处理发展的三个阶段 • 掌握数据逻辑结构及数据物理结构	2	
第2章 数据库基础知识	• 了解数据库技术的发展史 • 掌握数据库、数据库管理系统、数据库系统等基本概念 • 理解常用的数据模型 • 掌握数据库系统的三级模式结构 • 理解 DBMS 的工作过程	4	
第3章 关系模型	• 掌握关系模型的三要素 • 掌握关系模型的完整性约束 • 掌握关系代数表达式的运用 • 理解关系代数的查询优化方法	4	安装某个数据库管理系统（SQL Server 2008）。了解 RDBMS 的系统架构、系统服务停止及启用
第4章 关系数据库 标准语言——SQL	• 了解 SQL 语言的发展及标准化 • 理解并掌握数据定义、数据查询、数据更新等 SQL 语言的使用 • 掌握视图的定义及使用方法 • 理解数据控制中权限及角色的授予及收回	4~6	在 RDBMS 中建立一个数据库，在查询窗口中进行数据定义、数据查询及各类更新的 SQL 操作
第5章 关系数据库规范化理论	• 理解非规范化的关系模式所存在的异常 • 理解并掌握函数依赖的基本概念 • 掌握 1NF、2NF、3NF 的判定标准 • 理解模式分解的一般方法	4	
第6章 关系数据库设计	• 掌握数据库设计的基本步骤 • 了解需求分析的任务及方法 • 掌握概念结构设计中 E-R 图的画法 • 掌握 E-R 图向关系模型转化的方法 • 理解物理结构设计阶段的任务	4~6	根据一个给定的数据库应用系统的需求，完成数据库设计各个阶段的详细设计报告
第7章 数据库的安全与保护	• 熟悉数据库安全性控制的一般方法 • 掌握 SQL Server 安全性控制的方法 • 理解数据库完整性的意义 • 掌握事务基本概念 • 理解实现并发控制的基本方法 • 掌握 SQL Server 中数据库备份与恢复的方法	4	在 RDBMS 中演练登录用户和数据库用户角色的分配、数据库备份及恢复的基本操作
第8章 SQL Server 2008 数据库系统基础	• 了解 SQL Server 的不同版本 • 熟悉 SQL Server 的主要管理工具 • 掌握在对象资源管理器中进行数据库操作	2	编写存储过程、触发器等 SQL 程序

（续）

教学内容	教学目标及教学要求参考	课时安排参考	可选实验参考
第9章 SQL Server 2008 高级应用	• 掌握 T-SQL 的基本语法、流程控制语句 • 掌握存储过程的定义及使用 • 掌握触发器的定义及使用	4~6	
第10章 SQL Server 数据库访问技术	• 熟悉常用的几种数据库访问技术 • 掌握 ODBC 数据源的配置方法 • 掌握 ADO.NET 对象模型 • 熟悉 JDBC 访问数据库的基本过程	4	编写通过 ADO.NET 连接数据库的 C/S 结构的应用程序
第11章 SQL Server 数据库应用系统开发	• 熟悉 .NET 开发环境 • 掌握数据库应用系统开发的各个步骤 • 掌握在 .NET 平台下用 C#实现通用数据库连接类的编写 • 了解水晶报表的使用	2	编写通过 ADO.NET 连接数据库的 B/S 结构的应用程序
第12章 数据库技术的发展	• 了解并熟悉面向对象数据库、分布式数据库、多媒体数据库、移动数据库、数据仓库与数据挖掘等概念	2	
教学总学时建议		40~46	16~20

目 录

前言

教学建议

第一部分
数据处理和数据库基础理论

第1章 数据处理概述 …………………… 2

1.1 信息与数据 …………………………… 2

 1.1.1 什么是信息 ………………………… 2

 1.1.2 什么是数据 ………………………… 3

 1.1.3 数据与信息的联系及区别 ………… 3

1.2 数据处理 ……………………………… 4

 1.2.1 数据为什么需要处理 …………… 4

 1.2.2 数据处理的方法及过程 ………… 4

 1.2.3 数据处理要解决哪些问题 ……… 5

 1.2.4 数据处理与数据管理 …………… 5

1.3 数据处理技术的发展 ……………… 5

 1.3.1 人工管理阶段 …………………… 5

 1.3.2 文件系统阶段 …………………… 6

 1.3.3 数据库系统阶段 ………………… 7

1.4 用数据库技术管理数据的优点 …… 9

1.5 小结 …………………………………… 10

习题 ………………………………………… 10

第2章 数据库基础知识 ……………… 11

2.1 数据库的定义 ……………………… 11

2.2 数据库技术的发展史 ……………… 12

2.3 数据库系统结构 …………………… 14

 2.3.1 数据库系统的三级模式结构 …… 14

 2.3.2 两级模式映射及数据独立性 …… 15

 2.3.3 数据库系统的外部体系结构 …… 16

2.4 数据库系统的组成 ………………… 18

2.5 数据模型 …………………………… 19

 2.5.1 数据模型的三要素 ……………… 20

 2.5.2 概念模型 ………………………… 21

 2.5.3 常用的逻辑数据模型 …………… 23

 2.5.4 层次模型 ………………………… 24

 2.5.5 网状模型 ………………………… 27

 2.5.6 关系模型 ………………………… 29

2.6 数据库系统的核心——DBMS …… 30

 2.6.1 什么是DBMS …………………… 31

 2.6.2 DBMS的主要功能 ……………… 31

 2.6.3 DBMS的工作过程 ……………… 31

2.7 小结 …………………………………… 32

习题 ………………………………………… 33

第3章 关系模型 ……………………… 34

3.1 关系模型的基本概念 ……………… 34

 3.1.1 关系的通俗解释 ………………… 34

 3.1.2 关系的形式化定义 ……………… 34

 3.1.3 关系模式 ………………………… 36

 3.1.4 关系数据库 ……………………… 37

3.2 关系模型的完整性 ………………… 38

 3.2.1 实体完整性 ……………………… 38

 3.2.2 参照完整性 ……………………… 38

 3.2.3 用户自定义完整性 ……………… 39

3.3 关系操作 …………………………… 40

 3.3.1 基本关系操作 …………………… 40

 3.3.2 关系数据语言的分类 …………… 40

 3.3.3 关系代数概述 …………………… 41

 3.3.4 传统的集合运算 ………………… 41

 3.3.5 专门的关系运算 ………………… 43

 3.3.6 关系运算表达式应用实例 ……… 47

3.4 关系数据库的查询优化 …………… 48
　3.4.1 查询优化问题的提出 ………… 48
　3.4.2 查询优化的必要性 …………… 49
　3.4.3 查询优化的一般策略 ………… 50
　3.4.4 关系代数表达式的等价变换规则 … 51
　3.4.5 关系代数表达式的优化算法 …… 52
3.5 小结 ………………………………… 54
习题 ……………………………………… 55

第4章 关系数据库标准语言——SQL … 56
4.1 SQL的基本概念及特点 …………… 56
　4.1.1 SQL的产生及标准化 ………… 56
　4.1.2 SQL语言的基本概念 ………… 56
　4.1.3 SQL语言的特点 ……………… 57
　4.1.4 SQL语言的组成 ……………… 58
4.2 SQL的数据定义 …………………… 58
　4.2.1 基本表的创建、修改和删除 …… 58
　4.2.2 索引的创建和删除 …………… 61
4.3 SQL的数据查询 …………………… 62
　4.3.1 单表查询 ……………………… 64
　4.3.2 多表连接查询 ………………… 69
　4.3.3 嵌套查询 ……………………… 72
　4.3.4 集合查询 ……………………… 77
4.4 SQL的数据更新 …………………… 78
　4.4.1 数据插入 ……………………… 78
　4.4.2 数据修改 ……………………… 79
　4.4.3 数据删除 ……………………… 80
4.5 视图 ………………………………… 80
　4.5.1 视图的创建和撤销 …………… 81
　4.5.2 视图的数据操作 ……………… 82
　4.5.3 视图的优点 …………………… 83
4.6 SQL的数据控制 …………………… 84
　4.6.1 数据控制简介 ………………… 84
　4.6.2 权限与角色 …………………… 84
　4.6.3 系统权限与角色的授予和收回 … 84
　4.6.4 对象权限与角色的授予和收回 … 85
4.7 小结 ………………………………… 86
习题 ……………………………………… 86

第5章 关系数据库规范化理论 ………… 88
5.1 数据依赖 …………………………… 88
　5.1.1 问题的提出 …………………… 88
　5.1.2 函数依赖的基本概念 ………… 89
　5.1.3 候选码 ………………………… 91
5.2 关系模式的规范化 ………………… 91
　5.2.1 关系与范式 …………………… 91
　5.2.2 第一范式（1NF） ……………… 92
　5.2.3 第二范式（2NF） ……………… 92
　5.2.4 第三范式（3NF） ……………… 93
　5.2.5 BCNF ………………………… 94
　5.2.6 规范化小结 …………………… 95
5.3 模式分解 …………………………… 95
5.4 小结 ………………………………… 96
习题 ……………………………………… 97

第6章 关系数据库设计 ………………… 98
6.1 数据库设计概述 …………………… 98
　6.1.1 数据库设计的任务、内容和特点 … 98
　6.1.2 数据库设计的方法 …………… 99
　6.1.3 数据库设计的步骤 …………… 99
6.2 系统需求分析 ……………………… 101
　6.2.1 需求分析的任务 ……………… 101
　6.2.2 需求分析的方法 ……………… 102
　6.2.3 数据流图和数据字典 ………… 102
6.3 概念结构设计 ……………………… 105
　6.3.1 概念结构设计的特点 ………… 105
　6.3.2 概念模型设计的方法与步骤 …… 105
　6.3.3 数据抽象与局部E-R图设计 … 106
　6.3.4 视图的集成 …………………… 109
6.4 逻辑结构设计 ……………………… 110
　6.4.1 E-R图向关系模型的转化 …… 111
　6.4.2 数据模型的优化 ……………… 113
　6.4.3 设计用户子模式 ……………… 113
6.5 数据库物理设计 …………………… 114
　6.5.1 确定物理结构 ………………… 114
　6.5.2 评价物理结构 ………………… 116
6.6 数据库实施 ………………………… 116

6.7 数据库的运行与维护 ……… 118

6.8 小结 …………………… 119

习题 …………………………… 119

第7章 数据库的安全与保护 … 120

7.1 数据库的安全性 …………… 120

　7.1.1 数据库安全性概述 …… 120

　7.1.2 安全性控制的一般方法 … 120

　7.1.3 SQL Server 的安全性控制 … 123

7.2 数据库的完整性 …………… 127

　7.2.1 数据库完整性的含义 …… 127

　7.2.2 完整性约束条件 ……… 128

　7.2.3 完整性控制 …………… 129

　7.2.4 SQL Server 的完整性控制 … 130

7.3 数据库的并发控制 ………… 131

　7.3.1 事务 …………………… 131

　7.3.2 并发操作与数据的不一致性 …… 132

　7.3.3 封锁 …………………… 134

　7.3.4 活锁和死锁 …………… 137

　7.3.5 SQL Server 中的并发控制技术 … 138

7.4 数据库的备份及恢复 ……… 141

　7.4.1 数据库恢复概述 ……… 141

　7.4.2 数据库恢复的基本原理及其

　　　　实现技术 ……………… 141

　7.4.3 数据库的故障及恢复策略 … 144

　7.4.4 SQL Server 数据库备份与

　　　　恢复技术 ……………… 146

7.5 小结 …………………… 149

习题 …………………………… 150

第二部分　数据库应用

第8章 SQL Server 2008 数据库
系统基础 ……………… 152

8.1 SQL Server 2008 版本分类及安装

　　要求 …………………… 152

　8.1.1 SQL Server 2008 的不同版本 … 152

　8.1.2 SQL Server 2008 的安装要求 … 153

8.2 SQL Server 2008 体系结构 … 153

8.3 SQL Server 2008 主要管理工具 …… 155

　8.3.1 SQL Server 集成管理器 … 155

　8.3.2 SQL Server 配置管理器 … 157

　8.3.3 分析服务 ……………… 157

　8.3.4 数据库引擎优化顾问 … 158

　8.3.5 业务智能开发工具 …… 158

　8.3.6 事件探查器 …………… 158

　8.3.7 SQL Server 文档和教程 … 159

8.4 SQL Server 2008 数据库管理 … 159

　8.4.1 SQL Server 2008 的系统数据库 … 159

　8.4.2 示例数据库 …………… 160

　8.4.3 数据库的文件与文件组 … 160

　8.4.4 数据库操作 …………… 161

　8.4.5 数据表操作 …………… 165

　8.4.6 数据操纵 ……………… 167

8.5 小结 …………………… 168

习题 …………………………… 168

第9章 SQL Server 2008 高级应用 …… 169

9.1 T-SQL 语言基础 …………… 169

　9.1.1 T-SQL 语法约定 ……… 169

　9.1.2 T-SQL 数据类型 ……… 170

　9.1.3 变量 …………………… 172

　9.1.4 运算符 ………………… 173

　9.1.5 批处理 ………………… 174

　9.1.6 流程控制语句 ………… 175

　9.1.7 函数 …………………… 180

9.2 存储过程 ………………… 184

　9.2.1 存储过程概述 ………… 184

　9.2.2 存储过程的分类 ……… 185

　9.2.3 创建存储过程 ………… 185

　9.2.4 查看存储过程 ………… 188

　9.2.5 删除存储过程 ………… 188

　9.2.6 执行存储过程 ………… 189

　9.2.7 修改存储过程 ………… 189

9.3 触发器 …………………… 190

　9.3.1 触发器概述 …………… 190

　9.3.2 触发器的工作原理 …… 191

9.3.3　创建触发器 ·············· 193

9.3.4　查看触发器 ·············· 195

9.3.5　修改触发器 ·············· 196

9.3.6　删除触发器 ·············· 197

9.4　小结 ····················· 197

习题 ·························· 198

第10章　SQL Server 数据库访问技术 ··· 199

10.1　数据库访问技术概述 ········· 199

10.2　ODBC 技术 ··············· 200

10.2.1　ODBC 概述 ············ 201

10.2.2　ODBC 体系结构 ········· 201

10.2.3　配置 ODBC 数据源 ······ 202

10.3　ADO 和 ADO.NET ·········· 204

10.3.1　OLEDB ··············· 204

10.3.2　ADO ················· 205

10.3.3　ADO.NET ············· 206

10.4　JDBC 技术 ··············· 209

10.4.1　JDBC 简介 ············ 209

10.4.2　JDBC 的基本结构 ······· 210

10.4.3　使用 JDBC 访问数据库 ··· 211

10.5　小结 ···················· 212

习题 ·························· 212

第11章　SQL Server 数据库应用

系统开发 ··············· 213

11.1　系统需求 ················ 213

11.2　系统功能设计 ············· 214

11.3　数据库设计 ··············· 214

11.3.1　概念结构设计 ·········· 215

11.3.2　逻辑结构设计 ·········· 215

11.3.3　物理结构设计 ·········· 215

11.3.4　创建数据库 ··········· 217

11.4　系统实现 ················ 217

11.4.1　C#语言 ·············· 217

11.4.2　创建项目 ············· 217

11.4.3　通用连接数据库技术的实现 ··· 218

11.4.4　主窗体界面设计 ········ 219

11.4.5　用户登录模块 ·········· 220

11.4.6　权限管理模块 ·········· 220

11.4.7　公寓管理员管理模块 ······ 222

11.4.8　公寓基本信息管理模块 ····· 225

11.4.9　来访人员管理模块 ······· 227

11.4.10　查询模块 ············ 229

11.4.11　报表打印模块 ········· 232

11.5　小结 ···················· 234

习题 ·························· 234

第三部分
数据库技术的发展及展望

第12章　数据库技术的发展 ········ 236

12.1　数据库技术概述 ··········· 236

12.1.1　新一代数据库系统的特点 ··· 236

12.1.2　第三代数据库系统应具备的

三个基本特征 ··········· 237

12.2　面向对象数据库系统 ········· 237

12.2.1　面向对象数据库系统概述 ··· 237

12.2.2　面向对象数据库系统的

功能要求 ·············· 238

12.2.3　面向对象的基本概念 ······ 238

12.2.4　面向对象数据库系统的应用 ·· 239

12.2.5　对象关系数据库系统 ······ 240

12.2.6　RDBMS、ORDBMS 和 OODBMS

的比较 ················ 241

12.3　分布式数据库系统 ·········· 241

12.3.1　分布式数据库系统概述 ····· 241

12.3.2　分布式数据库系统的概念及

特点 ················· 242

12.3.3　分布式数据库系统的体系结构 ·· 243

12.3.4　分布式事务处理 ········· 245

12.4　多媒体数据库系统 ·········· 247

12.4.1　多媒体数据库系统概述 ······ 247

12.4.2　多媒体数据库系统的实现方法 ·· 248

12.4.3　多媒体数据库系统的主要技术 ·· 249

12.4.4　多媒体数据库的发展 ······ 249

12.5　移动数据库系统 ············ 250

12.5.1 移动数据库系统概述 …………… 250

12.5.2 移动数据库系统的特点及
体系结构……………………… 250

12.5.3 移动数据库系统的关键技术 … 252

12.5.4 移动事务处理 ………………… 253

12.5.5 移动数据库的发展 …………… 255

12.6 数据仓库与数据挖掘技术 ………… 256

12.6.1 数据仓库的产生 ……………… 256

12.6.2 数据仓库的概念及体系结构 … 257

12.6.3 联机分析处理（OLAP）……… 260

12.6.4 数据挖掘技术 ………………… 263

12.7 小结 ……………………………… 265

习题 …………………………………… 266

参考文献 ……………………………… 267

第一部分

数据处理和数据库基础理论

➥ 第1章　数据处理概述

➥ 第2章　数据库基础知识

➥ 第3章　关系模型

➥ 第4章　关系数据库标准语言——SQL

➥ 第5章　关系数据库规范化理论

➥ 第6章　关系数据库设计

➥ 第7章　数据库的安全与保护

第 **1** 章 Chapter

数据处理概述

没有人会否认我们正处在一个"信息化"的时代。随着信息化在全球的快速进展，世界对信息的需求快速增长，信息资源已经成为社会各行各业的重要资源和财富。信息技术（Information Technology，IT）已成为支撑当今经济活动和社会生活的基石。

实际上，信息系统和信息处理从人类文明产生开始就已存在，直到电子计算机问世、信息技术实现飞跃以及现代社会对信息需求日益增长，才迅速发展起来。从第一台电子计算机于 1946 年问世，信息系统经历了由单机到网络，由低级到高级，由电子数据处理到管理信息系统、再到决策支持系统，由数据处理到智能处理的过程。

本章主要介绍信息与数据、数据处理的一些基础知识和数据处理技术发展的几个主要阶段。读者从中可以了解到为什么要使用数据库技术以及数据库技术的重要性。

1.1 信息与数据

1.1.1 什么是信息

信息是一种重要的战略资源，现在各行各业的人们都在越来越多地谈论各种信息。信息已经被列入了社会发展的三大科学支柱（材料、能源、信息）之一，成为现代社会文明和科学发展的重要标志，因此需要通过各种手段充分挖掘其潜在价值。那么，信息的概念到底是什么呢？

信息是一个抽象概念，对于它的定义有很多种。从计算机管理理论的角度来说，可以作如下定义：信息是人们的头脑中对现实世界各种事物的抽象反映，它是反映客观世界里各种事务特征和变化的知识。例如，一年中天气的阴晴雨雪的总数，火车开行的车次、车速，空间卫星的运行轨迹及环绕周期等，都可以称作信息。

按照不同的应用领域，信息可以划分为经济信息、社会信息、科技信息、军事信息等不同的种类。各类信息都具有相同的特点，如下所示：

1）信息是可以识别的。这种识别既可以是由人的感官实现的直接识别，也可以是通过各种探测手段和工具进行的间接识别。例如，对于物体的大小、形状的认识仅通过肉眼就能实现，但是河水的流量、金属的硬度等信息的获取就必须通过特殊的手段间接完成。

2）信息是可以转换的。信息可以以多种不同的形式存在，并且能够在不同的形式之间进行转换。例如，具体的物质信息可以转换成语言、文字、图像等形式，而语言文字也可以转换成广播电视中的电信号或计算机里的各种编码。

3）信息是可以存储的。人对事物的记忆就是大脑对信息的存储。而计算机可以把大量的信息存储在磁盘、磁带、光盘或半导体芯片等多种存储介质中，长期保存，反复使用。这些都是人脑无法实现的。

4）信息是可以处理的。人类的思维活动就是人脑对于信息进行处理的过程。而计算机则要通过由人编制的各种系统软件来完成对信息的处理。

5）信息是可以传递的。人们在日常生活中通过语言、动作、表情进行的相互交流就是信息的传递。在现代电子世界中，信息可以通过代码的形式在电报、电话、光纤、计算机等网络中快捷地传递和交换，实现信息资源的充分共享。

6）信息是可以再生的。存在于人脑中的信息可以通过语言、文字、图表等形式再生成。同样，存储在计算机里的信息也可以通过显示、打印等方式实现再生。

1.1.2 什么是数据

任何具体事物，都要通过信息来反映和认识。但信息作为一种抽象的反映，不可能直接被计算机所接受。处理任何信息，都要通过数据来完成。数据可以用来表示信息，而事物的客观状态又可以由信息来反映。

因此，数据（Data，又称资料）是对客观事物的性质、状态以及相互关系等进行记载的物理符号或这些物理符号的组合。它是可识别的、抽象的符号。这些符号不仅指数字，而且包括字符、文字、图形等。其表现形式如表 1-1 所示。

从表 1-1 中可以看出：数值数据使得客

表 1-1　数据的类型及表现形式

数据类型	表现形式
数值数据	数、字母和其他符号
图形数据	图形或图片
声音数据	声音、噪音或音调
视觉数据	动画或图片
模糊数据	高、矮、胖、瘦等

观世界严谨有序，而其他类型的数据使得客观世界丰富多彩。

为了满足计算机处理的需要，人们使用人为规定的数字来表示形形色色的信息。可以这么说，世界上的一切信息都可以用数字来表示，正因为有了数字的表示，计算机才有可能处理现实世界的各种事物。事实上，所有数据在计算机中都是以若干个二进制位代码的形式表示的。但是用数字表示信息并不是因为计算机应用的需要才出现的，早在计算机问世之前，邮电通信中的电报密码就已经使信息数字化了，因为在绝大多数情况下，只有用数字表示信息才是最准确的。例如，我们说某大学很大或很小，并不会给人留下很深的印象，可是如果说某大学共有在校学生 10 000 余人或 800 人，就容易给人留下较深的印象。

1.1.3 数据与信息的联系及区别

信息和数据之间存在着内容和形式上的联系，数据是用来负载信息的物理符号（包括数字、字母和符号），是表达和传播、交换信息所必需的工具；而信息则是对数据的解释，信息要通过数据的形式来表现出来，它只能依靠数据而存在，不可能独立出来。二者之间也有比较明显的不同，数据本身只是一些可以识别的符号，并不具有任何实际意义，只有对数据赋予了某些具体含义之后，数据才能成为信息，即信息是经过加工处理后对客观世界产生影响的数据。另外，信息是更基本的直接反映现实的概念，而数据则是信息的具体表现。同样的信息可以由不同的数据形式表现出来，但是它们所表示的信息内容却不会改变。所以信息不随着负载它的物理设备的改变而改变，而数据则不同，它在计算机化的系统中的表示往往和计算机相关。例如，"今天是星期五。"和"Today is Friday."就是用两种不同的数据形式表现出来的同样的信息。

1.2　数据处理

1.2.1　数据为什么需要处理

在日常生活中，每天都会有大量的关于不同问题的数据产生出来。由于这些数据涉及不同的领域，而数据之间也没有必要的联系，所以显得毫无规律，杂乱无章。从这些表面化的数据中很难提炼出有价值的信息，而且信息的获取过程也没有特定的规律，这对需要从海量数据中挖掘潜在的有价值信息的工作造成极大的挑战。

为了从获得的大量数据中找出对我们有价值的信息并加以利用，在对具体的数据进行收集、汇总之后，需要通过必要的手段对某些数据按照某种规律进行转化和必要的计算，使其更能反映事物的本质特征，最后再通过对这些数据的分析就可以得出有用的数据。这种通过对具体数据的收集、转化、汇总、分析、计算等处理过程，将大量的表面数据进行简化，从中提炼出能够反映事物本质和内在联系的有价值的数据的过程就是数据处理过程。这些提炼后的数据能够为人类的生产、经营等社会活动提供强有力的参考。

例如，对于购物中心等商业企业，每天都要面对商品、销售、收入、支出等各种信息，产生成千上万的具体数据。通过对这些具体数据进行收集整理，分析计算，统计输出等处理，就可以得到准确反映企业经营、财务、商品情况的各种报表。经过处理后的总销售额、某种商品的销售数据及库存量、总的销售收入和销售利润、税金等数据，将为企业制定销售策略，决定各种商品的进货渠道和数量，根据当前的财务状况确定财务计划等各种经营活动提供准确可靠的依据。

1.2.2　数据处理的方法及过程

人类社会产生时，就出现了原始的数据处理。直到现在，数据处理已经经历了手工、机械和电子化数据处理三个阶段。现在绝大多数数据都是通过计算机来处理的。一般的电子化数据处理包括以下几个过程：

1）数据的收集：根据用户的需要，及时地从产生数据的各个环节收集所有原始数据。有时还要对收集到的数据进行必要的分类和校验，以保证原始数据的正确性、完整性和时效性。

2）数据的转换：为了使各种原始数据能够被计算机承认并接受，需要用格式变换或代码化的处理方法进行数据转换。对于某些与计算机所要求的格式有差异的数据，可以通过对其数据格式进行转换来达到要求。而对于一些文字信息则可以用比较简单的代码来表示。例如，可以用"T"来代表老师，而用"S"代表学生等。

3）数据的组织：对数据按照其内部联系和计算机软件的要求进行整理和编排，使数据在计算机中占用尽量少的内存和其他资源，并能够较快地被软件调用。

4）数据的输入：将经过数据转换并已组织好的数据，按照设定的格式输入到计算机里。

5）数据的处理：利用各种计算机应用软件，对输入的数据进行各种处理，包括索引、排序、统计、计算、修改、更新等操作，从而得到用户需要的结果。

6）数据的输出：将数据处理的结果，按照用户要求的格式从计算机中输出，提供给用户。输出的结果可以是简单的数据，也可以是报表、图形等其他的形式。

7）数据的存储：所有的相关数据，包括输入的原始数据、处理后的结果数据以及处理过程中的中间数据都会被计算机记录到磁盘、磁带等存储介质上，以备今后继续使用。

1.2.3 数据处理要解决哪些问题

通过以上分析可以看到，通过数据处理可以解决下列几个方面的问题：

首先，把收集到的各种原始数据经过分类整理和格式转换变换成为易于观察、分析，并且可以进行进一步处理的有规律的数据。

其次，把大量的具体数据经过加工变为可以反映某种事物本质的、比较精炼的数据。只有这种数据才能够对人类的决策和行动产生影响，因而这也是数据处理的关键。

第三，要把已有的数据进行存储，以备今后继续使用。

1.2.4 数据处理与数据管理

数据处理和数据管理是两个密切联系但又相互区别的概念。如上所述，所谓数据处理就是从已有数据出发，经过适当加工处理得到新的所需要的数据的过程。数据加工处理一般分为数据计算和数据管理两部分。数据计算相对简单，但数据管理却比较复杂，是数据处理过程的主要内容与核心部分，因而数据处理在本质上就可以看做是数据管理。一般认为，数据管理主要是指数据的收集、整理、组织、存储、维护、检索和传送等操作，这些操作都是数据处理业务中重要的和必不可少的基本环节。为此，数据管理是指对数据进行分类、组织、编码、存储、检索和维护的管理活动的总称。就用计算机来管理数据而言，数据管理是指数据在计算机内的一系列活动的总和。在不少文献和著作中，数据处理和数据管理是两个可以替代使用的概念。

1.3 数据处理技术的发展

在计算机的三大主要应用领域（科学计算、数据处理和辅助设计）中，数据处理是计算机应用的主要方面之一。

我们把通过计算机进行的数据处理称为电子数据处理（Electronic Data Processing，EDP）。

在利用计算机进行数据处理的发展历程中，EDP 技术经历了人工管理、文件系统和数据库系统三个阶段。

1.3.1 人工管理阶段

人工管理阶段是从 20 世纪 40 年代中期电子计算机问世到 20 世纪 50 年代中期，这一阶段计算机主要用于科学计算。从硬件上看，外存只有磁带、卡片、纸带，速度低、内存小，没有磁盘等直接存取的存储设备；从软件上看，没有操作系统，没有管理数据的软件，数据处理方式是批处理。

在人工管理阶段，数据管理的特点是：

1）数据不保存在机器中。因为计算机主要应用于科学计算，一般不需要将数据长期保存。在计算时将数据输入，计算完毕将数据输出。

2）没有软件系统对数据进行管理。程序员不仅要规定数据的逻辑结构，而且还要在程序中设计物理结构，包括存储结构、存取方法、输入/输出方式等。因此程序中存取数据的子程序随着存储结构的改变而改变，使得数据与程序不具有独立性，这样不仅程序员必须花费许多精力在数据的物理布置上，而且一旦数据在存储结构上有一些改变，就必须修改程序。

3）只有程序的概念，没有文件的概念，数据的组织方式必须由程序员自行设计。

4）数据是面向应用的。一组数据对应一个程序，即使两个应用程序涉及某些相同的数据，也必须各自定义，所以程序与程序之间有大量重复数据。

图 1-1 给出了人工管理阶段的数据管理示意图。

这一阶段虽然计算机已经投入实际应用，但

图 1-1 人工管理阶段程序与数据的联系

在数据处理方面仅有简单应用。在该阶段，数据的逻辑组织和它的物理组织是相同的，计算机系统仅提供基本的输入/输出操作，应用程序员亲自设计物理组织。当数据的物理组织或存储设备改变时，其应用程序必须重新编制。由于数据的物理装置是由应用程序员根据应用的要求设计的，因此很难实现多个应用程序共享数据资源，造成数据大量重复。此阶段数据的逻辑组织与物理组织之间的关系可用图 1-2 表示。

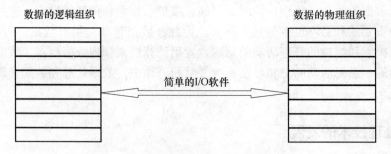

图 1-2 人工管理阶段的特征

1.3.2 文件系统阶段

从 20 世纪 50 年代中期到 20 世纪 60 年代中期是文件系统阶段。这一阶段计算机不仅用于科学计算，还大量用于管理。计算机软硬件比过去有了较大的发展，外存储器有了磁盘、磁鼓等直接存取的存储设备。在软件方面，操作系统中已经有了专门的数据管理软件，一般称为文件系统。处理方式上不仅有了文件批处理，而且能够联机实时处理。

这一阶段数据管理有以下几个特点：

1）数据可以长期保存在外存设备上。由于计算机大量用于数据处理，因此数据需要长期保留在外存上进行反复处理，即进行查询、修改、插入和删除等操作。

2）数据的逻辑结构与物理结构有了区别。由于有了数据管理的软件，程序和数据之间由软件提供存取方法进行转换，有共同的数据查询修改的管理模块，文件的逻辑结构与存储结构由系统进行转换，使程序与数据有了一定的独立性。这样程序员可以集中精力于算法，而不必过多地考虑物理细节。

3）文件组织呈现多样化。由于有了直接存取的存储设备，也就有了索引文件、链接文件、直接存取文件等。

4）数据不再属于某个特定的程序，可以重复使用。但文件结构的设计仍然是基于特定的用途，程序基于特定的存储结构和存取方法，因此程序与数据结构之间的依赖关系并未根本改变。

在文件系统阶段，由于具有设备独立性，因此改变存储设备时，不必改变应用程序。但这只是初级的数据管理，还未能彻底体现用户观点下的数据逻辑结构独立与数据在外存中的物理结构的要求。在数据物理结构改变时，仍然需要修改用户的应用程序。在数据的逻辑组织和物理组织之间由存取方法（access method）实现转换，以便数据的逻辑组织和物理组织之间可以有所区别，当物理组织改变时可不影响逻辑组织，从而提高了数据的物理独立性。在文件系统中，还提供了多种文件组织形式，如顺序文件组织、索引文件组织和直接存取文件组织。在这一阶段中，数据的逻辑组织和物理组织之间的关系可用图1-3表示。

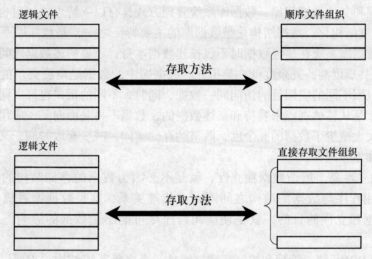

图1-3　文件系统的数据组织

随着数据管理规模的扩大，数据量急剧增加，文件系统显露出以下缺陷：

1）数据冗余度大。当相同的数据存在多份时，称为数据冗余。文件系统中的文件基本上是对应于某个应用程序的。也就是说，数据还是面向应用的。当不同的应用程序所需要的数据有部分相同时，也必须建立各自的文件，而不能共享相同的数据。因此数据冗余度大，浪费存储空间，并且由于相同数据的重复存储、各自管理，给数据的修改和维护带来了困难，容易造成数据的不一致性。

2）数据和程序缺乏独立性。文件系统中的文件是为某一特定应用服务的，文件的逻辑结构对该应用程序来说是优化的。一旦数据的逻辑结构改变，就必须修改应用程序及文件结构的定义。而应用程序的改变，也将影响文件的数据结构的改变，数据和程序缺乏独立性。这个时期程序与数据的关系如图1-4所示。

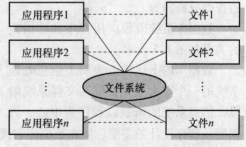

图1-4　文件系统阶段程序与数据的联系

1.3.3　数据库系统阶段

到20世纪60年代后期，计算机的软硬件进一步得到发展，已配备了速度高、容量大的磁盘，各种软件系统进一步完善，而且需要管理的数据量急剧增加，人们在数据管理方面已积累了丰富经验，数据管理技术研究取得了很大进展，为数据库系统的研究提供了良好的物质基础。

1968 年美国 IBM 公司研制了世界上第一个数据库管理系统 IMS（Information Management System）；1969 年美国 CODASYL 委员会（Conference On Data System Language）的 DBTG（DataBase Task Group）小组公布了它的研究成果 DBTG 报告；1970 年 IBM 公司的研究员 E. F. Codd 发表了题为"大型共享数据库数据的关系模型"等一系列关系数据库论文。这三大事件标志着数据处理已进入了数据库技术的新时代。

20 世纪 70 年代以来，数据库技术得到迅速发展，开发了许多有效的产品并投入运行。数据库系统克服了文件系统的缺陷，提供了对数据更高级、更有效的管理。

与人工管理和文件系统相比，数据库系统管理方式具有以下特点（同时也是优点）：

1）数据高度结构化。数据结构化是数据库的主要特征之一，是数据库系统与文件系统的根本区别。数据库系统在描述数据时不仅描述数据本身，还要描述数据之间的联系。

2）数据的共享度高，冗余度低，易扩充。数据库中的数据是高度共享的，这主要表现在同一用户可以因不同的应用目的访问同一数据，同时，不同的用户也可以同时访问同一数据。由于数据库是从整体观点来看待和描述数据的，数据不再是面向某一应用，而是面向整个系统，这就大大减少了数据的冗余度，既节约存储空间，减少存取时间，又可避免数据之间的不相容性和不一致性。

3）数据独立性高。所谓数据独立性，就是不必因为数据的存储结构的变化而修改应用程序，即应用程序与数据的结构之间不存在依赖关系，这是数据库系统所努力追求的一个目标。数据独立性的目的，就是使应用程序尽可能不受数据的影响，从而减轻程序员的负担。

4）数据由 DBMS 统一管理和控制。数据库是一个多级系统结构，需要一组软件提供相应的工具进行数据的管理和控制，以达到保证数据的安全性和一致性的基本要求。这样的一组软件就是数据库管理系统（DataBase Management System，DBMS）。DBMS 的功能随着系统的不同而有所差异，但一般都具有数据的并发控制、数据的安全性保护、数据的完整性检查和数据库故障恢复等基本功能。现代数据库系统除了提供 DBMS 之外，还提供各种各样的应用开发工具和客户端使用数据库的工具，例如 Oracle 的 SQLplus、SQL Server 的查询分析器等。

数据库系统阶段应用程序和数据间的关系如图 1-5 所示。

数据库的上述特点表明了信息处理系统的一个重大变化，即在文件系统阶段，信息系统的研制以程序为中心，数

图 1-5　数据库系统阶段程序与数据的联系

据服从程序设计的需要；而在数据库方式下，数据占据了中心位置，数据结构的设计是信息系统首要关注的问题。由于使用数据库管理系统来专门管理数据，实现了数据与程序的真正独立，并且最大限度地降低了数据的冗余度，做到了数据为多个用户共享，并能并发地使用，对数据的安全保密和完整性也有了保证措施。数据处理技术发展的三个阶段的特点及比较如表 1-2 所示。

表 1-2　数据处理三个阶段的比较

		人工管理阶段	文件系统阶段	数据库系统阶段
背景	应用背景	科学计算	科学计算、管理	大规模管理
	硬件背景	无直接存取存储设备	磁盘、磁鼓	大容量磁盘
	软件背景	没有操作系统	有文件系统	有数据库管理系统
	处理方式	批处理	联机实时处理、批处理	联机实时处理、分布处理、批处理
特点	数据的管理者	用户（程序员）	文件系统	数据库管理系统
	数据面向的对象	某一应用程序	某一应用	现实世界
	数据的共享程度	无共享，冗余度极大	共享性差，冗余度大	共享性高，冗余度小
	数据的独立性	不独立，完全依赖于程序	独立性差	具有高度的物理独立性和一定的逻辑独立性
	数据的结构化	无结构	记录内有结构，整体无结构	整体结构化，用数据模型描述
	数据控制能力	应用程序自己控制	应用程序自己控制	由数据库管理系统提供数据安全性、完整性、并发控制和恢复能力

1.4　用数据库技术管理数据的优点

使用数据库技术处理数据的优点除了上一节介绍的数据高度结构化，数据独立性、共享度高，冗余度小，易扩充等几个突出的优点之外，还具有如下三个优点：

1）数据粒度小：在文件系统中，每个文件都由一定数目的记录所组成，每个记录又都由若干个相关的数据项组成，每个数据项都定义有相应的名字、类型等特性，由此构成文件中的记录结构。如在一个学生文件中，包含全部学生记录，每个记录可以由学号、姓名、班级号、出生年月、身份证号等数据项组成，以记录为基本单位访问数据。在数据库系统中，最小存取粒度（单位）不是记录而是记录中的数据项，每次可以存取一个记录中的一个或多个数据项，也可以同时存取若干个或全部记录中的同一个数据项。因此，使用数据库给数据处理带来了极大的方便，同时也大大提高了数据的处理速度。

2）独立的数据操作界面：在文件系统中，数据文件的使用依赖于程序，必须在程序中进行建立、打开、读写、关闭文件的操作。而程序是依赖于某种计算机语言的，所以必须熟悉一种语言及其编辑、编译和运行环境才能使用。而在数据库系统中，数据库的使用既可以在程序中使用，也可以在独立的数据操作界面中实现，并且后者是主要的使用方式。独立的数据操作界面除了可以使用传统的命令行之外，还可以通过在图形用户界面中点击鼠标轻松地完成，并且操作的结果也会立即显示出来。这就给普通用户（即非计算机专业用户）使用数据库带来了极大方便。数据库操作简单易用，这正是数据库系统得到广泛应用的一个重要因素。

3）由 DBMS 统一管理：DBMS 是运行在操作系统之上的数据库管理系统软件，它负责对外存上的数据库进行统一的管理，并负责在 DBMS 之上开发的应用程序对数据库的全部操作。DBMS 要和操作系统配合，按照用户的要求存取数据库中的数据，此外，还负责数据库的其他管理和维护功能，以保证数据库的安全性、一致性、并发性和从错误中恢复的能力。

1.5 小结

本章首先介绍了信息与数据的基本概念及其特点，详细介绍了数据处理的概念和任务，以及数据处理和数据管理的区别与联系，即数据处理包括数据计算和数据管理两大部分，由于数据计算相对简单，因此通常把数据管理看成数据处理进行讨论。

接着详细介绍了随着计算机技术的发展和数据处理方式的变化，计算机进行数据处理的几个不同发展阶段，包括人工管理阶段、文件系统阶段和数据库管理阶段。对于每一阶段，除了介绍其主要的管理方式之外，还介绍了每种方式的优缺点及发展趋势。

最后比较详细地说明了使用数据库技术进行数据处理的好处。

习题

1. 何谓数据？何谓信息？请举例说明。
2. 信息和数据有何区别及联系？
3. 数据处理经历了哪些阶段？各有什么特点？
4. 数据库管理技术有什么突出优点？
5. 简要说明你对数据逻辑结构和数据物理结构的理解。

数据库基础知识

在人类进入信息时代的今天，信息已经成为当今社会的核心资源。因此随着现代计算机技术的飞速发展及信息化程度的日益深入，各行各业纷纷建立自己的信息系统。在信息系统中，起着基础和核心作用的则是数据库。数据库用来对信息进行有效的组织和管理，为信息系统的正常运行提供最基础的数据支持，是信息系统赖以成功运行的重要保障。

对于一个国家来说，数据库的建设规模、数据库信息量的大小和使用频度已经成为衡量这个国家信息化程度的重要标志。在我们日常生活中，数据库与生活的方方面面都是密切相关的，它为我们提供了前所未有的便利。网上购物、异地订票、图书管理等，甚至互联网的正常运行都离不开后台数据库的支持。

本章主要介绍与数据库有关的基本概念、数据库技术的产生和发展历史、DBMS 的功能，以及关系数据库的体系结构等内容。

2.1 数据库的定义

数据库（DataBase，DB）可以直观地理解为存放数据的仓库，只不过这个仓库是建立在计算机的大容量存储器（如硬盘）上的。数据不仅需要合理地存放，还要便于经常查找，因此相关的数据及其数据之间的联系必须按一定的格式有组织地存储；数据库不仅仅是供创建者本人使用，还可以供多个用户从不同的角度共享。

严格地讲，数据库是长期存储在计算机内的、有结构的、大量的、可共享的数据集合。

例如，教务处学籍管理数据库中有组织地存放了学生基本情况、课程情况、学生选课情况、教师授课情况等内容，可供教务处、任课教师、学生等共同使用。

数据库具有两个比较突出的特点：一是把在特定的环境中与某应用程序相关的数据及其联系集中在一起并按照一定的结构形式进行存储，即集成性；二是数据库中的数据能被多个应用程序的用户所使用，即共享性。

为了能对数据库有更形象的理解，我们把它与大家都很熟悉的图书馆作个比较。图书馆是存储和负责借阅图书的部门，而数据库则是存储数据并且负责用户访问数据库的机构。正像图书馆不能简单地与书库等同起来一样，我们也不能把数据库仅仅理解为大量数据的简单集合。一个图书馆要想很好地为读者服务，必须完成以下工作：

1）建立完善的书卡。书卡的格式内容需包括：书号、书名、作者名、出版社名、出版时间和内容摘要等。

2）把图书有组织地存放在书库中。图书馆的书库中有很多房间和书架，存放图书需要按照一定的顺序和规则，并列出各类书籍的存放对应关系表，以便管理人员迅速查找。

3）规定借阅权限。不同类型的图书其借阅的对象也不同，如机密图书只供有特权的读者借阅，某些书只能在馆内阅览。

4）建立周密的借阅管理制度。读者借书要先出示借书证，图书管理员验明读者身份和借阅权限后，根据读者填写借书单（访问请求），按书籍书架的对应关系表，到书库中查找图书并交给读者（响应），并作某些登记（日志）；还书时图书管理员要按对应关系表把交还的图书送回原来的书架（现在大部分图书馆采用磁卡和图书条形码进行管理，但是借阅管理制度仍旧需要）。

对一个数据库来说，它所要完成的工作也类似于上述的图书馆工作。一个数据库系统和一个图书馆的相似性可以用表 2-1 来更清楚地描述。

现在，对于什么是数据库就比较容易理解了。数据库就是有组织地、动态地存储大量关联数据，方便多用户访问的计算机软硬件组成的一个"人-机系统"。当然，数据库技术从产生到成熟并不是一朝一夕的事情，它也经历了一个相对较长的发展过程才演变成今天这个样子。在对数据库有了概念性的认识之后，下面我们一起了解一下数据库的发展史。

表 2-1   数据库系统和图书馆的对应关系表

序号	数据库	图书馆
1	数据	图书
2	外存	书库
3	用户	读者
4	用户标识	借书证
5	数据模型	书卡格式
6	数据库管理系统	图书管理员
7	数据的物理组织方法	图书的物理存放方法
8	用户对数据库的操作 使用计算机语言 （查询、插入、删除、修改）	读者对图书馆的访问 使用普通语言 （借书、还书）
9	第 8 项独立于第 7 项	第 8 项独立于第 7 项

2.2   数据库技术的发展史

计算机自 20 世纪 40 年代中期出现以来，一直快速地发展着。到了 20 世纪 60 年代后期，计算机的软硬件都得到了很大的发展，这时的计算机都已配备了速度高、容量大的磁盘，各种软件系统也进一步完善。同时需要管理的数据量急剧增加，人们在数据管理方面已积累了丰富经验，数据管理技术研究取得了很大进展，这些都为数据库系统的研究提供了良好的物质基础。

1. 第一代数据库系统（20 世纪 60 年代后期到 20 世纪 70 年代中期）

数据管理技术进入数据库阶段的标志是 20 世纪 60 年代末的三件大事：IMS 系统、DBTG 报告和 E. F. Codd 的文章。

1968 年美国 IBM 公司研制成功了世界上第一个数据库管理系统 IMS（Information Management System），在 IBM 360/370 机上投入运行，并于 1969 年 9 月形成产品投向市场。这是一个典型的层次数据库系统，支持的是层次数据模型。IBM 公司后又于 1974 年推出 IMS/VS（Virtual System）版本，在操作系统 OS/VS 的支持下运行。

IMS 原先是 IBM 公司为满足阿波罗计划的数据库要求而与北美洛氏（Rockwell）公司一起开发的。这是一个庞大的、花费资源的并且是有点笨拙的系统，但它是数据库系统的第一个商用产品，于 20 世纪 70 年代在商业、金融系统得到广泛的应用。我国国家计委和许多银行也曾先后采用过该系统。

与 IMS 同期，巴赫曼在通用电器公司主持设计和实现了基于网状模型的数据库管理系统 IDS（Integrated Data System）。

1969 年美国数据系统语言协会 CODASYL（Conference On Data System Language）下属的数据库任务小组 DBTG（DataBase Task Group）对数据库方法进行了系统的研究，在 20 世

60 年代末和 20 世纪 70 年代初发表了若干个报告（称为 DBTG 报告），这些报告建立了数据库技术的很多概念、方法和技术，对数据库和数据操作的环境建立了标准的规范。其后，根据 DBTG 报告实现的系统一般称为 DBTG 系统（或 CODASYL 系统），这是一种基于网状数据模型的网状数据库系统。现有的网状系统中不少是采用 DBTG 方案的，例如 IDMS、IDM-SII、DMS1100、TOTAL、IMAGE 等。DBTG 系统在 20 世纪 70 年代到 20 世纪 80 年代中期得到了广泛的卓有成效的应用。

第三件大事是 IBM 公司的研究员 E. F. Codd 关于关系模型的论文，进而提出了关系代数和关系演算理论，奠定了关系数据库的基石。有关关系数据库的知识将在下文详细描述。

上述三个代表性的事件称为标志着数据库技术诞生的三大事件，这三大事件标志着数据处理已进入了数据库技术的新时代。

2. 第二代数据库系统（20 世纪 70 年代中后期到 20 世纪 80 年代中后期）

1970 年 IBM 公司的研究员埃德加·科德（E. F. Codd）在美国计算机学会通信杂志（Communications of ACM，CACM）上发表了题为 "A Relational Model of Data for Large Shared Data Banks"（大型共享数据库数据的关系模型）的里程碑式的关于关系数据库的论文，提出了数据库的关系模型。接着，在 1972 年，科德又提出了关系代数和关系演算理论，开创了数据库关系方法和关系数据理论的研究，为关系数据库的发展和理论研究奠定了基础。

由于关系数据库的语言属于非过程语言（是一种只需告诉系统做什么而不需告诉系统怎样一步一步去完成的过程的语言），在当时的条件下，效率偏低，因此在 20 世纪 70 年代还处于实验阶段。在 20 世纪 70 年代末，IBM 研制出基于关系模型的数据库原型产品 System R。但随着硬件性能的改善和系统性能的提高，在 20 世纪 80 年代关系数据库产品取得了迅速的发展并逐步投入市场，渐渐取代层次、网状产品成为主流。目前成功的产品有 DB2、Sybase、Oracle、SQL Server 和 Informix 等。

3. 第三代数据库阶段（20 世纪 80 年代到现在）

20 世纪 70 年代出现的关系数据库显示出了强大生命力，在 20 世纪 80 年代逐渐取代了"层次数据库"和"网状数据库"，占据了数据库领域的主导地位。但是，关系数据库起源于商业应用领域，虽然在事务处理方面相当灵活，但在非事务处理方面却受到限制。同时由于硬件技术的飞速发展和软件环境的持续改善，数据库技术与其他计算机分支技术加速融合，新的、更高一级的数据库技术相继出现并得到发展，逐渐产生了各种专用的数据库系统，使数据管理进入高级数据库阶段。

1990 年高级 DBMS 功能委员会发表了"第三代数据库系统宣言"，提出第三代数据库系统主要具有以下特征：

1）支持数据管理、对象管理和知识管理。

2）保持和继承了第二代数据库系统的技术。

3）对其他系统开放，支持数据库标准语言，支持标准网络协议，有良好的可移植性、可连接性、可扩展性和互操作性等。

第三代数据库支持多种数据模型（如关系模型和面向对象的模型），并和诸多新技术相结合（如分布处理技术、并行计算技术、人工智能技术、多媒体技术等），广泛应用于多个领域，由此也衍生出多种新的数据库技术。

尽管第三代数据库有很多优势，但它还是尚未完全成熟的一代数据库系统。

2.3   数据库系统结构

　　一个系统的体系结构又叫总体结构，它给出整个系统的总体框架，定义系统的各个组成部分及其相互间的关系。同样，数据库系统的体系结构是数据库系统的一个总体框架，可以从多种不同的角度考查数据库系统的结构。从数据库管理系统的角度看，数据库系统通常采用三级模式结构，这是数据库系统内部的体系结构；从数据库最终用户的角度看，数据库系统的结构分为集中式结构、分布式结构和客户端/服务器结构，这是数据库系统外部的体系结构。

2.3.1   数据库系统的三级模式结构

　　尽管实际数据库软件产品种类繁多，使用的数据库语言各异，基础操作系统不同，采用的数据结构模型相差甚大，但是绝大多数数据库系统在总体结构上都体现三级模式的结构特征，即外模式、模式和内模式，如图 2-1 所示。

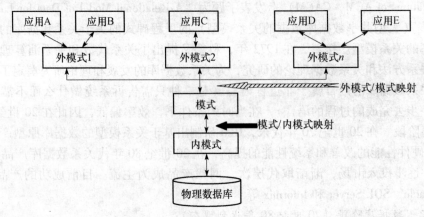

图 2-1   数据库系统的三级模式结构

　　1. 模式

　　模式（schema）亦称逻辑模式或概念模式，是数据库中全部数据的逻辑表示或描述，反映的是数据库中数据的结构及其联系，是所有用户的公共数据视图。一个数据库只有一个模式，模式是数据库体系结构中的中间层。所谓"逻辑"表示是指独立于存储的关于数据类型以及它们之间联系的形式表示或描述。

　　模式的一个具体值称为模式的一个实例，显然，一个模式可以有很多实例。因此，相对而言，模式是相对稳定的，而由于数据库中数据的不断变化，实例是相对变动的。从这个意义上讲，模式反映的是数据的结构及其联系，而实例反映的是数据库某一时刻的状态。

　　定义模式时不仅要定义数据的逻辑结构（例如数据记录由哪些数据项构成，数据项的名字、类型、长度和取值范围等），而且要定义与数据有关的安全性、完整性要求，以及这些数据之间的联系。

　　DBMS 提供模式描述语言（模式 DDL）来描述逻辑模式，严格定义数据的名称、特征、相互关系和约束等。

　　2. 外模式

　　外模式也称子模式或用户模式，是三级模式的最外层，它是数据库用户能够看到和使用的局部数据逻辑结构和特征的描述。

外模式通常是模式的子集。一个数据库可以有多个外模式。由于它是各个用户的数据视图，如果不同的用户在应用需求、看待数据的方式、对数据保密的要求等方面存在差异，则其外模式描述就是不同的，即使模式中同一数据在外模式中的结构、类型、长度、保密级别等都可以有所不同。另一方面，同一外模式也可以为某一用户的多个应用系统所用，但一个应用程序只能使用一个外模式。

数据库管理系统（DBMS）提供子模式描述语言（子模式 DDL）来定义子模式。

3. 内模式

内模式亦称物理模式或存储模式，是全体数据在数据库的内部表示或者底层描述，例如，记录的存储方式是顺序存储、按照 B 树结构存储还是按散列方法存储；索引按照什么方式组织；数据是否压缩存储，是否加密；数据的存储记录结构有何规定等。

内模式是三级结构中的最内层，也是靠近物理存储的一层，与实际存储数据方式有关，由多个存储记录组成，但并非物理层，不必关心具体的存储位置。

DBMS 提供内模式描述语言（内模式 DDL）来定义内模式，一般由数据库管理员使用 DBMS 提供的语言或工具来完成。通常人们不关心内模式的具体技术实现，而是从一般组织的观点（概念模式）或用户的观点（外模式）来讨论数据库的描述。

在数据库系统中，内模式只能有一个。

2.3.2　两级模式映射及数据独立性

数据模式的三个级别层次反映了模式的不同环境的不同要求，其中内模式处于最内层，它反映了数据在计算机外存储器的实际存储的形式；模式处于中间层，它反映了设计者的数据全局逻辑要求；而外模式则处于最外层，它反映了用户对数据的实际要求。

数据库的三级模式结构实质上是对数据的三个级别的抽象描述，它的意义在于将数据的具体物理实现留给物理模式，使得用户与全局设计者不必关心数据库的具体实现与物理背景。对于存储在外存的数据库中的数据，它对应的三个模式的定义是不同的，在各自模式下的数据表现形式和格式（如数据名称、类型、长度等）往往也是不同的。为了把数据从用户界面存储到外存数据库中，或者把外存数据库中的数据取出传送到用户界面，必须经过两级数据转换过程，这就是三个模式之间的两级映射——从外模式至模式的映射和从模式至内模式的映射。

1. 外模式/模式映射

模式描述的是数据库数据的全局逻辑结构，外模式描述的是数据的局部逻辑结构。对应于同一个模式，可以有任意多个外模式。对于每一个外模式，数据库管理系统都有一个外模式/模式的映像，它定义该外模式和模式之间的对应关系。这些映像定义通常包含在各自的外模式中。

当模式改变时（例如增加新的关系和属性、改变属性的数据类型等），由数据库管理员对各个外模式/模式的映像作相应改变，可以使外模式保持不变。应用程序是依据数据的外模式编写的，从而应用程序不必修改，保证了数据与程序的逻辑独立性，简称数据的逻辑独立性。

2. 模式/内模式映射

数据库中只有一个模式，也只有一个内模式，所以模式/内模式映像只有一个，它定义数据的全局逻辑结构与存储结构之间的对应关系。例如，说明逻辑记录和字段在内部是如何表示的。该映像定义通常包含在模式描述部分。

当数据库的存储结构改变了（例如选用了另一种存储结构），由数据库管理员对模式/内模式映像作相应改变，可以使模式保持不变，从而应用程序也不必改变，保证了数据与程序的物理独立性，简称数据的物理独立性。

在数据库的三级模式结构中，数据库模式即全局逻辑结构是数据库的中心与关键，它独立于数据库的其他层次。因此，设计数据库模式时应首先确定数据库的逻辑模式。

数据库的内模式依赖于它的全局逻辑结构，但独立于数据库的用户视图即外模式，也独立于具体的存储设备。它是将全局逻辑结构中所定义的数据结构及其联系按照一定的物理存储策略进行组织，以实现较好的时间与空间效率。

数据库的外模式面向具体的应用程序，它定义在逻辑模式之上，但独立于内模式和存储设备。当应用需求发生较大变化时，可修改外模式以适应新的需要。

数据库的两级映像保证了数据库外模式的稳定性，从而从根本上保证了应用程序的稳定性，使得数据库系统具有较高的数据与程序的独立性。数据库的三级模式与两级映像使得数据的定义和描述可以从应用程序中分离出去。再者，由于数据的存取由 DBMS 统一管理，用户不必考虑存取路径等细节，从而简化了应用程序的编制，大大减少了应用程序的维护和修改。

2.3.3　数据库系统的外部体系结构

数据库系统的外部体系结构（即从数据库最终用户角度来看）可分为：单用户结构、主从式结构、客户端/服务器结构、浏览器/服务器结构等。

1. 单用户结构

单用户结构下，整个数据库系统（应用程序、DBMS、数据）装在一台计算机上，为一个用户独占，不同机器之间不能共享数据，它是早期的最简单的数据库系统。

2. 主从式结构

主从式结构的系统是大型主机带多终端的系统。它将应用程序、数据库管理系统等数据和资源均放于大型主机上，而连于主机上的多个终端只是作为主机的输入/输出设备。数据存储层和应用层均放在主机上，而用户界面层放在多个终端上。

主从式结构的数据库系统具有易于管理、控制与维护的优点，但当终端用户数目增加到一定程度后，主机的任务会过分繁重，成为瓶颈，从而使系统性能下降。此外，系统的可靠性依赖于主机，当主机出现故障时，整个系统都不能使用。

主从式结构是数据库系统初期最流行的结构，目前仍有应用。但随着计算机网络的普及和硬件价格的不断下降，这种传统的系统已逐渐被客户端/服务器结构所取代。

3. 客户端/服务器结构

客户端/服务器（Client/Server，C/S）结构自从 20 世纪 90 年代以来，得到了十分迅速的推广，几乎每个新的网络操作系统和每个新的多用户数据库系统都能支持 C/S 模式。

在这种结构中，DBMS 功能和应用程序是分离的，网络中某个（些）节点上的计算机专门用于执行 DBMS 功能，称为数据库服务器，简称服务器。其他节点上的计算机安装应用系统，称为客户端。客户端提出请求，服务器对客户端的请求做出回应。每一个服务器都为整个局域网系统提供共享服务，供所有客户端分享；客户端上的应用程序借助于服务器的服务功能以实现复杂的应用功能。

在 C/S 结构中，数据存储层处于服务器上，应用层和用户界面层处于客户端上。客户端负责管理用户界面，接收用户数据，处理应用逻辑，生成数据库服务请求，将该请求发送给服务器，同时接收服务器返回的结果，并将结果按一定格式显示给用户。

C/S 结构使应用程序的处理更加接近用户，同时网络运行效率大大提高。

这种结构的缺点主要是 "胖客户端" 的问题，即系统安装复杂，工作量大。其应用维护困难，难于保密，造成安全性差。相同的应用程序要重复安装在每一台客户端上，从系统总体来看，大大浪费了系统资源。当系统规模达到上千台客户端，它们的硬件配置、操作系统又常常不同，要为每一个客户端安装应用程序和相应的工具模块，其安装维护代价将大大提高。

4. 浏览器/服务器结构

浏览器/服务器（Browser/Server，B/S）结构是针对 C/S 的不足而提出的。

在 B/S 结构中，客户端仅安装通用的浏览器软件，实现用户的输入/输出，而应用程序不再安装在客户端，而是在服务器上安装与运行。在服务器上，除了要有数据库服务器保存数据并执行基本的数据库操作外，还要有另外的称作应用服务器的服务器来处理客户端提交的处理要求。也就是说，C/S 结构中客户端运行的程序已转移到应用服务器中，此时的客户端可称作 "瘦客户"。应用服务器充当了客户端与数据库服务器的中介，架起了用户界面与数据库之间的桥梁。

简单来说，浏览器/服务器在用户端是一个浏览器，用于接收服务器发送来的数据，并向服务器发送特定的数据或请求；服务器用来处理用户发送来的请求，然后发送特定的数据到用户端的浏览器上。服务器包括 Web 服务器、数据库服务器、应用服务器和中间件等。

一个典型的 B/S 三层体系结构如图 2-2 所示。

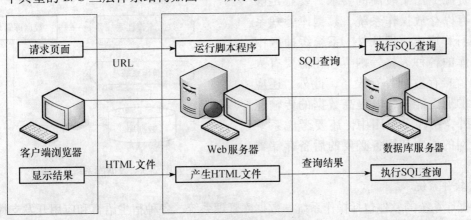

图 2-2　B/S 三层体系结构图

用户通过 URL 向 Web 服务器请求页面，Web 服务器运行脚本程序并通过 SQL 查询调用数据库服务器中存储的数据，数据库服务器执行查询后将查询结果返回到 Web 服务器，脚本程序产生特定格式的 HTML 文件，客户端接收到 HTML 文件后由浏览器将结果显示出来。

B/S 三层体系结构与 C/S 结构相比具有以下优势：

1）开放的标准。C/S 所采用的标准只要在内部统一即可，它的应用程序往往是专用的。而 B/S 所采用的标准都是开放的、非专用的，是经过标准化组织所确定的而非单一厂商所制定，保证了其应用的通用性和跨平台性。

2）较低的开发和维护成本。C/S 的应用必须开发出专用的客户端软件，无论是安装、配置还是升级都需要在所有的客户端上实施，极大地浪费了人力和物力。B/S 的应用只需在客户端有通用的浏览器即可，维护和升级工作都在服务器上进行，不需对客户端进行任何改变，因此大大降低了开发和维护的成本。

3）使用简单，界面友好。C/S 用户的界面是由客户端软件所决定的，其使用的方法和界面各不相同。B/S 用户的界面都统一在浏览器上，浏览器易于使用、界面友好，不需用户再学习使用其他的软件，解决了用户的使用问题。

2.4　数据库系统的组成

数据库系统（DataBase System，DBS）是指引进数据库技术后的计算机系统，其目的是存储数据信息并提供用户检索和更新所需要的数据信息。它不仅仅是一组对数据进行管理的软件（通常称为数据库管理系统），也不仅仅是一个数据库。一个数据库系统是一个可实际运行的、按照数据库方式存储、维护和为应用系统提供数据或信息支持的计算机软件、硬件和数据资源组成的系统，是存储介质、处理对象和管理系统的集合体。

数据库系统可看成由几大部分构成，如图 2-3 所示。

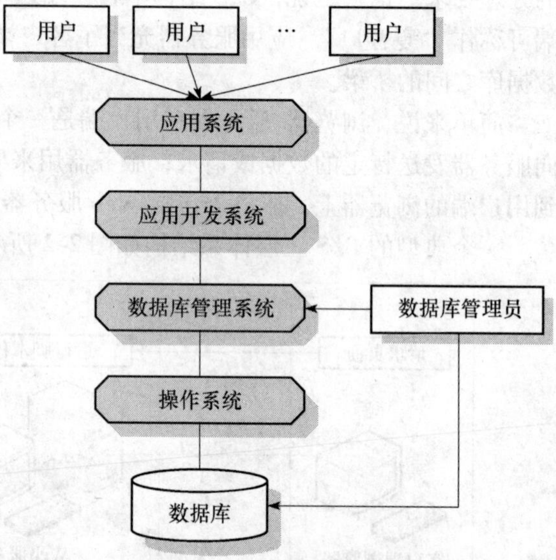

1. 硬件系统

由于数据库系统数据量很大，加之数据库管理系统丰富的功能使得自身的规模也很大，因此带有数据库的计算机系统对其硬件资源提出了较高的要求，要有足够大的内存以存放操作系统、数据库管理系统的例行程序、应用软件、系统缓冲区中的数据库的各种表格等内容，还需要有大容量的直接存取的外存设备，此外，还应有较强的通道能力，以提高数据的传输速度。此外，在许多应用中，还要考虑系统支持联网的能力和配备必要的后备存储器等因素。

图 2-3　数据库系统的组成

2. 软件系统

数据库系统的软件包括操作系统、数据库管理系统、各种宿主语言和应用开发支撑软件等程序。在数据库系统中，数据库管理系统是在计算机操作系统的支持下实现数据处理过程中的内外存数据交换的，在数据库管理系统之上通常需要有数据库应用系统开发工具软件，应用程序员使用它，或者直接使用由数据库管理系统所提供的数据库语言或开发环境编制程序建立数据库应用系统。数据库应用系统通常提供可视化操作界面供最终用户使用，进行日常数据处理工作。

3. 数据库

数据库是长期存储在计算机内、有组织的、可共享的数据集合。数据库通常由两大部分组成：一部分是应用数据的集合，称为物理数据库，它是数据库的主体；另一部分是关于各级数据结构的描述，这类数据又称为元数据（meta data）。数据库中的数据按一定的数据模型组织、描述和存储，具有较小的冗余度，较高的数据独立性和易扩展性，并可为一定范围内的各种用户共享。

4. 数据库用户

数据库系统的基本目标是给用户提供使用数据库的环境，不同的用户涉及不同的数据抽象级别，具有不同的数据视图，如图 2-4 所示。根据与数据库系统接触方式的不同，数据库系统的用户可以分为以下四类：

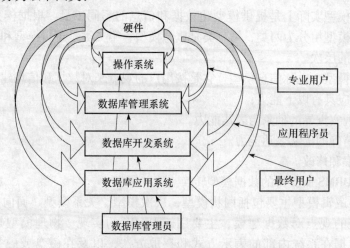

图 2-4　数据库各种用户的不同视图

1）数据库管理员（DBA）：控制数据整体结构的人，负责数据库系统的正常运行。DBA 可以是一个人，在大型系统中也可以是由几个人组成的小组。DBA 负责数据库物理结构与逻辑结构的定义、修改，承担创建、监控和维护整个数据库结构的责任。

2）专业用户：指系统分析员、数据库设计人员和系统程序员。系统分析员负责应用系统的需求分析和规范说明，决定数据库系统的具体构成、确定系统的硬软件配置并参与数据库系统的概要设计。数据库设计人员负责数据库中数据的确定及数据库各级模式的设计。系统程序员负责设计、实现和维护系统程序，特别是 DBMS，实现数据组织与存取的各种功能。

3）应用程序员：使用宿主语言和数据操作语言编写应用程序的计算机工作者。应用程序员负责设计和编写应用系统的程序模块，并进行调试和安装。

4）最终用户：使用应用程序的非计算机人员，例如，银行的出纳员、商店的销售员等。他们通过应用系统的用户接口使用数据库。常用的接口方式有浏览器、菜单驱动、表格操作、图形显示、报表输出等。

2.5　数据模型

对于模型，特别是具体模型，人们并不陌生。一张地图、一组建筑设计沙盘、一架精致的航模飞机都是具体的模型。模型是现实世界特征的模拟和抽象。

数据模型（data model）也是一种模型，是现实世界数据特征的模拟和抽象。

数据库是某个企业、组织或部门所涉及的数据的综合，不仅要反映数据本身的内容，而且还要反映数据之间的联系。由于计算机不可能直接处理现实世界中的具体事物，所以人们必须事先把具体事物转换成计算机能够处理的数据。在数据库中用数据模型这个工具来抽象、表示、处理现实世界中的数据和信息。数据模型是实现数据抽象的主要工具，是数据库系统的重要基础。数据模型精确描述数据、数据间的联系、数据语义和完整性约束。

简而言之，数据模型是对现实世界数据特征的模拟和抽象，是在数据库中用来模型化数据和信息的工具。

数据模型应满足较真实地模拟现实世界、易于理解和便于计算机实现 3 个方面的要求。为了很好地满足这 3 方面的要求，在数据库系统中针对不同的使用对象和应用目的，采用了不同的数据模型。

不同的数据模型实际上是提供模型化数据和信息的不同工具。根据模型应用的不同目的，可以将这些模型粗分为两类，第一类是概念模型，第二类是逻辑模型和物理模型。它们分属于两个不同的层次。

第一类概念模型，也称信息模型。它是按用户的观点来对数据和信息建模，主要用于数据库设计，一般应具有以下能力：

1）具有对现实世界的抽象与表达能力。

2）完整、精确的语义表达能力。

3）易于理解和修改。

4）易于向 DBMS 所支持的数据模型转换。

第二类中的逻辑模型主要包括网状模型、层次模型、关系模型、面向对象模型等。它是按计算机系统的观点对数据建模，主要用于 DBMS 的实现。物理模型是对数据最底层的抽象，描述数据在系统内部的表示方式和存取方法，以及在磁盘或磁带上的存储方式和存取方法。

数据模型是数据库系统的核心和基础，各种机器上实现的 DBMS 软件都是基于某种数据模型的。本书后续内容将主要围绕数据模型展开。

为了把现实世界中的具体事物抽象、组织为某一 DBMS 支持的数据模型，人们常常首先将现实世界抽象为信息世界，然后将信息世界转换（或数据化）为机器世界。也就是说，首先把现实世界中的客观对象抽象为某一种信息结构，这种信息结构并不依赖于具体的计算机系统，不是某一个 DBMS 支持的数据模型，而是概念级的模型；然后再把概念模型转换为计算机上某一 DBMS 支持的数据模型。无论是概念模型还是数据模型，反过来都要能较好地刻画与反映现实世界，要与现实世界保持一致。现实世界中客观对象的抽象过程如图 2-5 所示。

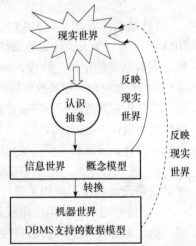

图 2-5　现实世界中客观对象的抽象过程

2.5.1　数据模型的三要素

数据模型是模型中的一种，是对现实世界数据特征的抽象，它描述了系统的 3 个方面：静态特性、动态特性和完整性约束条件。因此数据模型一般由数据结构、数据操作和数据完整性约束 3 部分组成，是严格定义的一组概念的集合。

1. 数据结构

数据结构是指数据模型所描述的对象类型间的相互关系集合，包括数据对象本身以及对象之间的相关联系，在数据库系统中按数据结构的特点分成层次、网状和关系的结构。

这些对象是数据库的组成成分，包括两类：一类是与数据类型、内容、性质有关的对象，例如网状模型中的数据项、记录，关系模型中的域、属性、关系等；另一类是与数据之间的联系有关的对象，例如网状模型中的系型（set type）。

数据结构是对系统静态特性的描述，是刻画一个数据模型性质最重要的方面，通常由数据库子语言（定义模式的 DDL 和数据操纵的 DML）给予定义。

在数据库系统中，人们通常按照其数据结构的类型来命名数据模型。例如层次结构、网状结构和关系结构的数据模型分别命名为层次模型、网状模型和关系模型。

2. 数据操作

数据操作是指对数据库中各种对象（型）的实例（值）允许执行的操作的集合，包括操作及有关的操作规则。这些操作包括查询和更新（如修改、删除、插入等）两大类。

数据模型必须定义这些操作的确切含义、操作符号、操作规则（如优先级）以及实现操作的语言。数据操作是对系统动态特性的描述。

3. 数据完整性约束

数据完整性约束是一组完整性约束规则的集合。完整性约束规则是给定的数据模型中数据及其联系所具有的制约和依存规则，用以限定符合数据模型的数据库状态以及状态的变化，以保证数据的正确、有效、相容。

数据模型应该反映和规定本数据模型必须遵守的基本的、通用的完整性约束条件。例如，在关系模型中，任何关系都必须满足实体完整性和参照完整性两个条件。

此外，数据模型还应该提供自定义完整性约束条件的机制，以反映具体应用所涉及的数据必须遵守的特定的语义约束条件。例如，在学校的数据库中规定大学生入学年龄不得超过40 岁，学生累计必修课成绩平均分不得少于 70 分等。

对于这些应用系统数据的特殊约束要求，用户能在数据模型中自己来定义（所谓自定义完整性）并产生制约。

2.5.2　概念模型

概念模型是现实世界到机器世界的一个中间层次。概念模型也称为"信息模型"。信息模型就是人们为正确、直观地反映客观事物及其联系，对所研究的信息世界建立的一个抽象的模型。

概念模型表示的是信息系统的整体架构，描述不同信息类型之间的概念关系，而不是物理架构。概念模型是独立于数据库管理系统（DBMS）的。概念模型首先考虑的是设计上的问题，而不纠缠于具体的物理实现细节。

概念模型针对抽象的信息世界，为此先来看一下信息世界中的一些基本概念。

1. 信息世界中的基本概念

（1）实体（entity）

客观存在并且可以相互区别的"事物"称为实体，实体可以是具体的人、事、物，如一个学生、一门课、一辆汽车；也可以是抽象的概念或联系。例如，学生的选课、教师的授课等都是实体。

（2）属性（attribute）

属性就是实体所具有的特性，一个实体可以由若干个属性描述。例如教师实体可以由教师号、姓名、性别、年龄、职称等属性组成。

（3）域（domain）

属性的取值范围称为该属性的域。例如，姓名的域为所有可为姓名的字符串的集合，性别的域为（男，女）。

（4）实体型（entity type）

具有相同属性的实体必然具有共同的特征和性质。用实体名及其属性名集合来抽象和刻画同类实体，称为实体型。例如，学生（学号，姓名，性别，出生年份，入学时间）就是一个实体型。

（5）实体集（entity set）

具有相同属性的实体的集合称为实体集。例如，全体学生就是一个实体集。

（6）码（key）

码是指唯一标识实体的属性集。例如学号在学生实体中就是码。

（7）联系（relationship）

在现实世界中，事物内部以及事物之间是有关联的。在信息世界，联系是指实体型与实体型之间、实体集内实体与实体之间以及组成实体的各属性间的关系。

两个实体型之间的联系有一对一联系、一对多联系及多对多联系 3 种。

- 一对一联系（1:1）

如果对于实体集 A 中的每一个实体，实体集 B 中至多有一个实体与之联系，反之亦然，则称实体集 A 和实体集 B 具有一对一联系，记为 1:1。

例如，观众与座位、乘客与车票、病人与病床等都是一对一联系。

- 一对多联系（1:n）

如果对于实体集 A 中的每一个实体，实体集 B 中有 n 个实体（$n \geq 0$）与之联系；反之，对于实体集 B 中的每一个实体，实体集 A 中至多只有一个实体与之联系，则称实体集 A 和实体集 B 具有一对多联系，记为 1:n。

例如，学院与教师，班级与学生等都是都是一对多的联系。

- 多对多联系（m:n）

如果对于实体集 A 中的每一个实体，实体集 B 中有 n 个实体（$n \geq 0$）与之联系；反之，对于实体集 B 中的每一个实体，实体集 A 中也有 $m(m \geq 0)$ 个实体与之联系，则称实体集 A 和实体集 B 具有多对多联系，记为 m:n。

例如，学生与课程、商品与顾客等都是多对多联系。

实际上，一对一联系是一对多联系的特例，而一对多联系又是多对多联系的特例。

可以用图形来表示两个实体型之间的三类联系，如图 2-6 所示。

单个或多个实体型之间也有类似于两个实体型之间的三种联系类型。

例如，对于课程、教师与参考书三个实体型，如果一门课程可以由若干位教师讲授，使用若干本参考书，而每一位教师只讲授一门课程，每一本参考书只供一门课程使用，则课程与教师、参考书之间的联系是一对多的。

又如，有三个实体型：供应商、项目、零件，一个供应商可以供给多个项目多种零件，而每个项目可以使用多个供应商供应的零件，每种零件可由不同供应商供给，由此看出供应商、项目、零件三者之间是多对多的联系。

两个以上实体型之间的联系示例如图 2-7 所示。

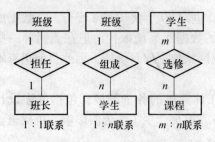

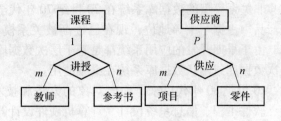

图 2-6 两个实体型之间的三种联系　　　　图 2-7 两个以上实体型间的联系示例

同一个实体集内的各实体之间也可以存在一对一、一对多、多对多的联系。例如教师实体集内部具有领导与被领导的联系，即某一教师（系主任）"领导"若干位教师，而一位教师仅被一个系主任直接领导，因此这是一对多的联系，如图 2-8 所示。

2. 概念模型的表示

概念模型的表示方法很多，最常用的是实体－联系方法。

该方法用 E-R 图来描述现实世界的概念模型。E-R 图提供了表示实体型、属性和联系的方法。E-R 图是体现实体型、属性和联系之间的关系的表现形式。

这里先简单介绍 E-R 图的要点，详细建立概念模型的方法将在第 6 章讲解。

1）实体型：用矩形表示，矩形框内写明实体名。

2）属性：用椭圆形表示，并用无向边与相应的实体连接起来。

3）联系：用菱形表示，菱形框内写明联系名，并用无向边分别与有关实体连接起来，同时在无向边旁标上联系的类型（1:1、1:n 或 $m:n$）。如果一个联系具有属性，则这些属性也要用无向边与该联系连接起来。

如图 2-9 所示就是一个班级、学生的概念模型（用 E-R 图表示），班级实体型与学生实体型之间很显然是一对多关系。

图 2-8 单个实体型内部 1:n 的联系　　　图 2-9 班级与学生之间的 ER 图

2.5.3 常用的逻辑数据模型

逻辑数据模型是对客观事物及其联系的数据描述，是实体联系模型数据化。数据库设计的核心问题之一就是要设计一个好的逻辑数据模型。

目前，数据库领域中最常用的逻辑数据模型有四种，它们是：层次模型（hierarchical model）、网状模型（network model）、关系模型（relation model）和面向对象模型（object oriented model）。其中层次模型和网状模型统称为非关系模型。

非关系模型的数据库系统在20世纪70年代至20世纪80年代初非常流行，在数据库系统产品中占据了主导地位，现在已逐渐被关系模型的数据库系统取代，但在美国等一些国家，由于早期开发的应用系统都是基于层次数据库或网状数据库系统的，因此目前仍有不少层次数据库或网状数据库系统在继续使用。

20世纪80年代以来，面向对象的方法和技术在计算机的各个领域，包括程序设计语言、软件工程、信息系统设计、计算机硬件设计等各方面都产生了深远的影响，也促进了数据库中面向对象数据模型的研究和发展。

本节将简要介绍层次模型、网状模型和关系模型。面向对象模型请读者参阅相关文献。

数据结构、数据操作和完整性约束条件这三个方面的内容完整地描述了一个数据模型，其中数据结构是刻画模型性质的最基本的方面。为了使读者对数据模型有一个基本认识，下面的小节中将着重介绍三种模型的数据结构。

注意　这里讲的数据模型都是逻辑上的，也就是说是用户眼中看到的数据范围。同时它们又都是能用某种语言描述，使计算机系统能够理解，被数据库管理系统支持的数据视图。这些数据模型将以一定的方式存储于数据库系统中，这是DBMS的功能，是DBMS中的存储模型。

2.5.4　层次模型

层次模型是数据库系统中最早出现的数据模型，它用树型结构表示各类实体以及实体间的联系。层次模型数据库系统的典型代表是IBM公司的IMS（Information Management System）数据库管理系统，这是一个曾经广泛使用的数据库管理系统。

层次模型用树型结构来表示各类实体以及实体间的联系。现实世界中许多实体之间的联系本来就呈现出一种很自然的层次关系，如行政关系、家族关系等。

1. 层次数据模型的数据结构

在数据库中定义满足下面两个条件的基本层次联系的集合为层次模型：

1）有且只有一个节点没有双亲节点，这个节点称为根节点。

2）除根以外的其他节点有且只有一个双亲节点。

所谓基本层次联系是指两个记录类型以及它们之间的一对多的联系。

每个记录类型可包含若干个字段，记录类型描述的是实体，字段描述的是实体的属性。各个记录类型及其字段都必须命名。各个记录类型、同一记录类型中各个字段不能同名。每个记录类型可以定义一个排序字段，也称为码字段。如果定义该排序字段的值是唯一的，则它能唯一地标识一个记录值。

在层次模型中，每个节点表示一个记录类型，记录（类型）之间的联系用节点之间的连线（有向边）表示，这种联系是父子之间的一对多的联系。这就使得层次数据库系统只能处理一对多的实体联系。

一个层次模型在理论上可以包含任意有限个记录类型和字段，但任何实际的系统都会因为存储容量或实现复杂度而限制层次模型中包含的记录类型个数和字段的个数。

若用图来表示，层次模型是一棵倒立的树。节点层次从根开始定义，根为第一层，根的子女称为第二层，根称为其子女的双亲，同一双亲的子女称为兄弟。

图2-10为一个有关系的层次模型的示例。

从图2-10中可以看出层次模型像一棵倒立的树，节点的双亲是唯一的。

层次模型的一个基本的特点是，任何一个给定的记录值只有按其路径查看时，才能显现出它的全部意义，没有一个子女记录值能够脱离其双亲记录值而独立存在。

图 2-11 是图 2-10 的具体化，是一个教师－学生的数据库。该层次数据库有 4 个记录类型。系是根节点，由系编号、系名、办公点三个字段组成。它有两个子女节点：教研室和学生。记录类型教研室是系的子女节点，同时又是教师的双亲节点，它由教研室编号、教研室名两个字段组成。记录类型学生由学号、姓名、成绩三个字段组成。记录类型教师由教师号、姓名、研究方向三个字段组成。学生与教师是叶子节点，它们没有子女节点。由系到教研室、由教研室到教师、由系到学生均是一对多的联系。

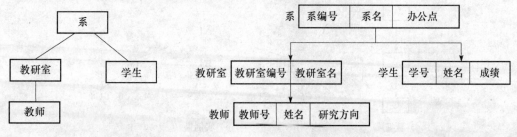

图 2-10　一个层次模型的示例　　　　图 2-11　教师－学生层次数据库模型

图 2-12 是图 2-11 所示数据库模型对应的一个值。

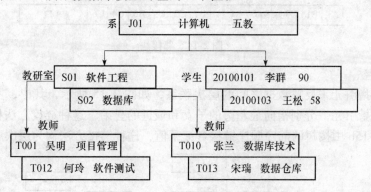

图 2-12　教师－学生层次数据库的一个具体值

2. 多对多联系在层次模型中的表示

前面的层次模型只能直接表示一对多的联系，那么另一种常见联系——多对多联系，能否在层次模型中表示呢？答案是肯定的，但是用层次模型表示多对多联系，必须首先将其分解为多个一对多联系。分解的方法有两种：冗余节点法和虚拟节点法（具体介绍略）。

3. 层次模型的数据操作与完整性约束条件

层次模型数据操作有查询、插入、修改及删除。进行插入、修改、删除操作时要满足层次模型的完整性约束条件。

进行插入操作时，如果没有相应的双亲节点值就不能插入子女节点值。例如在图 2-11 所示的层次数据库中，若新调入一名教师，但尚未分配到某个教研室，这时就不能将新教师插入到数据库中。

进行删除操作时，如果删除双亲节点值，则相应的子女节点值也被同时删除。例如在图 2-11 所示的层次数据库中，若删除数据库教研室，则该教研室中所有教师的记录数据将全部丢失。

进行修改操作时，应修改所有相应记录，以保证数据的一致性。

4. 层次数据模型的存储结构

层次数据库中不仅要存储数据本身，还要存储数据之间的层次联系。层次模型数据的存储常常是和数据之间联系的存储结合在一起的。常用的实现方法有两种，下面分别介绍。

（1）邻接法

邻接法是按照层次树前序的顺序把所有记录值依次邻接存放，即通过物理空间的位置相邻来体现（或隐含）层次顺序。例如对于图 2-13a 所示的数据库，按邻接法存放图 2-13b 中以根记录 A1 为首的层次记录实例集，则应如图 2-14 所示存放（为简单起见，仅用记录值的第一个字段来代表该记录值）。

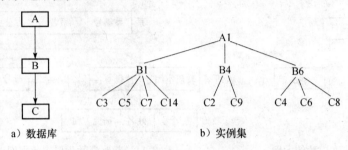

a）数据库　　　　　　　　　　b）实例集

图 2-13　层次数据库及其实例

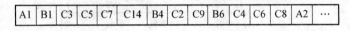

图 2-14　邻接法

（2）链接法

链接法用指引元来反映数据之间的层次联系，如图 2-15 所示，其中，图 2-15a 中的每个记录设两类指引元，分别指向最左边的子女和最近的兄弟，这种链接方法称为子女 - 兄弟链接法；图 2-15b 中按树的前序顺序链接各记录值，这种链接方法称为层次序列链接法。

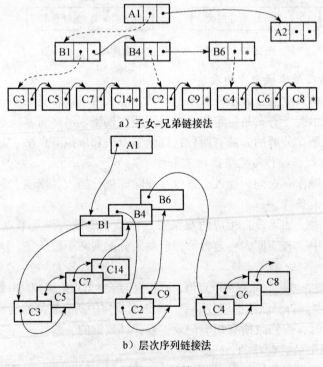

a）子女-兄弟链接法

b）层次序列链接法

图 2-15　链接法

5. 层次模型的优缺点

层次模型的主要优点如下：

1）层次模型本身比较简单。

2）对于实体间联系是固定的，且预先定义好的应用系统，采用层次模型来实现，其性能较优。

3）层次模型提供了良好的完整性支持。

层次模型的主要缺点如下：

1）现实世界中很多联系是非层次性的，如多对多联系、一个节点具有多个双亲等，层次模型表示这类联系的方法很笨拙，只能通过引入冗余数据（易产生不一致性）或创建非自然的数据组织（引入虚拟节点）来解决。

2）对插入和删除操作的限制太多，影响太大。

3）查询子女节点必须通过双亲节点，缺乏快速定位机制。

4）由于结构严密，层次模型的操作命令趋于程序化。

可见用层次模型对具有一对多的层次关系的部门描述非常自然、直观，容易理解。这是层次数据库的突出优点。

2.5.5 网状模型

层次模型使用树型结构可以有效地描述现实世界中有层次联系的那些事物，但对于广泛存在的非层次型联系，用树型结构来描述就比较困难。创建网状模型是为了能比层次模型更有效地表示复杂的数据关系，从而提高数据库性能，并确定数据库标准。当时由于缺少数据库标准，使得数据库设计和应用程序的可移植性很差。更糟糕的是，没有统一的数据库概念，妨碍了对数据库技术的研究。

为了建立数据库标准，美国数据库系统语言协商会 CODASYL（Conference On Data System Language）下属的数据库任务组 DBTG（Data Base Task Group）于 20 世纪 60 年代末和 20 世纪 70 年代初提出了 DBTG 报告，确定并建立了数据库系统的许多概念、方法和技术。DBTG 所提议的方法是基于网状结构的，是数据库网状模型的典型代表。该组织的一系列关于数据库的工作和报告澄清了许多数据库的概念，确定了网络数据库系统的许多概念、方法和技术，为数据库的进一步成熟奠定了基础。许多实际运行的网状数据库系统，如 IDMS、IDS/2 和 DMS1100 等均以 DBTG 报告为基础。网状模型可以描述现实世界中数据之间的1:1、1:n 和 m:n 关系。但要处理多对多的关系还要进行转换，操作也不方便。

1. 网状数据模型的数据结构

在数据库中，把满足以下两个条件的基本层次联系集合称为网状模型：

1）允许一个以上的节点无双亲。

2）一个节点可以有多于一个的双亲。

网状模型是一种比层次模型更具普遍性的结构，它去掉了层次模型的两个限制，允许多个节点没有双亲节点或有多个双亲节点，还允许两个节点之间有多种联系（称之为复合联系）。因此网状模型可以更直接地去描述现实世界。而层次模型实际上是网状模型的一个特例。

与层次模型一样，网状模型中每个节点表示一个记录类型（实体），每个记录类型可包含若干个字段（实体的属性），节点间的连线表示记录类型（实体）之间一对多的父子联系。

从定义可以看出，层次模型中子女节点与双亲节点的联系是唯一的，而在网状模型中这种联系可以不唯一。

下面以教师授课为例，看看网状数据库模式是怎样组织数据的。

按照常规语义，一位教师可以讲授若干门课程，一门课程可以由多位教师讲授，因此教师与课程之间是多对多联系。这里引进一个教师授课的连接记录，它由三个数据项组成，即教师号、课程号、教学效果，表示某位教师讲授某门课程的教学效果。

这样，教师授课数据库可包含 3 个记录：教师、课程和授课。

每位教师可以讲授多门课程，显然对教师记录中的一个值，授课记录中可以有多个值与之联系，而授课记录中的一个值只能与教师记录中的一个值联系。教师与授课之间的联系是一对多的联系，联系名为 T-TC。同样，课程与授课之间的联系也是一对多的联系，联系名为 C-TC。图 2-16 所示为教师授课数据库的网状数据模型。

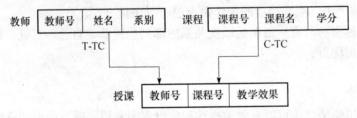

图 2-16　教师授课数据库的网状数据模型

2. 网状数据模型的操纵与完整性约束

网状模型一般来说没有层次模型那样严格的完整性的约束条件，但具体的网状数据库系统对数据操作都加了一些限制，提供了一定的完整性约束。

DBTG 在模式 DDL 中提供了定义 DBTG 数据库完整性的若干概念和语句，主要如下所示：

1）支持记录码的概念，码即唯一标识记录的数据项的集合。例如，学生记录的学号就是码，因此数据库中不允许学生记录中学号出现重复值。

2）保证一个联系中双亲记录和子女记录之间是一对多的联系。

3）可以支持双亲记录和子女记录之间的某些约束条件。例如，有些子女记录要求双亲记录存在才能插入、双亲记录删除时也连同删除。

3. 网状模型的存储结构

网状模型的存储结构中关键是如何实现记录之间的联系。常用的方法是链接法，包括单向链接、双向链接、环状链接、向首链接等，此外还有其他实现方法，如指引元阵列法、二进制阵列法、索引法等，依具体系统的不同而不同。

4. 网状模型的优缺点

网状模型的主要优点如下：

1）能够更为直接地描述现实世界，如一个节点可以有多个双亲。

2）具有良好的性能，存取效率较高。

网状模型的主要缺点如下：

1）结构比较复杂，而且随着应用环境的扩大，数据库的结构就变得越来越复杂，不利于最终用户掌握。

2）其 DDL、DML 语言复杂，用户不容易使用。

由于记录之间联系是通过存取路径实现的，应用程序在访问数据时必须选择适当的存取路径，因此，用户必须了解系统结构的细节，这加重了编写应用程序的负担。

2.5.6　关系模型

关系数据模型是由 IBM 公司的 E. F. Codd 于 1970 年首次提出的。以关系数据模型为基础的数据库管理系统，称为关系数据库系统（RDBMS），目前被广泛使用。

20 世纪 80 年代以来，计算机厂商新推出的数据库管理系统几乎都支持关系模型，非关系系统的产品也都加上了关系接口。数据库领域当前的研究工作也都是以关系方法为基础。关系数据库已成为目前应用最广泛的数据库系统，如现在使用的小型数据库系统 FoxPro、Access，大型数据库系统 Oracle、Informix、Sybase、SQL Server 等都是关系数据库系统。

关系数据模型是当前使用最为广泛的一种数据模型，也是本书的一个学习重点，后面的章节将详细讲解关系数据库。这里只简单勾画一下关系模型。

关系模型作为数据模型中最重要的一种模型，也有数据模型的 3 个组成要素。

1. 关系模型的数据结构

关系模型与层次模型和网状模型不同，关系模型中数据的逻辑结构是一张二维表，它由行和列组成。每一行称为一个元组，每一列称为一个属性（或字段）。

下面以如图 2-17 所示的学生登记表为例，介绍关系模型中的相关的术语。

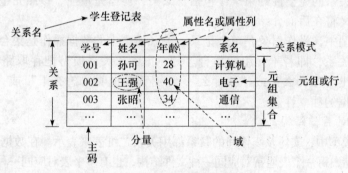

图 2-17　关系模型的数据结构

- 关系（relation）：一个关系对应通常所说的一张表，如图 2-17 中的这张学生登记表。
- 元组（tuple）：表中的一行即为一个元组。
- 属性（attribute）：表中的一列即为一个属性，给每一个属性取一个名称即属性名。如学生登记表有四列，对应四个属性（学号、姓名、年龄、系名）。
- 主码（key）：表中的某个属性组，它可以唯一确定一个元组，如图 2-17 中的学号，可以唯一确定一个学生，也就成为本关系的主码。
- 域（domain）：属性的取值范围，如大学生年龄属性的域是（14～38），性别的域是（男，女），系别的域是一个学校所有系名的集合。
- 分量：元组中的一个属性值，例如，学号对应的值 001、002、003 都是分量。
- 关系模式：对关系的描述，一般表示为：关系名（属性1，属性2，…，属性 n。）

例如上面的关系可描述为：

学生（学号，姓名，年龄，系名）

在关系模型中，实体以及实体间的联系都是用关系来表示的，例如学生、课程。学生与课程之间的多对多联系在关系模型中可以如下表示：

学生（学号，姓名，年龄，系名）

课程（课程号，课程名，学分）

选修（学号，课程号，成绩）

关系模型要求关系必须是规范化的，即要求关系必须满足一定的规范条件，这些规范条件中最基本的一条就是，关系的每一个分量必须是一个不可分的数据项，也就是说，不允许表中还有表。图2-18所示表中生产日期是可分的数据项，可以分为年、月、日3个子列。因此，该表就是不符合关系模型要求的，必须对其规范化后才能称其为关系。

零件号	零件号	型号	生产日期		
			年	月	日
20080103	螺母	S148	2008	05	10

图2-18　表中有表的实例

规范化方法为：要么把生产日期看成整体作为一列；要么把生产日期分为三列，分别为生产年份、生产月份、生产日。

2. 关系模型的数据操作及完整性约束

关系数据模型的操作主要包括查询、插入、删除和修改数据。这些操作必须满足关系完整性约束条件。关系的完整性约束条件包括三大类：实体完整性、参照完整性和用户定义完整性。其具体含义将在后面介绍。

在非关系模型中，操作对象是单个记录。关系模型中的数据操作是集合操作，操作对象和操作结果都是关系，即若干元组的集合。另一方面，关系模型把存取路径向用户隐蔽起来，用户只要指出"干什么"或"找什么"，不必详细说明"怎么干"或"怎么找"，从而大大地提高了数据的独立性。

3. 关系模型的存储结构

在关系数据模型中，实体及实体间的联系都用关系二维表来表示。在数据库的物理组织中，表以文件形式存储，每一个表通常对应同一种文件结构，也有多个表对应同一种文件结构的。

4. 关系模型的优缺点

关系模型具有下列优点：

1）与非关系模型不同，关系模型有较强的数学理论基础。

2）数据结构简单、清晰，用户易懂易用，不仅用关系描述实体，而且用关系描述实体间的联系。

3）关系模型的存取路径对用户透明，从而具有更高的数据独立性、更好的安全保密性，也简化了程序员的工作和数据库开发和建立的工作。

当然，关系数据模型也有缺点，其中最主要的缺点是，由于存取路径对用户透明，查询效率往往不如非关系数据模型。因此为了提高性能，必须对用户的查询请求进行优化，这增加了开发数据库管理系统的负担。如今，随着计算机软、硬件的发展，关系数据库的性能已不成问题了。

2.6　数据库系统的核心——DBMS

在数据库系统中，对数据库的一切操作，包括查询、更新以及各种控制都通过一个专门的数据库管理系统（DBMS）来实现。DBMS 是指数据库系统中对数据进行管理的软件系统，它是数据库系统的核心组成部分，其主要目的是使数据成为方便用户使用的资源，易于为各类用户所共享，并增进数据的安全性、完整性和可用性。

2.6.1 什么是 DBMS

数据库管理系统由一组软件组成的，其作用有一点像操作命令语言解释器，它把用户程序的操作语句转换为对系统存储文件的操作。DBMS 为数据组织和数据存储提供了方便。同时，DBMS 又有点像一个向导，它把要访问数据库的用户从用户级带到概念级，再从概念级导向物理级。用户使用数据库只需说明他们要一些什么数据，以及这些数据的形式是怎么样的，而无需规定这些数据必须放在哪儿，怎样去得到它们。因此，简单地说，DBMS 就是在数据库的三级模式间有效地进行数据转换的用户帮手。

DBMS 是为数据库的建立、使用和维护而配置的软件，它建立在操作系统的基础上，对数据库进行统一的管理和控制。用户使用的各种数据库命令以及应用程序的执行，都要通过数据库管理系统。数据库管理系统还承担着数据库的维护工作，按照 DBA 所规定的要求，保证数据库的安全性和完整性。

2.6.2 DBMS 的主要功能

数据库管理系统是位于用于与操作系统之间的一个数据管理软件，它的基本功能包括以下几个方面：

1）数据库定义功能。DBMS 提供数据描述语言（Data Description Language，DDL）用于定义数据库的结构，描述模式、子模式和存储模式及其模式之间的映像，定义数据的完整性约束条件和访问控制条件等。这些定义通常由 DBA 或数据所有者按系统提供的数据定义语言的源形式给出，由 DBMS 自动将其转换成内部目标形式存入数据词典，供以后进行数据操作或数据控制时查阅使用。

2）数据库操作功能。数据库管理系统一般均提供数据操作语言（Data Manipulation Language，DML）允许用户根据需要在授权的范围内对数据库中的数据进行操作，包括对数据库中数据的查询、插入、修改和删除等操作。

3）数据库管理功能。DBMS 控制整个数据库安全、稳定、高效地运行，其管理功能主要包括四个方面：数据安全性控制、数据完整性控制、数据库的恢复以及在多用户多任务环境下的并发控制。安全性控制是防止数据库中的数据被未经授权的人访问，并防止他们有意或无意中对数据库造成的破坏性改变。完整性控制是保证进入数据库中的存储数据的正确性和一致性，防止任何操作对数据造成违反其语义的改变。数据库的恢复是在数据库被破坏或数据不正确时，把数据库恢复到正确的状态。并发控制功能能保证多个用户同时对同一个数据的操作的正确性，正确完成多用户、多任务环境下的并发操作。

4）数据的服务功能。DBMS 有许多使用程序提供给数据库管理员运行数据库系统时使用，这些程序起着数据库维护的功能。它包括数据库中初始数据的录入，数据库的转储、重组、性能监测、分析以及系统恢复等功能。

2.6.3 DBMS 的工作过程

当数据库建立后，用户就可以通过终端操作命令或应用程序在 DBMS 的支持下使用数据库。数据库管理系统控制的数据操作过程基于数据库系统的三级模式结构与两级映像功能，总体操作过程能从其读或写一个用户记录的过程中大体反映出来。

现以用户通过应用程序读取一个记录为例，说明用户访问数据库过程中的主要步骤。DBMS 读记录的工作过程演示如图 2-19 所示。

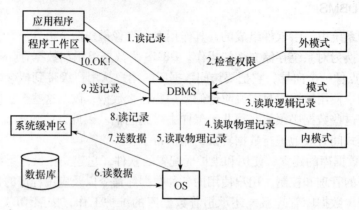

图 2-19   DBMS 读取用户记录的过程示意图

1）应用程序 A 向 DBMS 发出从数据库中读数据记录的命令。

2）DBMS 对该命令进行语法和语义检查，并调用应用程序 A 对应的子模式，检查 A 的存取权限，决定是否执行该命令。如果拒绝执行，则向用户返回错误信息。

3）在决定执行该命令后，DBMS 调用模式，依据子模式/模式映像的定义，确定应读入模式中的哪些记录。

4）DBMS 调用物理模式，依据模式/物理模式映像的定义，决定应从哪个文件、用什么存取方式、读入哪个或哪些物理记录。

5）DBMS 向操作系统发出执行读取所需物理记录的命令。

6）操作系统执行读数据的有关操作。

7）操作系统将数据从数据库的存储区送至系统缓冲区。

8）DBMS 依据子模式/模式映像的定义，导出应用程序 A 所要读取的记录格式。

9）DBMS 将数据记录从系统缓冲区传送到应用程序 A 的用户工作区。

10）DBMS 向应用程序 A 返回命令执行情况的状态信息。

至此，DBMS 就完成了一次读用户数据记录的过程。DBMS 向数据库写一个用户数据记录的过程经历的环节类似于读数据，只是过程基本相反而已。由 DBMS 控制的大量用户数据的存取操作，可以理解为就是由许许多多这样的读或写的基本过程有序组合完成的。

2.7   小结

通过本章的学习，应该从宏观上了解数据库系统的组成和用途，重点是关于数据库系统中的一些基本概念，了解数据库技术发展的三个阶段，掌握数据库系统的三级模式结构、概念模型表示方法。

数据库系统的结构包括三级模式和两级映像。数据库系统三级模式和两级映像的系统结构保证了数据库系统中能够具有较高的逻辑独立性和物理独立性。

数据模型是数据库系统的核心和基础。概念模型也称信息模型，用于信息世界的建模，

E-R 模型是这类模型的典型代表。E-R 方法简单、清晰，应用十分广泛。本章主要讨论了常用的三种数据模型：层次模型、网状模型、关系数据模型的基本概念，分别介绍了这三种数据模型的三个组成要素。关系模型是一类重要的数据模型，在后面的章节中将会详细讲解它。

数据库管理系统（DBMS）是数据库系统的核心。在数据库系统中，对数据库的一切操作，包括查询、更新以及各种控制都通过一个数据库管理系统来实现。

学习这一章应把注意力放在掌握基本概念和基本知识方面，为进一步学习后面的章节打好基础。

习题

1. 试述数据、数据库、数据库管理系统、数据库系统的概念。
2. 简述数据库技术发展的三个阶段。
3. 简述数据库系统的特点。
4. 什么是数据模型？数据模型的作用及三要素是什么？
5. 定义并理解概念模型中的以下术语：实体、实体型、实体集、属性、码、实体联系图。
6. 试分别给出一个层次模型、网状模型、关系模型的实例。
7. 学校有若干个系，每个系有若干班级和教研室，每个教研室有若干教师，每位教师只教一门课，每门课可由多位教师教；每个班有若干学生，每个学生选修若干课程，每门课程可由若干学生选修。请用 E-R 图画出该学校的概念模型，注明联系类型。
8. 为某百货公司设计一个 E-R 模型：百货公司管辖若干个连锁商店，每家商店经营若干商品，每家商店有若干职工，但每个职工只能服务于一家商店。实体类型"商店"的属性有：商店编号、店名、店址、店经理。实体类型"商品"的属性有：商品编号、商品名、单价、产地。实体类型"职工"的属性有：职工编号、职工名、性别、工资。在联系中应反映出职工参加某商店工作的开始时间，商店销售商品的月销售量。
9. 数据库系统的三级模式结构是什么？为什么要采用这样的结构？
10. 数据独立性包括哪两个方面，含义分别是什么？
11. 数据库管理系统有哪些主要功能？

第 **3** 章 Chapter

关 系 模 型

关系数据库是目前应用最广泛的主流数据库，它是以关系模型为基础的数据库。第 2 章简要介绍了关系模型的一些基本术语，本章将深入地讲解关系模型。按照数据模型的三个要素，关系模型由关系数据结构、关系操作集合和关系完整性约束三部分组成。因此关系模型的三要素是本章的重点。

本章将从关系模型的基本概念入手，介绍关系模型的完整性约束、关系代数、关系演算、关系代数的查询优化等内容。

3.1　关系模型的基本概念

关系模型是一种数据模型，和一般的数据模型一样。

关系模型是建立在数学概念的基础上的。为便于读者理解，这里先给出关系的通俗解释，然后再从集合论的角度给出关系数据结构的严格定义。

3.1.1　关系的通俗解释

关系模型的数据结构非常单一。在关系模型中，现实世界的实体以及实体间的各种联系均用关系来表示。在用户看来，关系模型中数据的逻辑结构是一张二维表。每一张二维表称为一个关系（relation）或表（table）。每个表中的信息只用来描述客观世界中的一件事情，例如，在学校中，为了表达学生与专业的"所属"关系、学生与课程的"选修"关系、教师与课程的"任教"关系，可以制成如表 3-1 所示的表格。

表 3-1　学生选课登记表

学号	姓名	专业	选修课程	任课教师
2005101	张伟	计算机软件	数据结构	刘海军
2005102	周全	计算机应用	计算机原理	徐迈
2005201	张东	计算机应用	数据结构	刘海军
2005204	王倩	计算机软件	操作系统	吴小明

关系是一个元组的集合，关系中元组的个数称为基数。元组出现在关系中的顺序是不相关的。因此，无论关系中的元组是像表 3-1 中那样按编号排序后列出，还是无序地列出，它们表示的关系是一样的，因为它们具有同样的元组集。

3.1.2　关系的形式化定义

由于关系模型是建立在集合代数的基础上的，在前面非形式化地介绍了关系的概念之后，下面将从集合论的角度给出关系的形式化定义。

1. 域（Domain）

定义 3.1　域是一组具有相同数据类型的值的集合，又称为值域（用 D 表示）。域中所包含的值的个数称为域的基数（用 m 表示）。在关系中就是用域来表示属性的取值范围的。

例如，整数、实数、{男，女} 等，都可以是域。

$D_1 = \{张三，李四\}$，D_1 的基数 $m1$ 为 2。

$D_2 = \{男，女\}$，D_2 的基数 $m2$ 为 2。

$D_3 = \{19，20，21\}$，D_3 的基数 $m3$ 为 3。

2. 笛卡儿积（Cartesian Product）

定义 3.2 给定一组域 D_1，D_2，…，D_n，这些域中可以有相同的域。D_1，D_2，…，D_n 的笛卡儿积为：

$$D_1 \times D_2 \times \cdots \times D_n = \{(d_1, d_2, \cdots, d_n) \mid d_i \in D_i, i = 1, 2, \cdots, n\}$$

其中每一个元素 $(d_1, d_2, \cdots, d_n)$ 叫做一个 n 元组或简称元组。元素中的每一个值 d_i 叫做一个分量（component）。

若 $D_i(i = 1, 2, \cdots, n)$ 为有限集，其基数（Cardinal number）为 $m_i(i = 1, 2, \cdots, n)$，则 $D_1 \times D_2 \times \cdots \times D_n$ 的基数为 n 个域的基数累乘之积，记作：$\prod_{i=1}^{n} m_i$。

笛卡儿积可表示为一个二维表，如上面例子中 D_1 与 D_2 的笛卡儿积的结果为：

$$D_1 \times D_2 = \{(张三，男)，(张三，女)，(李四，男)，(李四，女)\}$$

表示成二维表，如表 3-2 所示。

3. 关系

定义 3.3 $D_1 \times D_2 \times \cdots \times D_n$ 的子集叫做在域 $D_1 \times D_2 \times \cdots \times D_n$ 上的关系，表示为 $R(D_1, D_2, \cdots, D_n)$。这里 R 表示关系的名字，n 是关系的目或度（degree）。

关系中的每个元素是关系中的元组，通常用 t 表示。

当 $n = 1$ 时，称该关系为单元关系（unary relation）。

当 $n = 2$ 时，称该关系为二元关系（binary relation）。

表 3-2 D_1 与 D_2 的笛卡儿积

姓名	性别
张三	男
张三	女
李四	男
李四	女

关系是笛卡儿积的有限子集，所以关系也是一个二维表，表的每行对应一个元组，表的每列对应一个域。由于域可以相同，为了加以区分，必须给每列取一个名字，称为属性（attribute）。N 目关系必有 n 个属性。当 $n = 1$ 时，称该关系为单元关系；当 $n = 2$ 时，称该关系为二元关系。

一般只有取笛卡儿积的某个子集才有一定意义，因此关系是有一定的语义含义的。

比如，在上例中，$D_1 \times D_2$ 笛卡儿积的子集可以构成一个具有一定意义的关系 T_1，如表 3-3 所示。

表 3-3 D_1、D_2 的笛卡儿积子集 T_1

姓名	性别
张三	男
李四	女

因此，关系是从笛卡儿积中的许多元组中取出有实际意义的元组。

4. 码的定义

1）码（key）：在关系的各个属性中，能够用来唯一标识一个元组的最小属性或属性组。

2）候选码（candidate key）：若在一个关系中，某一个属性或属性组的值能唯一地标识该关系的元组，而其真子集却不能，则称该属性或属性组为候选码。

3）主码（primary key）：若一个关系有多个候选码，则选定其中一个为主码。

4）主属性（prime attribute）：所有候选码中的属性称为主属性。

5）非主属性（non-key attribute）：不包含在任何候选码中的属性。

在最简单的情况下，候选码只包含一个属性。在最极端的情况下，关系模式的所有属性组是这个关系模式的候选码，称为**全码**（all-key）。

5. 关系的三种类型

关系可以有以下三种类型：

1）基本关系：通常称为基本表或基表，基本表是实际存在的表，它是实际存储数据的逻辑表示。

2）查询表：也称导出表，是从一个或几个基本表中进行查询所得到的结果对应的表。

3）视图表：由基本表和其他视图导出的表，是虚表，不对应实际存储的数据。

6. 基本关系的 6 条性质

按照定义，关系可以是一个无限集合。由于笛卡儿积不满足交换律，即 $(d_1, d_2, \cdots, d_n) \neq (d_2, d_1, \cdots, d_n)$，需要对关系作如下限定和扩充：

1）无限关系在数据库系统中是无意义的。因此，限定关系数据模型中的关系必须是有限集合。

2）通过为关系的每个列附加一个属性名的方法取消关系元组的有序性，即 $(d_1, d_2, \cdots, d_i, d_j, \cdots, d_n) = (d_1, d_2, \cdots, d_j, d_i, \cdots, d_n)$（$i, j = 1, 2, \cdots, n$）。

因此，基本关系具有以下性质：

1）每一列中的分量是同一类型的数据，来自同一个域。

2）不同的列可出自同一个域，称其中的每一列为一个属性，不同的属性要给予不同的属性名。

3）列的顺序无所谓，即列的次序可以任意交换。

4）行的顺序无所谓，即行的次序可以任意交换。

5）任意两个元组不能完全相同。

6）分量必须取原子值，即每一个分量都必须是不可分的数据项。如表 3-4 所示的是非规范的关系，表 3-5 所示的是规范化后的关系。规范化的内容将在后面章节中讲解。

表 3-4　非规范化的课程关系

课程名	学时	
	授课	实验
数据库	36	12
数据结构	48	16
操作系统	32	16

表 3-5　规范化后的课程关系

课程名	授课学时	实验学时
数据库	36	12
数据结构	48	16
操作系统	32	16

注意　在许多实际关系数据库产品中，基本表并不完全具有这六条性质，例如，有的数据库产品（如 FoxPro）仍然区分了属性顺序和元组的顺序；有的数据库产品中允许关系表中存在两个完全相同的元组，除非用户特别定义了相应的约束条件。

3.1.3　关系模式

在关系模型中，无论是实体还是实体之间的联系均由单一的结构类型即关系来表示。也就是说，任何一个关系数据库都是由若干张互相关联的表组成的。

在关系数据库中，对每一个关系中信息内容的结构的描述，称作该关系的关系模式。

一个关系需要描述哪些方面呢?

首先, 应该知道关系实际上是一张二维表, 表的每一行为一个元组, 每一列为一个属性。一个元组就是该关系所设计的属性集的笛卡儿积的一个元素。关系是元组的集合, 因此关系模式必须指出这个元组集合的结构, 即它由哪些属性组成, 这些属性来自哪些域, 以及属性和域之间的映像关系。

其次, 一个关系通常是由赋予它的元组语义来确定的。元组语义实质上是一个 n 目谓词(n 是属性集中属性的个数)。使该 n 目谓词为真的笛卡儿积的元素 (或者说凡符合元组语义的那部分元素) 的全体就构成了该关系模式的关系。

现实世界随着时间在不断地变化, 因而在不同的时刻, 关系模式的关系也会有所变化。但是, 现实世界的许多已有事实限定了关系模式所有可能的关系必须满足一定的完整性约束条件。这些约束通过对属性取值范围的限定 (例如性别的取值只可能是男或女), 或者通过属性值间的相互关联 (主要体现在值的相等与否) 反映出来。关系模式应当刻画出这些完整性约束条件 (即属性间的数据依赖关系)。

因此一个关系模式应当是一个五元组。它要包括关系名、组成该关系的诸属性名、属性所来自的域、属性向域的映像、属性间数据依赖关系等。

定义 3.4　关系的描述称为关系模式 (relation schema)。一个关系模式可以形式化地表示为:

$$R(U,D,DOM,F)$$

其中 R 为关系名, U 为组成该关系的属性名集合, D 为属性组 U 中属性所来自的域, DOM 为属性向域的映像集合, F 为属性间数据的依赖关系集合。

关系模式通常可以简记为:

$$R(U) \text{ 或 } R(A_1, A_2, \cdots, A_n)$$

其中 R 为关系名, A_1, A_2, $\cdots$, A_n 为属性名。而域名及属性向域的映像常常直接说明为属性的类型、长度。

关系模式与关系是彼此密切相关但又有所区别的两个概念, 它们之间的关系是一种"型与值"的关联关系。关系模式描述关系的信息结构及语义限制, 一般来说, 它是相对稳定和不随时间改变的。关系则是在某一时刻关系模式的"当前值", 它是现实世界某一时刻的状态的反映, 因此, 关系是随时间改变而动态变化的。例如, 某校建立了一个学生注册信息表, 其结构为: $S(S\#, SNAME, AGE, SEX)$。该表中记录了所有在校学生的注册信息。但由于学生的转学、退学、毕业、入学等会经常发生, 因而关系 S 是动态变化的, 但其结构 $(S\#, SNAME, AGE, SEX)$ 以及有关的定义域限制一般是不会改变的。

但在实际当中, 人们常常把关系模式和关系都称为关系, 这不难从上下文中加以区别。

3.1.4　关系数据库

在关系模型中, 实体以及实体间的联系都是用关系来表示的。例如, 学生实体、课程实体、学生与课程之间的多对多选课联系都可以用一个关系 (或二维表) 来表示。在一个给定的现实世界领域中, 所有实体及实体之间联系的关系的集合构成一个关系数据库。

关系数据库也有型和值之分。关系数据库的型也称为关系数据库模式，是对关系数据库的描述，是关系模式的集合。关系数据库的值也称为关系数据库，是关系的集合。关系数据库模式与关系数据库通常统称为关系数据库。

3.2   关系模型的完整性

关系模型的完整性规则是对关系的某种约束条件。

关系模型中有三类完整性约束：实体完整性、参照完整性和用户自定义完整性。其中实体完整性和参照完整性是关系模型必须满足的完整性约束条件，应该由关系系统自动支持。用户自定义完整性是应用领域需要遵循的约束条件，体现了具体领域中的语义约束。

3.2.1   实体完整性

规则 3.1   实体完整性规则   若属性 A 是基本关系 R 的主属性，则属性 A 不能取空值。所谓空值就是"不知道"或"无意义"的值。

说明   1）实体完整性规则是对基本关系的约束和限定。

2）实体具有唯一性标识——主码。

3）组成主码的各属性都不能取空值。

注意   有多个候选码时，主码以外的候选码上可取空值。

例如，学生选课关系"选修（学号，课程号，成绩)"中，"学号 + 课程号"为主码，则"学号"和"课程号"两个属性都不能取空值。

再比如，在学生关系（学号，姓名，年龄，借书证号，所在系）中，"学号"为主码，则它不能取空值。若为空值，说明缺少元组的关键部分，则实体不完整。而候选码"借书证号"在未发借书卡时，则可为空。

因此，如果主属性取空值，就说明存在某个不可标识的实体，即存在不可区分的实体，这与说明中的第 2 条相矛盾，因此这个规则称为实体完整性。

3.2.2   参照完整性

现实世界中的实体之间往往存在某种联系，在关系模型中实体及实体间的联系都是用关系来描述的，这样就自然存在着关系与关系间的引用。先来看三个例子。

【例 1】   学生实体和专业实体可以用下面的关系表示，其中主码用下划线标识：

学生（<u>学号</u>，姓名，性别，系号，年龄）

系（<u>系号</u>，系名）

学生关系引用了系关系的主码"系号"，而且学生关系中的"系号"值必须是确实存在的系号，即系关系中有该系对应的一条记录。

【例 2】   学生、课程、学生与课程之间的多对多联系可以用如下三个关系表示：

学生（<u>学号</u>，姓名，性别，年龄，所在系）

课程（<u>课程号</u>，课程名，学分）

选修（<u>学号</u>，<u>课程号</u>，成绩）

这三个关系之间存在着属性间的引用，即选课关系引用了学生关系的主码"学号"和课程关系的主码"课程号"。显然，选修关系中的学号值必须是学生关系中实际存在的某学号；选修关系中的课程号值也必须是已开设的某课程号。换言之，选修关系中某些属性的值需要参照学生关系及课程关系对应的属性内容来取值。

不仅两个或两个以上的关系间可以存在引用关系，同一关系内部属性间也可能存在引用关系。

【例3】 学生关系（学号，姓名，性别，专业号，年龄，班长）中，学号是主码，班长属性表示该学生所在班级的班长的学号，班长是本班中某一个学生，取其学号值，它引用了本关系"学号"属性，如表3-6所示。

表3-6　学生关系表

学号	姓名	性别	专业号	年龄	班长
101	张三	女	01	19	102
102	李四	男	01	20	102
103	王五	男	01	21	
204	赵六	女	02	18	205
205	钱七	男	02	19	
206	孙八	女	02	18	205

定义3.5　设 F 是基本关系 R 的一个或一组属性，但不是关系 R 的码。如果 F 与基本关系 S 的主码 K_s 相对应，则称 F 是基本关系 R 的外码（foreign key），并称基本关系 R 为参照关系（referencing relation），基本关系 S 为被参照关系（referenced relation）或目标关系（target relation）。

显然，目标关系 S 的主码 K_s 和参照关系的外码 F 必须定义在同一个（或一组）域上。

在例1中，学生关系的"系号"与系关系的主码"系号"相对应，"系号"属性是学生关系的外码。专业关系是被参照关系，学生关系为参照关系，如图3-1所示。

在例3中，"班长"与本身的主码"学号"相对应，"班长"是外码，学生关系既是参照关系也是被参照关系，如图3-2所示。

学生关系 ──系号──→ 系关系

图3-1　关系的参照1　　　　　　　　　图3-2　关系的参照2

注意　外码并不一定要与相应的主码同名。不过，在实际应用当中，为了便于识别，当外码与相应的主码属于不同关系时，往往给它们取相同的名字。

规则3.2　参照完整性规则　若属性（或属性组）F 是基本关系 R 的外码，它与基本关系 S 的主码 K_s 相对应（基本关系 R 和 S 不一定是不同的关系），则 R 中每个元组在 F 上的值必须为：取空值（F 的每个属性值均为空值），或者等于 S 中某个元组的主码值。

参照完整性规则就是定义外码与主码之间的引用规则。

例如，在关系选修（学号，课程号，成绩）中，选修关系中的"学号"与学生关系的主码"学号"相对应，因此"学号"是选修关系的外码，同样，选修关系中的"课程号"与课程关系的主码"课程号"相对应，故"课程号"也是选修关系的外码。根据参照完整性规则，它们要么取空值，要么引用对应关系中实际存在的主码值。但由于"学号"和"课程号"是选修关系的主属性，根据实体完整性规则，它们均不能为空，故只能取对应被参照关系中的主码值。

3.2.3　用户自定义完整性

实体完整性和参照完整性适用于任何关系数据库系统。此外，不同的关系数据库系统根据其应用环境的不同，往往还需要一些特殊的约束条件。用户定义的完整性就是针对某一具体关系数据库的约束，它反映某一具体应用所涉及的数据必须满足的语义要求及约束条件。

例如，要求学生关系中的年龄在 16~70 之间，选修关系中的成绩在 0~100 之间，性别只能取男和女等。

关系模型应提供定义和检验这类完整性的机制，以便用统一、系统的方法处理它们，而不要由应用程序承担这一功能。

关系数据库系统一般包括以下几种用户自定义完整性约束：

1）定义属性是否允许为空值。

2）定义属性值的唯一性。

3）定义属性的取值范围。

4）定义属性的默认值。

5）定义属性间的数据依赖关系。

3.3　关系操作

3.3.1　基本关系操作

关系模型中常用的关系操作包括查询（query）操作和插入（insert）、删除（delete）、修改（update）操作两大部分。

查询的表达能力是其中最主要的部分，包括：选择（select）、投影（project）、连接（join）、除（divide）、并（union）、交（intersection）、差（difference）、笛卡儿积等。其中，选择、投影、并、差、笛卡儿积是 5 种基本操作，其他操作可以用基本操作来定义和导出。

关系操作的特点是集合操作方式，即操作的对象和结果都是集合。这种操作方式也称为一次一集合（set-at-a-time）的方式。相应地，非关系数据模型的数据操作方式则为一次一记录（record-at-a-time）的方式。

3.3.2　关系数据语言的分类

表达（或描述）关系操作的关系数据语言可以分为三类，如图 3-3 所示。

关系数据语言	1	关系代数语言		例如 ISBL
	2　关系演算语言	1	元组关系演算语言	例如 ALPHA、QUEL
		2	域关系演算语言	例如 QBE
	具有关系代数和关系演算双重特点的语言			例如 SQL

图 3-3　关系数据语言分类

1）关系代数语言：用对关系的运算来表达查询要求的方式。

2）关系演算语言：用谓词来表达查询要求的方式。关系演算又可按谓词变元的基本对象是元组变量还是域变量分为元组关系演算和域关系演算。

关系代数、元组关系演算和域关系演算三种语言在表达能力上是完全等价的。

关系代数、元组关系演算和域关系演算均是抽象的查询语言，这些抽象的语言与具体的 DBMS 中实现的实际语言并不完全一样，但它们能用作评估实际系统中查询语言能力的标准或基础。实际的查询语言除了提供关系代数或关系演算的功能外，还提供了许多附加功能，例如集函数、关系赋值、算术运算等。

3）具有关系代数和关系演算双重特点的语言，如 SQL。

SQL 不仅具有丰富的查询功能，而且具有数据定义和数据控制功能，是集查询、DDL、DML 和 DCL 于一体的关系数据语言。它充分体现了关系数据语言的特点和优点，是关系数据库的标准语言。

关系数据语言是一种高度非过程化的语言，它们的共同特点是，语言具有完备的表达能力，功能强，能够嵌入高级语言中使用。

下面主要讲解如何通过关系代数表达关系数据库的查询和更新操作。

3.3.3 关系代数概述

关系代数是一种抽象的查询语言，它是用对关系的运算来表达查询的。

关系代数由 E. F. Codd 于 1970 年首次提出。1979 年 E. F. Codd 对关系模型作了扩展，讨论了关系代数中加入空值和外连接的问题。

关系代数以一个或两个关系为输入（或称为操作对象），产生一个新的关系作为其操作结果，即其运算对象是关系，运算结果亦为关系。

关系代数用到的运算符包括四类：集合运算符、专门的关系运算符、比较运算符和逻辑运算符，如表 3-7 所示。

表 3-7　关系代数运算符

运算符		含义	运算符		含义
集合	∪	并	比较	>	大于
	−	差		≥	大于等于
运算符	∩	交	运算符	<	小于
	×	广义笛卡儿积		≤	小于等于
				=	等于
				≠（或 <>）	不等于
专门的	σ	选择	逻辑	¬	非
关系	Π	投影	运算符	∧	与
运算符	∞	连接		∨	或
	÷	除			

关系代数的运算按运算符的不同可分为传统的集合运算和专门的关系运算两类。

传统的集合运算是二目运算，包括并、差、交、广义笛卡儿积四种运算。这类运算将关系看做是元组的集合。其运算是从"行"的方向来进行的。

专门针对数据库环境设计的关系运算，包括选择、投影、连接和除法。这类运算不仅涉及行而且涉及列。比较运算符和逻辑运算符是用来辅助专门的关系运算符进行操作的。

下面的小节中将分别对这两类运算加以介绍。

3.3.4 传统的集合运算

设关系 R 和关系 S 具有相同的目 n（即两个关系都有 n 个属性），且相应的属性取自同一个域，则可以定义并、差、交运算如下。

1. 并（union）

关系 R 与关系 S 的并记作：

$$R \cup S = \{t \mid t \in R \lor t \in S\}$$

其结果仍为 n 目关系，由属于 R 或属于 S 的元组组成。t 是元组变量，表示关系中的元组。

关系的并运算对应于关系的插入或添加记录的操作，俗称"＋"操作，是关系代数的基本操作。

例如，设关系 R 和关系 S 如下：

R				S		
A	B	C		A	B	C
a_1	b_1	c_1		a_1	b_2	c_2
a_1	b_2	c_2		a_1	b_3	c_2
a_2	b_2	c_1		a_2	b_2	c_1

R 与 S 并运算后的结果为：

$R \cup S$

A	B	C
a_1	b_1	c_1
a_1	b_2	c_2
a_2	b_2	c_1
a_1	b_3	c_2

2. 差（except）

关系 R 与关系 S 的差记作：

$$R - S = \{t \mid t \in R \land t \notin S\}$$

其结果仍为 n 目关系，由属于 R 而不属于 S 的所有元组组成。关系的差运算对应于关系的删除记录的操作，俗称"－"操作，是关系代数的基本操作。

R 与 S 差运算后的结果为：

$R-S$

A	B	C
a_1	b_1	c_1

3. 交（intersection）

关系 R 与关系 S 的交记作：

$$R \cap S = \{t \mid t \in R \land t \in S\}$$

其结果仍为 n 目关系，由既属于 R 又属于 S 的元组组成。

R 与 S 交运算后的结果为：

$R \cap S$

A	B	C
a_1	b_2	c_2
a_2	b_2	c_1

关系的交可以用差来表示，即 $R \cap S = R - (R - S)$。

4. 广义笛卡儿积（Cartesian product）

两个分别为 n 目和 m 目的关系 R 和 S 的广义笛卡儿积是一个 $(n+m)$ 列的元组的集合。元组的前 n 列是关系 R 的一个元组，后 m 列是关系 S 的一个元组。若 R 有 K_1 个元组，S 有 K_2 个元组，则关系 R 和关系 S 的广义笛卡儿积结果中共有 $K_1 \times K_2$ 个元组，记作：

$$R \times S = \{\overset{\frown}{t_r t_s} \mid t_r \in R \wedge t_s \in S\}$$

R 与 S 作笛卡儿积之后的结果为：

R. A	R. B	R. C	S. A	S. B	S. C
a_1	b_1	c_1	a_1	b_2	c_2
a_1	b_1	c_1	a_1	b_3	c_2
a_1	b_1	c_1	a_2	b_2	c_1
a_1	b_2	c_2	a_1	b_2	c_2
a_1	b_2	c_2	a_1	b_3	c_2
a_1	b_2	c_2	a_2	b_2	c_1
a_2	b_2	c_1	a_1	b_2	c_2
a_2	b_2	c_1	a_1	b_3	c_2
a_2	b_2	c_1	a_2	b_2	c_1

由此可以看出，笛卡儿积运算在实际操作时，可从 R 的第一个元组开始，依次与 S 的每一个元组组合，然后对 R 的下一个元组进行同样的操作，直至 R 的最后一个元组也进行完同样的操作为止，即可得到 $R \times S$ 的全部元组。

关系的广义笛卡儿积操作对应于两个关系记录横向合并的操作，俗称 "×" 操作，是关系代数的基本操作。关系的广义笛卡儿积是多个关系相关联操作的最基本操作。

3.3.5 专门的关系运算

3.3.4 节中所讲的传统集合运算，只是从行的角度进行的，要灵活地实现关系数据库的多样查询操作，则需要引入专门的关系运算。专门的关系运算包括选择、投影、连接、除等。为了叙述方便，我们先引入几个记号。

1）分量。设关系模式为 $R(A_1, A_2, \cdots, A_n)$。它的一个关系设为 R。$t \in R$ 表示 t 是 R 的一个元组。$t[A_i]$ 则表示元组 t 中相应于属性 A_i 的一个分量。

2）属性列或域列。若 $A = \{A_{i1}, A_{i2}, \cdots, A_{ik}\}$，其中 $A_{i1}, A_{i2}, \cdots, A_{ik}$ 是 $A_1, A_2, \cdots, A_n$ 中的一部分，则 A 称为属性列或域列。$t[A] = (t[A_{i1}], t[A_{i2}], \cdots, t[A_{ik}])$ 表示元组 t 在属性列 A 上诸分量的集合。$\overline{A}$ 则表示 $\{A_1, A_2, \cdots, A_n\}$ 中去掉 $\{A_{i1}, A_{i2}, \cdots, A_{ik}\}$ 后剩余的属性组。

3）元组的连接（串接）。设 R 为 n 目关系，S 为 m 目关系。$t_r \in R$，$t_s \in S$，$\overset{\frown}{t_r t_s}$ 称为元组的连接或者元组的串接。它是一个 $n+m$ 列的元组，前 n 个分量为 R 中的一个 n 元组，后 m 个分量为 S 中的一个 m 元组。

4）象集。给定一个关系 $R(X, Z)$，X 和 Z 为属性组。当 $t[X] = x$ 时，x 在 R 中的象集定义为：

$$Z_x = \{t[Z] \mid t \in R, t[X] = x\}$$

它表示 R 中属性组 X 上值为 x 的诸元组在 Z 上分量的集合。

例如，设关系 R 如下：

R

A	B	C
a_1	b_1	c_2
a_2	b_3	c_7
a_3	b_4	c_6
a_1	b_2	c_3
a_4	b_6	c_6
a_2	b_2	c_3
a_1	b_2	c_1

则 a_1 的象集为 $\{(b_1，c_2)，(b_2，c_3)，(b_2，c_1)\}$，$a_2$ 的象集为 $\{(b_3，c_7)，(b_2，c_3)\}$，a_3 的象集为 $\{(b_4，c_6)\}$，a_4 的象集为 $\{(b_6，c_6)\}$。

下面给出专门的关系运算的定义。

1. 选择（selection）

选择又称为限制（restriction）。它是在关系 R 中选择满足给定条件的诸元组，记作：

$$\sigma_F(R) = \{t \mid t \in R \wedge F(t) = ' 真 '\}$$

其中 F 表示选择条件，它是一个逻辑表达式，取逻辑值"真"或"假"。

逻辑表达式 F 由逻辑运算符￢、∧、∨连接各算术表达式组成。算术表达式的基本形式为：$X_1\theta Y_1$。其中 θ 表示比较运算符，它可以是 $>$、$\geqslant$、$<$、$\leqslant$ 或 $\neq$。X_1、Y_1 等是属性名，或为常量，或为简单函数，属性名也可以用它的序号来代替。

选择运算实际上是从关系 R 中选取使逻辑表达式 F 为真的元组，这是从行的角度进行的运算。

设有一个关于学生成绩管理的数据库，包括学生关系 S、课程关系 C 和选修关系 SC，如图3-4所示。下面的许多关系运算都是针对这三个关系进行的。

学生关系S

Sno	Sname	Ssex	Sage	Sdept
2006101	张勇	男	20	计算机
2006102	刘明	女	18	电子
2006201	王祥	男	21	信息
2006203	何晴	女	19	计算机

课程关系C

Cno	Cname	Cpno	Ccredit
C01	数据库	C03	4
C02	操作系统	C03	4
C03	数据结构	C04	6
C04	C语言		3
C05	计算机导论		2
C06	C++语言	C04	3

选修关系SC

Sno	Cno	Grade
2006101	C01	92
2006101	C03	85
2006102	C01	88
2006203	C02	75
2006203	C03	80

图3-4 学生成绩数据库

【例 4】　查询计算机系的所有学生。

$$\sigma_{Sdept='计算机'}(S) \text{ 或 } \sigma_{5='计算机'}(S)$$

其中下角标"5"为 Sdept 的属性序号。结果如图 3-5 所示。

Sno	Sname	Ssex	Sage	Sdept
2006101	张勇	男	20	计算机
2006203	何晴	女	19	计算机

图 3-5　选择运算举例

【例 5】　查询年龄不大于 20 岁的男生信息。

$$\sigma_{Sage\leqslant20\wedge Ssex='男'}(S)$$

结果如图 3-6 所示。

Sno	Sname	Ssex	Sage	Sdept
2006101	张勇	男	20	计算机

图 3-6　选择运算举例

2. 投影（projection）

投影运算是从 R 中选出若干属性列组成新的关系，记作：

$$\prod_A(R) = \{t[A] \mid t \in R\}$$

其中 A 为 R 中的属性列。投影是从列的角度进行的运算。

【例 6】　查询学生的姓名和所在系，即求关系 S 在学生姓名和所在系两个属性上的投影。

$$\prod_{Sname,Sdept}(S) \text{ 或 } \prod_{2,5}(S)$$

投影后的结果如图 3-7 所示。

Sname	Sdept
张勇	计算机
刘明	电子
王祥	信息
何晴	计算机

图 3-7　投影运算举例

投影之后不仅取消了原关系中的某些列，而且还可能取消某些元组，因为取消了某些属性列后，就可能出现重复行，应取消这些完全相同的行。

【例 7】　查询学生关系 S 中都有哪些系。

$$\prod_{Sdept}(S)$$

关系 S 中原来有四个元组，而投影结果取消了重复的计算机，因此只有三个元组。结果为：

Sdept
计算机
电子
信息

3. 连接 (join)

连接也称为 θ 连接，它是从两个关系的笛卡儿积中选取满足一定条件的元组，组成新的关系，记作：

$$R \underset{A\theta B}{\infty} S = \sigma_{A\theta B}(R \times S)$$

其中 A 和 B 分别为 R 和 S 上度数相等且可比的属性组。θ 是比较运算符。连接运算从 R 和 S 的广义笛卡儿积 $R \times S$ 中选取（R 关系）在 A 属性组上的值与（S 关系）在 B 属性组上的值满足比较关系 θ 的元组。

连接运算中有两种最为重要也是最为常用的连接，一种是等值连接（equijoin），另一种是自然连接（natural join）。

θ 为 "=" 的连接运算称为等值连接。它是从关系 R 与 S 的广义笛卡儿积中选取 A、B 属性值相等的那些元组，即等值连接为：

$$R \underset{A=B}{\infty} S$$

自然连接是一种特殊的等值连接，它要求两个关系中进行比较的分量必须是相同的属性组，并且在结果中把重复的属性列去掉。自然连接记作：

$$R \infty S$$

一般的连接操作是从行的角度进行运算。但自然连接还需要取消重复列，所以是同时从行和列的角度进行运算。

【例8】 设图 3-8a 和 3-8b 分别为关系 R 和关系 S，则图 3-8c 为 R 与 S 一般连接的结果，图 3-8d 为 R 与 S 等值连接的结果，图 3-8e 为 R 与 S 自然连接的结果。

R

A	B
4	b_1
4	b_2
7	b_3

a) 关系 R

S

A	C
4	3
4	4
6	7

b) 关系 S

$R \underset{R.A<S.C}{\infty} S$

$R.A$	B	$S.A$	C
4	b_1	6	7
4	b_2	6	7

c) 一般连接

$R \underset{R.A=S.A}{\infty} S$

$R.A$	B	$S.A$	C
4	b_1	4	3
4	b_1	4	4
4	b_2	4	3
4	b_2	4	4

d) 等值连接

$R \infty S$

$R.A$	B	C
4	b_1	3
4	b_1	4
4	b_2	3
4	b_2	4

e) 自然连接

图 3-8 连接运算举例

4. 除 (division)

给定关系 $R(X, Y)$ 和 $S(Y, Z)$，其中 X, Y, Z 为属性组。R 中的 Y 与 S 中的 Y 可以有不同的属性名，但必须出自相同的域集。

R 与 S 的除运算得到一个新的关系 $P(X)$，P 是 R 中满足下列条件的元组在 X 属性列上的投影：元组在 X 上分量值 x 的象集 Y_x 包含 S 在 Y 上投影的集合。记作：

$$R \div S = \{ t_r[X] \mid t_r \in R \wedge \prod_Y(S) \subseteq Y_x \}$$

其中 Y_x 为 x 在 R 中的象集。

除是同时从行和列角度进行运算。除运算适合于包含"对于所有的/全部的"语句的查询操作。

【例 9】 设关系 R、S 分别如图 3-9a 和图 3-9b 所示，则 $R \div S$ 的结果如图 3-9c 所示。

在关系 R 中，A 的取值有四个 $\{a_1, a_2, a_3, a_4\}$。其中：

a_1 的象集为 $\{(b_1, c_1), (b_2, c_3), (b_1, c_1)\}$。

a_2 的象集为 $\{(b_3, c_7), (b_2, c_3)\}$。

a_3 的象集为 $\{(b_4, c_6)\}$。

a_4 的象集为 $\{(b_6, c_6)\}$。

S 在 (B, C) 上的投影为 $\{(b_1, c_2), (b_2, c_1), (b_2, c_3)\}$。

显然只有 a_1 的象集 a_1 作为 (B, C) 的下角包含了 S 在 (B, C) 属性组上的投影，所以 $R \div S = \{a_1\}$。

R

A	B	C
a_1	b_1	c_2
a_2	b_3	c_7
a_3	b_4	c_6
a_1	b_2	c_3
a_4	b_6	c_6
a_2	b_2	c_3
a_1	b_2	c_1

a）关系 R

S

B	C	D
b_1	c_2	d_1
b_2	c_1	d_1
b_2	c_3	d_2

b）关系 S

$R \div S$

A
a_1

c）$R \div S$

图 3-9　除法运算举例

3.3.6　关系运算表达式应用实例

关系代数中，关系代数运算经有限次复合后形成的式子称为关系代数表达式。关系数据库中可以通过一个关系代数表达式实现一个具体的查询操作。而且对于同一个查询，实现查询操作的关系代数表达式不是唯一的。

在操作表达前，首先要弄清楚三点：查什么、从哪里查、查询条件是什么。下面以学生成绩数据库为例，给出几个综合应用多种关系代数运算进行查询的例子。

【例 10】 查询选修了 C01 课程的学生的学号。

$$\prod\nolimits_{\text{Sno}} (\sigma_{\text{Cno} = \text{'C01'}} (SC))$$

【例 11】 查询选修了 C01 课程的学生的学号及姓名。

$$\prod\nolimits_{\text{Sno,Sname}} (\sigma_{\text{Cno} = \text{'C01'}} (S \infty SC)) \text{ 或} \prod\nolimits_{\text{Sno}} (\sigma_{\text{Cno} = \text{'C01'}} (SC)) \infty \prod\nolimits_{\text{Sno,Sname}} (S)$$

【例 12】 查询选修了"数据库"课程的学生的学号及姓名。

$$\prod\nolimits_{\text{Sno,Sname}} (\sigma_{\text{Cname} = \text{'数据库'}} (S \infty SC \infty C)) \text{ 或} \prod\nolimits_{\text{Sno,Sname}} (\sigma_{\text{Cname} = \text{'数据库'}} (C) \infty \prod\nolimits_{\text{Sno,Cno}} (SC) \infty S)$$

【例 13】 查询至少选修 C01 课程和 C03 课程的学生的学号。

首先建立一个临时关系 K:

Cno
C01
C03

然后求 $\prod_{Sno,Cno}(SC) \div K$，结果为 $\{2006101\}$。

求解过程与例 9 类似，先对 SC 关系在 Sno 和 Cno 属性上投影，然后对其中每个元组逐一求出每个学生的象集，并依次检查这些象集是否包含 K。

【例 14】　查询选修了全部课程的学生号码和姓名。

$$(\prod_{Sno,Cno}(SC) \div \prod_{Cno}(C)) \infty \prod_{Sno,Sname}(S)$$

3.4　关系数据库的查询优化

3.4.1　查询优化问题的提出

数据库最重要的应用之一是提供对用户的数据需求的支持。在关系数据库系统中，用户把他们的数据需求表达为关系数据子语言的语句，然后由 DBMS 翻译为一组操作系统可执行的数据读入并处理。系统执行这一系列操作后，即得到用户所需要的数据结果。整个过程，称为数据库查询的实现。由于一个数据库查询常常有多种实现算法，其时间运行效率可能差异很大，在一些性能比较好的 DBMS 中，大多采取了一些措施，自动选择较优的算法，以花费较小的代价实现用户所需的查询。这一过程，就称为数据库系统的查询优化。

查询优化既是 RDBMS 实现的关键技术，又是关系数据库系统的优点所在。它减轻了用户选择存取路径的负担。用户只需提出"干什么"，不必指出"怎么干"。查询优化的优点不仅在于用户不必考虑如何最好地表达查询以获得较好的效率，而且在于系统优化可以比用户程序的"优化"做得更好。这是因为：

1）优化器可以从数据字典中获取许多统计信息，例如关系中的元组数、关系中每个属性值的分布情况等。优化器可以根据这些信息选择有效的执行计划，而用户程序则难以获得这些信息。

2）如果数据库的物理统计信息改变了，系统可以自动对查询进行重新优化以选择相适应的执行计划。在非关系系统中必须重写程序，而重写程序在实际应用中往往是不太可能的。

3）优化器可以考虑数百种不同的执行计划，而程序员一般只能考虑有限的几种可能性。

4）优化器中包括了很多复杂的优化技术，这些优化技术往往只有最好的程序员才能掌握。系统的自动优化相当于使得所有人都拥有这些优化技术。

目前 DBMS 通过某种代价模型计算出各种查询执行策略的执行代价，然后选取代价最小的执行方案。在集中式关系数据库中，计算代价时主要考虑磁盘读写的 I/O 次数，也有一些系统考虑了 CPU 的处理时间。在分布式数据库中还要加上通信代价。

一般地，集中式数据库中 I/O 代价是最主要的。

查询优化的总目标是：选择有效的策略，求得给定的关系表达式的值，使得查询代价最小。

3.4.2 查询优化的必要性

为了更清楚地说明数据库查询优化的概念，我们先来看一个简单的例子，说明为什么要进行查询优化。

【例 15】 求选修了 C02 课程的学生姓名。

可以用多种等价的关系代数表达式来完成这一查询：

$$Q_1 = \prod_{Sname} (\sigma_{S.Sno = SC.Sno \land SC.Cno = 'C02'} (S \times SC))$$

$$Q_2 = \prod_{Sname} (\sigma_{SC.Cno = 'C02'} (S \infty SC))$$

$$Q_3 = \prod_{Sname} (S \infty \sigma_{SC.Cno = 'C02'} (SC))$$

还可以写出几种等价的关系代数表达式，但分析这三种就足以说明问题了。后面将看到由于查询执行的策略不同，查询时间相差很大。

假定学生成绩数据库中有 1000 个学生记录、10 000 个选课记录，其中选修 C02 号课程的选课记录为 50 个。下面分别计算以上三种查询的执行代价。

1. Q_1 查询的执行代价

（1）计算广义笛卡儿积的时间

S 与 SC 进行笛卡儿积运算的方法是将 S 和 SC 中的每个元组串接起来，具体做法是：在内存中尽可能多地装入某个表（如 S 表）的若干块元组，留出一块存放另一个表（如 SC 表）的元组。然后把 SC 中的每个元组和 S 中的每个元组串接，串接后的元组装满一块后就写到中间文件上，再从 SC 中读入一块和内存中的 S 元组连接，直到 SC 表处理完。这时再一次读入若干块 S 元组，读入一块 SC 元组，重复上述处理过程，直到把 S 表处理完。

设一个物理块能装 10 个 S 元组或 100 个 SC 元组，在内存中存放 5 块 S 元组和 1 块 SC 元组，则读取总块数为：

$$\frac{1000}{10} + \frac{1000}{10 \times 5} \times \frac{10\,000}{100} = 100 + 20 \times 100 = 2100(块)$$

其中读 S 表 100 块，读 SC 表 20 遍，每遍 100 块。若每秒读写 20 块，则总计读数据块的时间为：2100/20（秒）=105s。

连接后的元组数为 $10^3 \times 10^4 = 10^7$。设每个物理块能装 10 个元组，则这些结果写到外存的时间为：$10^7 / (10 \times 20) = 5 \times 10^4 s$。

（2）计算选择运算的时间

选择运算要从外存中将 $S \times SC$ 的所有元组读入内存，它与计算笛卡儿积时的写块时间是相同的，即为 $5 \times 10^4 s$。假定内存处理时间忽略，满足条件的元组仅 50 个，均可放在内存块中。

（3）计算投影运算的时间

由于选择运算后的中间结果全在内存中，而投影运算可直接在内存中进行，故这一步没有读写盘的时间。因此执行 Q_1 查询的总时间 $\approx 10^5 + 2 \times 5 \times 10^4 \approx 10^5 s$。

2. Q_2 查询的执行代价

（1）计算自然连接的时间

为了执行自然连接，读取 S 和 SC 表的策略不变，总的读取块数仍为 2100 块花费 105

秒。但自然连接的结果比第一种情况大大减少，为 104 个。因此这些结果写到外存的时间为：$104/(10 \times 20) = 50s$，仅为 Q_1 查询的千分之一。

（2）计算选择运算的时间

读取中间文件块，执行选择运算，花费时间也为 50s。

（3）计算投影运算的时间

计算投影运算在内存中进行，所花费的时间可忽略不计。因此执行 Q_2 查询的总时间 $\approx$ $105 + 50 + 50 \approx 205s$。

3. Q_3 查询的执行代价

（1）计算选择运算的时间

先对 SC 表作选择运算，只需读一遍 SC 表，存取 100 块花费时间为 5s，因为满足条件的元组仅 50 个，不必使用中间文件。

（2）计算自然连接的时间

读取 S 表，把读入的 S 元组和内存中的 SC 元组作连接。也只需读一遍 S 表，共 100 块，花费时间为 $100/20 = 5s$。

（3）计算投影运算的时间

计算投影运算在内存中进行，所花费的时间可忽略不计。因此执行 Q_3 查询的总时间 $\approx$ $5 + 5 \approx 10s$。

假如 SC 表的 Cno 字段上有索引，第 1 步就不必读取所有的 SC 元组而只需读取 Cno = 'C02' 的那些元组（50 个）。存取的索引块和 SC 中满足条件的数据块大约为 3~4 块。若 S 表在 Sno 上也有索引，则第 2 步也不必读取所有的 S 元组，因为满足条件的 SC 记录仅 50 个，涉及最多 50 个 S 记录，因此读取 S 表的块数也可大大减少。总的存取时间将进一步减少到数秒。

这个简单的例子充分说明了查询优化的必要性，同时也给了我们一些查询优化方法的初步概念。如当有选择和连接操作时，应当先做选择操作，这样参加连接的元组就可以大大减少。下面给出查询优化的一般策略。

3.4.3　查询优化的一般策略

这里所讲的查询优化是指逻辑层上的优化，不涉及具体的数据库物理结构，也不考虑系统提供的空间容量等其他物理因素，其主要目标是针对用户提出的查询需求，选择一个较优的实现查询的逻辑方案。

物理层优化是在逻辑方案确定以后，确定如何实现逻辑方案，即实现每一个操作步骤的方式与存取路径的选择问题。这一层次的优化问题与数据库的物理组织密切相关。感兴趣的读者可查阅数据库优化技术的相关文献。

下面的优化策略一般能提高查询效率，但不一定是所有策略中最优的。其实"优化"一词并不确切，也许"改进"或"改善"更恰当些。

逻辑层优化的一般策略如下：

1）选择运算应尽可能先做。在优化策略中这是最重要、最基本的一条。它常常可使执行时节约几个数量级，因为选择运算一般使计算的中间结果大大变小。

2）在执行连接前对关系适当地预处理。预处理方法主要有两种，即在连接属性上建立索引和对关系排序，然后执行连接。第一种称为索引连接方法，第二种称为排序合并连接方法。

例如对于 S 与 SC 这样的自然连接,用索引连接方法的步骤是:

首选在 SC 上建立 Sno 的索引。

然后对 S 中的每一个元组,由 Sno 值通过 SC 的索引查找相应的 SC 元组。

最后把这些 SC 元组和 S 元组连接起来。

这样 S 表和 SC 表均只需扫描一遍。处理时间只是两个关系大小的线性函数。

用排序合并连接方法的步骤是:

首先对 S 表和 SC 表按连接属性 Sno 排序。

然后取 S 表中第一个 Sno,依次扫描 SC 表中具有相同 Sno 的元组,把它们串接起来。

最后当扫描到 Sno 不相同的第一个 SC 元组时,返回 S 表扫描它的下一个元组,再扫描 SC 表中具有相同 Sno 的元组,把它们串接起来。

重复上述步骤直到 S 表扫描完。这样 S 表和 SC 表也只需扫描一遍。当然,执行时间要加上对两个表的排序时间。

3)把投影运算和选择运算同时进行。

4)把投影同其前或其后的双目运算结合起来,没有必要为了去掉某些字段而扫描一遍关系。

5)把某些选择同在它前面要执行的笛卡儿积结合起来成为一个连接运算,连接特别是等值连接运算要比同样关系上的笛卡儿积省很多时间。

6)找出公共子表达式。如果这种重复出现的子表达式的结果不是很大的关系,并且从外存中读入这个关系比计算该子表达式的时间少得多,则先计算一次公共子表达式并把结果写入中间文件是合理的。当查询的是视图时,定义视图的表达式就是公共子表达式的情况。

3.4.4 关系代数表达式的等价变换规则

各种查询语言都可以转换成关系代数表达式。上面的优化策略大部分都涉及代数表达式的变换。关系代数表达式的优化是查询优化的基本课题,它利用的是关系代数表达式的等价变换规则。

两个关系表达式 E_1 和 E_2 是等价的,可记为 $E_1 \equiv E_2$。

下面是常用的等价变换规则,证明从略。

1. 连接、笛卡儿积的交换律

设 E_1 和 E_2 是关系代数表达式,F 是连接运算的条件,则有:

$$E_1 \times E_2 \equiv E_2 \times E_1$$

$$E_1 \infty E_2 \equiv E_2 \infty E_1$$

$$E_1 \underset{F}{\infty} E_2 \equiv E_2 \underset{F}{\infty} E_1$$

2. 连接、笛卡儿积的结合律

设 E_1,E_2,E_3 是关系代数表达式,F_1 和 F_2 是连接运算的条件,则有:

$$(E_1 \times E_2) \times E_3 \equiv E_1 \times (E_2 \times E_3)$$

$$(E_1 \infty E_2) \infty E_3 \equiv E_1 \infty (E_2 \infty E_3)$$

$$(E_1 \underset{F_1}{\infty} E_2) \underset{F_2}{\infty} E_3 \equiv E_1 \underset{F_1}{\infty} (E_2 \underset{F_2}{\infty} E_3)$$

3. 投影的串接定律

$$\prod_{A_1,A_2,\cdots,A_n}(\prod_{B_1,B_2,\cdots,B_m}(E)) \equiv \prod_{A_1,A_2,\cdots,A_n}(E)$$

这里 E 是关系代数表达式，$A_i(i=1,2,\cdots,n)$，$B_j(j=1,2,\cdots,m)$ 是属性名且 $\{A_1,A_2,\cdots,A_n\}$ 构成 $\{B_1,B_2,\cdots,B_n\}$ 的子集。

4. 选择的串接定律

$$\sigma_{F_1}(\sigma_{F_2}(E)) \equiv \sigma_{F_1 \wedge F_2}(E)$$

这里，E 是关系代数表达式，F_1，F_2 是选择条件。选择的串接定律说明选择条件可以合并，这样一次就可检查全部条件。

5. 选择与投影的交换律

$$\sigma_F(\prod_{A_1,A_2,\cdots,A_n}(E)) \equiv \prod_{A_1,A_2,\cdots,A_n}(\sigma_F(E))$$

这里，选择条件 F 只涉及属性 A_1，A_2，$\cdots$，A_n。若 F 中有不属于 A_1，A_2，$\cdots$，A_n 的属性 B_1，B_2，$\cdots$，B_m，则有更一般的规则：

$$\prod_{A_1,A_2,\cdots,A_n}(\sigma_F(E)) \equiv \prod_{A_1,A_2,\cdots,A_n}(\sigma_F(\prod_{A_1,A_2,\cdots,A_n,B_1,B_2,\cdots,B_m}(E)))$$

6. 选择与笛卡儿积的交换律

如果 F 中涉及的属性都是 E_1 中的属性，则

$$\sigma_F(E_1 \times E_2) \equiv \sigma_F(E_1) \times E_2$$

如果 $F = F_1 \wedge F_2$，并且 F_1 只涉及 E_1 中的属性，F_2 只涉及 E_2 中的属性，则可推出：

$$\sigma_F(E_1 \times E_2) \equiv \sigma_{F_1}(E_1) \times \sigma_{F_2}(E_2)$$

若 F_1 只涉及 E_1 中的属性，F_2 涉及 E_1 和 E_2 两者的属性，则仍有：

$$\sigma_F(E_1 \times E_2) \equiv \sigma_{F_2}(\sigma_{F_1}(E_1) \times E_2)$$

7. 选择与并的交换律

设 $E = E_1 \cup E_2$，E_1，E_2 有相同的属性名，则

$$\sigma_F(E_1 \cup E_2) \equiv \sigma_F(E_1) \cup \sigma_F(E_2)$$

8. 选择与差运算的交换律

若 E_1 与 E_2 有相同的属性名，则

$$\sigma_F(E_1 - E_2) \equiv \sigma_F(E_1) - \sigma_F(E_2)$$

9. 投影与笛卡儿积的交换律

设 E_1 和 E_2 是两个关系表达式，A_1，$\cdots$，A_n 是 E_1 的属性，B_1，$\cdots$，B_m 是 E_2 的属性，则

$$\prod_{A_1,A_2,\cdots,A_n,B_1,B_2,\cdots,B_m}(E_1 \times E_2) \equiv \prod_{A_1,A_2,\cdots,A_n}(E_1) \times \prod_{B_1,B_2,\cdots,B_m}(E_2)$$

10. 投影与并的交换律

设 E_1 和 E_2 有相同的属性名，则

$$\prod_{A_1,A_2,\cdots,A_n}(E_1 \cup E_2) \equiv \prod_{A_1,A_2,\cdots,A_n}(E_1) \cup \prod_{A_1,A_2,\cdots,A_n}(E_2)$$

3.4.5　关系代数表达式的优化算法

我们可以应用 3.4.4 节中的变换法则来优化关系表达式，使优化后的表达式能遵循 3.4.3 节中的一般策略，例如把选择和投影尽可能地早做。下面给出关系表达式的优化算法。

输入： 一个关系表达式的语法树。

输出：计算该表达式的程序。

查询树是一种表示关系代数表达式的树型结构。在一个查询树中，叶子节点表示关系，内节点表示关系代数操作。查询树以自底向上的方式执行：当一个内节点的操作分量可用时，这个内节点所表示的操作启动执行，执行结束后用结果关系代替这个内节点。

方法：

（1）构造查询树

构造查询树的步骤如下：

1）把用高级语言定义的查询转换为关系代数表达式。

2）把关系代数表达式转换为查询树。

例如，给定 一个用 SQL 语言定义的查询：

```
SELECT  list
FROM   R₁,R₂,…,Rₙ
WHERE  C
```

按照如下方法把这个查询转换为关系代数表达式：

1）使用 FROM 从句中的关系 R_1，R_2，…，R_n 构造笛卡儿积 $R_1 \times R_2 \times \cdots \times R_n$。

2）在 1）的基础上构造一个选择操作：$\sigma_C(R_1 \times R_2 \times \cdots \times R_n)$。

3）在 2）的基础上构造一个投影操作：$\prod_{\text{list}}(\sigma_C(R_1 \times R_2 \times \cdots \times R_n))$。

【例 16】 给定查询：

```
SELECT A
FROM   R₁,R₂,R₃
WHERE  R₁.B=15  AND  R₂.SN='王五' AND R₃.C='c₁';
```

得到等价的关系代数表达式：

$$\prod_A(\sigma_{R_1.B=15 \wedge R_2.SN='\text{王五}' \wedge R_3.C='c_1'}(R_1 \times R_2 \times R_3))$$

构造的查询树如图 3-10 所示。

（2）代数优化算法的非形式描述

代数优化算法的非形式描述如下：

1）用 3.4.4 节中的规则 4 把形如 $\sigma_{F_1 \wedge F_2 \wedge \cdots \wedge F_n}(E)$ 的式子变换为 $\sigma_{F_1}(\sigma_{F_2}(\cdots(\sigma_{F_n}(E))\cdots))$（目的是使选择操作可以灵活方便地沿查询树下移）。

2）对每一个选择，利用 3.4.4 节中的规则 4~9 尽可能把它移到树的叶子端（目的是使选择操作尽早执行）。

3）对查询树上的每一个投影利用规则 3、5、9、10 中的一般形式尽可能把它移向树的叶子端（目的是使投影操作尽早执行）。

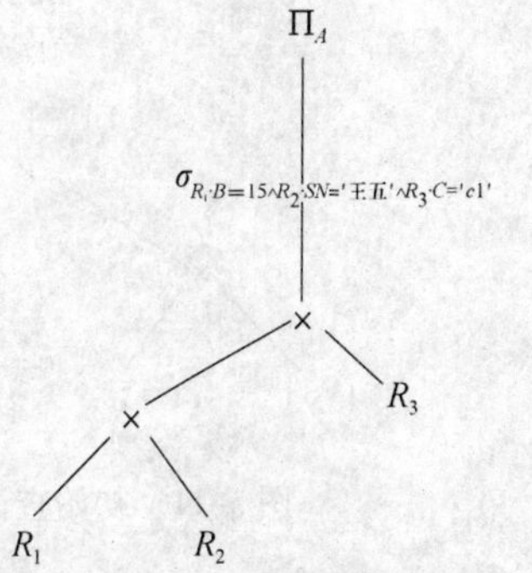

图 3-10 一个关系代数表达式的查询树

注意 3.4.4 节中的规则 3 使一些投影消失，而一般形式的规则 5 把一个投影分裂为两个，其中一个有可能被移向树的叶子端。

4）利用 3.4.4 节中的规则 3~5 把选择和投影的串接合并成单个选择、单个投影或一个选择后跟一个投影，使多个选择或投影能同时执行或在一次扫描中全部完成。尽管这种变换似乎违背了"投影尽可能早做"的原则，但这样做效率更高（目的是使多个选择或投影操作只需一次关系扫描就可完成）。

5）使用3.4.4节中的规则1、2重新安排叶子节点，使得具有最小选择操作的叶子节点最先执行。最小选择操作是指具有最小结果关系的选择操作。选择操作结果关系的大小可以依据数据字典提供的信息预先估计出来。本步骤的目的是使查询的中间结果尽量小。

6）组合笛卡儿积和相继的选择操作形成连接操作（目的是以连接代替笛儿积）。

7）把上述得到的语法树的内节点分组（把最后的查询树划分为多个子树）。

8）每一个双目运算（×、∞、∪、−）和它所有的直接祖先为一组（这些直接祖先是 σ、$\prod$ 运算）。如果其后代直到叶子全是单目运算，则也将它们并入该组，但当双目运算是笛卡儿积（×），而且其后的选择不能与它结合为等值连接时除外。把这些单目运算单独分为一组。组合笛卡儿积和相继的选择操作形成连接操作（目的是以连接代替笛卡儿积）。

9）生成一个程序，每组节点的计算是程序中的一步（即每一步计算一个子树）。各步的顺序是任意的，只要保证任何一组的计算不会在它的后代组之前计算即可。

【例17】 针对学生成绩数据库，现有这样一个查询语句：查询计算机系的同学所选修的课程名称。下面给出此查询的代数优化示例。

查询优化的步骤如下：

1）写出关系代数表达式。该查询语句的关系代数表达式如下：

$$\prod_{\text{Cname}}(\sigma_{F_1 \wedge F_2 \wedge F_3}(C \times (SC \times S)))$$

其中，F_1：S. Sno = SC. Sno，F_2：SC. Cno = C. Cno，F_3：Sdept = '计算机'。

2）将关系代数表达式转化为关系代数语法树（如图3-11所示）。

3）使用3.4.4节中介绍的等价变换规则，遵循查询优化的一般策略，使得选择及投影运算尽可能移到叶子端。优化后的查询树如图3-12所示。

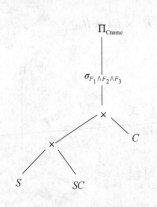

图3-11　初始查询树

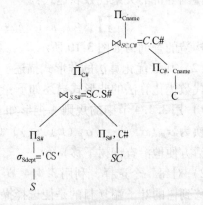

图3-12　优化后的查询树

3.5　小结

关系数据库系统是目前使用最广泛的数据库系统，关系运算理论是关系数据库查询语言的理论基础。只有掌握了关系运算理论，才能深刻理解查询语言的本质和熟练使用查询语言。

本章介绍了关系模型的基本概念，关系模型的三要素：关系数据结构、关系操作、完整性约束。其中关系代数的五个基本操作（构成一个完备集）以及四个组合操作，是本章的重点，要求读者能进行两方面的运用：一是计算关系代数表达式的值；二是根据查询语句写出关系代数表达式的表示形式。查询优化是指系统对关系代数表达式进行优化组合，以提高系统的效率。本章介绍了关系代数表达式优化的一般策略，同时提出了一个查询优化的算法，希望读者在学习和实际运用中加以练习和体会。

习题

1. 试述关系模型的三要素内容。

2. 定义并理解下列概念，说明它们间的联系与区别：

（1）域、笛卡儿积、关系、元组、属性。

（2）主码、候选码、外码。

（3）关系模式、关系、关系数据库。

3. 关系数据库的完整性规则有哪些？试举例说明。

4. 关系代数的基本运算有哪些？请用基本运算表示非基本运算。

5. 举例说明等值连接与自然连接的区别与联系。

6. 设关系 R 与 S 如图 3-13 所示，计算：

（1）$R \times S$　（2）$R \underset{R.A-S.B}{\infty} S$　（3）$R \infty S$　（4）$R \div S$

R

A	B	C
a	b	c
b	b	f
c	a	d
a	a	d
a	c	f
b	d	a

S

B	C	D
b	c	d
b	c	e
a	d	b
c	f	g

图 3-13　关系 R 与 S

7. 设有学生-课程关系数据库，它由三个关系组成，它们的关系模式分别是：

学生 S（学号 S#，姓名 SN，所在系 SD，年龄 SA），课程 C（课程号 C#，课程名 CN，先修课程号 PC#），选课 SC（学号 S#，课程号 C#，成绩 Score）。请用关系代数语言完成下列查询：

（1）检索学生年龄大于等于 20 岁的学生姓名。

（2）检索先修课程号为 C2 的课程号。

（3）检索课程号 C1 的成绩为 A 的所有学生姓名。

（4）检索年龄为 20 岁的学生所选修的课程名。

（5）检索至少选修了 S5 所选修的所有课程的学生姓名。

（6）检索至少选修了 C1 和 C4 课程的学生的学号。

（7）检索不选修任何课程的学生的学号。

8. 试述查询优化的一般策略。

9. 针对学生成绩数据库，现有一查询操作：查询选修了"数据库"课程的女生的学号和姓名。要求：

（1）写出该查询对应的关系代数表达式。

（2）画出用关系代数表示的查询语法树，并用优化算法对查询语法树进行优化。

第 4 章 Chapter

关系数据库标准语言——SQL

SQL（Structured Query Language）是关系数据库的标准语言，是介于关系代数和元组演算之间的一种语言，包括数据定义、查询、操纵和控制四种功能，对关系模型的发展和商用 DBMS 的研制起着重要的作用。如今无论是 Oracle、Sybase、Informix、SQL Server 这样的大型数据库管理系统，还是 Visual Foxpro、Access 这样的微机上常用的小型数据库管理系统，都支持 SQL 语言。学习本章后，应当了解 SQL 语言的特点，掌握 SQL 语言的四大功能及其使用方法，重点掌握 SQL 的数据查询功能及其使用方法。

4.1 SQL 的基本概念及特点

4.1.1 SQL 的产生及标准化

SQL 的产生及标准化过程如下：

- 1970 年，美国 IBM 研究中心的 E. F. Codd 连续发表多篇论文，提出关系模型。
- 1972 年，IBM 公司开始研制实验型关系数据库管理系统 System R，配制的查询语言称为 SQUARE（Specifying QUeries As Relational Expression）语言，在该语言中使用了较多的数学符号。
- 1974 年，Boyce 和 Chamberlin 把 SQUARE 修改为 SEQUEL（Structured English QUEry Language）语言。后来 SEQUEL 简称为 SQL（Structured Query Language），即"结构式查询语言"，SQL 的发音仍为"sequel"。现在 SQL 已经成为一个标准。
- 1979 年 Oracle 公司首先提供商用的 SQL，IBM 公司在 DB2 和 SQL/DS 数据库系统中也实现了 SQL。
- 1986 年 10 月，美国 ANSI 采用 SQL 作为关系数据库管理系统的标准语言（ANSI X3.135-1986），后为国际标准化组织（ISO）采纳为国际标准。
- 1989 年，美国 ANSI 采纳在 ANSI X3.135-1989 报告中定义的关系数据库管理系统的 SQL 标准语言，称为 ANSI SQL 89。
- 1992 年，ISO 又推出了 SQL 92 标准，也称为 SQL 2。
- 1999 年，推出了新的 SQL 标准，称为 SQL-99（也称为 SQL 3），它增加了面向对象的功能。

4.1.2 SQL 语言的基本概念

SQL 语言支持关系数据库三级模式结构，如图 4-1 所示。其中外模式对应于视图和部分基本表，模式对应于基本表，内模式对应于存储文件。

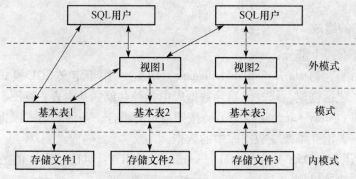

图 4-1　SQL 支持的数据库模式

- 基本表是本身独立存在的表，在 SQL 中一个关系就对应一个表。一些基本表逻辑上对应一个存储文件，一个表可以有若干索引，索引也存放在存储文件中。
- 视图是从基本表或其他视图中导出的表，它本身不独立存储在数据库中，也就是说数据库中只存放视图的定义而不存放视图对应的数据，这些数据仍存放在导出视图的基本表中，因此视图是一个虚表。
- 存储文件是内模式的基本单位。每一个存储文件存储一个或多个基本表的内容。一个基本表可有若干索引，索引也存储在存储文件中。存储文件的存储结构对用户是透明的。

4.1.3　SQL 语言的特点

SQL 语言之所以能够为用户和业界所接受，成为国际标准，是因为它是一个综合的、通用的、功能极强同时又简捷易学的语言。其主要特点包括：

1）综合统一。SQL 语言集数据定义语言 DDL、数据操纵语言 DML、数据控制语言 DCL 的功能于一体，语言风格统一，可以独立完成数据库生命周期中的全部活动，为数据库应用系统提供了良好的环境。用户在数据库系统投入运行后，还可以根据需要随时逐步修改模式，且并不影响数据库的运行，从而使系统具有良好的可扩展性。

2）高度非过程化。SQL 语言进行数据操作，只要提出"做什么"，而无须指明"怎么做"，用户不需了解存取路径，存取路径的选择以及 SQL 语句的操作过程由系统自动完成。这不仅减轻了用户负担，而且有利于提高数据的独立性。

3）面向集合的操作方式。SQL 语言采用集合操作方式，不仅操作对象、查找结果可以是元组的集合，而且一次插入、删除、更新操作的对象也可以是元组的集合。

4）以同一种语法结构提供两种使用方式。SQL 语言既是自含式语言（独立使用的语言），又是嵌入式语言。作为自含式语言，它能够独立地用于联机交互的使用方式，用户可以在终端键盘上直接键入 SQL 命令对数据库进行操作。作为嵌入式语言，SQL 语句能够嵌入到高级语言（例如 C、COBOL、FORTRAN）程序中，供程序员设计程序时使用。

5）语言简捷，易学易用。SQL 语言功能极强，但十分简捷，完成核心功能只用了 9 个动词，如表 4-1 所示。

表 4-1　SQL 语言的动词

SQL 功能	动词	SQL 功能	动词
数据查询	SELECT	数据操纵	INSERT, UPDATE, DELETE
数据定义	CREATE, DROP, ALTER	数据控制	GRANT, REVOKE

4.1.4　SQL 语言的组成

SQL 语言主要有四个部分：

1）数据定义语言（Data Definition Language，DDL）：用于定义 SQL 模式、基本表、视图、索引等结构，包括创建、修改或删除数据库中各种对象如基本表、视图、索引等。

2）查询语言（Query Language，QL）：按照指定的组合、条件表达式或排序查询已存在的数据库中的数据，但并不改变数据库中的数据。

3）数据操纵语言（Data Manipulation Language，DML）：对已经存在的数据库进行记录的插入、删除、修改等操作。

4）数据控制语言（Data Control Language，DCL）：包括对基本表和视图的授权、完整性规则的描述、事务控制等内容。

下面的小节中将分别介绍如何通过 9 个动词实现 SQL 的功能。

4.2　SQL 的数据定义

SQL 的数据定义功能包括：定义基本表、定义视图、定义索引。除此之外，还有定义数据库、定义规则、定义存储过程等。

SQL 的数据定义语句如表 4-2 所示。

表 4-2　SQL 的数据定义语句

操作对象	操作方式		
	创建	删除	修改
表	CREATE TABLE	DROP TABLE	ALTER TABLE
视图	CREATE VIEW	DROP VIEW	
索引	CREATE INDEX	DROP INDEX	

4.2.1　基本表的创建、修改和删除

1. 基本表的创建

基本表的创建的一般格式如下：

```
CREATE  TABLE <表名>(<列名><数据类型>[列级完整性约束条件]
              [,<列名><数据类型>[列级完整性约束条件]]…
              [,<表级完整性约束条件>]
              );
```

说明　1）<表名>：所要定义的基本表的名字，在一个数据库中，不允许有两个基本表同名（应该更严格地说，任何两个关系都不能同名，这就把视图也包括了）。

2）<列名>规定了该列（属性）的名称。一个表中不能有两列同名。

3）<类型>规定了该列的数据类型。注意不同的数据库系统支持的数据类型不完全相同。

4）<列级完整性约束>为该列上的数据必须符合的条件。

5）<表级完整性约束>为对整个表的一些约束条件，常见的有定义主码（外码）、各列上的数据必须符合的关联条件等。

2. 字段的数据类型

当用 SQL 语句定义表时，需要为表中的每一个字段设置一个数据类型，用来指定字段所存放的数据是整数、字符串、货币或是其他类型的数据。关系数据库支持非常丰富的数据类型，不同的数据库管理系统支持的数据类型基本是一样的，例如 SQL Server 中常用的数据类型如下：

1）数值型，包括：

- Int 或 integer：整数，占用 4 个字节。
- decimal 或 numeric：数字数据类型，格式 decimal（数据长度，小数位数）。
- float 和 real：浮点数，float 比 real 更灵活一些。
- money：专用在与货币有关的浮点数，精确度为 4 位小数，占 8 个字节。

2）日期和时间数据类型，用于存储日期和时间数据。SQL Server 支持的日期和时间类型主要有四种：date、time、datetime 和 smalldatetime。

date 数据类型只存储日期。而 time 数据类型只存储时间，它也支持 time(n) 声明，因此可以控制小数秒的粒度。datetime 数据类型为 8 字节，存储 1753 年 1 月 1 日~9999 年 12 月 31 日的时间，且精确到最近的 3.33 毫秒。smalldatetime 为 4 字节，存储 1900 年 1 月 1 日~2079 年 6 月 6 日的时间，且只精确到最近的分钟。

3）字符型，分为两种：一种为固定长度非 Unicode 字符数据类型，最大长度为 8000 个字符，格式为 char(n)；另一种为最大长度为 n 的可变长度的非 Unicode 数据，这里 n 必须是一个介于 1 和 8000 之间的数值，格式为 varchar(n)。

4）二进制数据类型，包括：varbinary、binary、varbinary（max）或 image 等二进制数据类型，主要用于存储二进制数据，如图形文件、Word 文档或 MP3 文件。其值为十六进制的 0x0~0xf。image 数据类型可在数据页外部存储最多 2GB 的文件。image 数据类型的首选替代数据类型是 varbinary（max），varbinary（max）可保存最多 8KB 的二进制数据，其性能通常比 image 数据类型的好。

3. 完整性约束条件

完整性约束条件分为列级完整性约束及表级完整性约束两种。如果完整性约束条件涉及该表的多个属性列，则必须定义在表级上，否则既可以定义在列级也可以定义在表级。常用的约束子句如下：

1）PRIMARY KEY 约束。作为列级完整性约束，PRIMARY KEY 子句说明该列（属性）是主关键字，一个表只能包含一个 PRIMARY KEY 约束。当一个表的主关键字由多个列构成时需要表级的完整性约束说明。

2）NOT NULL 和 NULL 约束。用关键词 NULL 或 NOT NULL 说明指定的列允许或不允许为空值。空值是关系数据库中的一个重要概念。在数据库中可能会遇到尚未存储数据的字段，这时的空值与空（或空白）字符串、数值 0 等具有不同的含义，空值就是空值，不能把它理解为任何意义的数据。

3）UNIQUE 约束。UNIQUE 约束为唯一性约束，每个 UNIQUE 约束都生成一个唯一索引。当某个列不是主关键字，但取值必须唯一时，可以使用 UNIQUE 约束。

4）FOREIGN KEY…REFERENCES 约束。作为表级完整性约束，REFERENCES 子句中引用列的数目必须与约束列表中的列数相同。

下面举例说明基本表的创建方法。

【例 1】 学生成绩管理数据库 XSCJ 中有三个基本表：学生基本信息表 S，课程信息表 C，学生选课表 SC。每个表中的字段属性如下：

- *S* (Sno, Sname, Ssex, Sage, Sdept)
- *C* (Cno, Cname, Cteacher)
- *SC* (Sno, Cno, Score)

要求：学生基本信息表 *S* 中，学号为主码，性别不为空，且姓名取值唯一，性别只能在"男"与"女"中选一个。

基本表 *S* 可用下列语句创建：

```
CREATE TABLE  S
  ( Sno  CHAR(5)  PRIMARY KEY,                    /*列级完整性约束条件*/
    Sname  VARCHAR(8) UNIQUE,                     /* Sname 取唯一值*/
    Ssex   CHAR(2)  NOT NULL  CHECK(Ssex  IN('男','女')),
                       /*性别只能取"男"或"女"*/
    Sage   INT,
    Sdept  VARCHAR(20)
  );
```

课程表 *C* 可用下列语句创建：

```
CREATE TABLE C
  (  Cno  CHAR(5)PRIMARY KEY,
       /*列级完整性约束条件,Cno 是主码*/
     Cname CHAR(30),
    Cteacher  VARCHAR(20),
  );
```

学生成绩表 *SC* 可用下列语句创建：

```
CREATE TABLE SC
  (  Sno  CHAR(5),
    Cno  CHAR(5),
    Score  SMALLINT,
    PRIMARY  KEY(Sno,Cno)
     /*主码由两个属性构成,必须作为表级完整性进行定义*/
    FOREING KEY(Sno)REFERENCES S(Sno),
    /*表级完整性约束条件,Sno 是外码,被参照表是 S */
    FOREING KEY(Cno)REFEREBCES C(Cno)
    /*表级完整性约束条件,Cno 是外码,被参照表是 C */
  );
```

系统执行上面的 CREATE TABLE 语句后，就在数据库中分别建立新的空的基本表 *S*、*C*、*SC*，并将有关基本表的定义及有关约束条件存放在数据字典中。

4. 基本表的修改

基本表在创建之后可以用 SQL 的 ALTER TABLE 命令修改表结构，该命令的一般格式是：

```
ALTER TABLE <表名>
[ADD <新列名> <数据类型>[列级完整性约束]]
[DROP <完整性约束名>]
[ALTER COLUMN <列名> <数据类型>];
```

说明 1) <表名>为要修改的基本表的名称。

2) ADD 子名用于增加新列和新的完整性约束条件。

3) DROP 子句用于删除指定的完整性约束条件。

4) ALTER COLUMN 子句用于修改原有列的列名及数据类型。

【例2】 在基本表 *S* 中增加一个宿舍地址（Sdorm）列，其数据类型为字符类型。

```
ALTER TABLE S ADD Sdorm VARCHAR(40);
```

注意 新增加的列不能定义为"NOT NULL"。基本表在增加一列后，原有元组在新增加的列上的值都被定义为空值（NULL）。

【例3】 将年龄的数据类型改为半字长整数。

```
ALTER TABLE  S  ALTER COLUMN  Sage  SMALLINT
```

【例4】 在 *SC* 表中增加完整性约束定义，使 Score 为 0 ~ 100。

```
ALTER TABLE SC
ADD   CHECK(Score BETWEEN 0 AND 100)
```

5. 基本表的删除

随着时间的变化，有些基本表无用了，可将其删除。删除基本表命令的一般格式为：

```
DROP TABLE <表名>[RESTRICT | CASCADE];
```

说明 1）CASCADE（级联）表示在删除基本表时，不仅表中的数据和此表的定义将被删除，而且此表上建立的索引、视图、触发器等有关对象一般也都被删除。

2）RESTRICT（限制）表示在删除基本表时，只有在没有视图或约束引用基本表 S 中的列时才能执行，否则拒绝删除。

如执行 DROP TABLE S 语句后，将基本表 S 的定义（表框架）连同它的所有元组、索引以及由它导出的所有视图全部删除，并释放相应的存储空间。

4.2.2 索引的创建和删除

在日常生活中我们经常会遇到索引，例如图书目录、词典索引等。借助索引，人们能很快地找到需要的东西。索引是数据库随机检索的常用手段，它实际上就是记录的关键字与其相应地址的对应表。如果把数据库表比作一本书，则表的索引就如书的目录一样，通过索引可大大提高查询速度。

一般说来，建立与删除索引由数据库管理员 DBA 或表的属主（即建立表的人）负责完成。

1. 索引的创建

创建索引的一般格式为：

```
CREATE [UNIQUE][CLUSTER] INDEX <索引名>
ON <表名>(<列名>[<次序>][,<列名>[<次序>]]…);
```

说明 1）<索引名>是指索引的名字,它必须是唯一的名字，并且要遵守数据库系统的命名规定。

2）<表名>是要建索引的基本表的名字。索引可以建立在该表的一列或多列上，各列名之间用逗号分隔。

3）<次序>可以为 ASC(升序) 或 DESC（降序），默认值为 ASC。

从索引定义语句中可以看出，索引分为三类，即普通索引、唯一（UNIQUE）索引和聚集（CLUSTER）索引。

（1）普通索引

如果没有指定 UNIQUE 或 CLUSTER 等将建立普通索引。

（2）唯一索引

通过指定 UNIQUE 则为表创建唯一索引（不允许存在索引值相同的两个元组）。在创建

UNIQUE索引时，如果数据已存在，系统会检查是否有重复值，如果存在重复的索引值，CREATE INDEX 语句将返回错误信息。在 CREATE TABLE 命令中的 UNIQUE 约束将隐式创建唯一索引。建立了唯一索引后，在每次使用 INSERT 或 UPDATE 语句操作关系时都要进行唯一性检查。

（3）聚集索引

通过指定 CLUSTER 建立聚集索引。数据库系统允许每一个基表有一个聚集索引（Cluster Index，有些书上叫聚簇索引）。所谓聚集索引是一种存储方法，是指索引项的顺序与表中记录的物理顺序一致的索引组织形式。这种结构可以大大提高访问记录行的性能，特别是对于有连续键值的记录集。聚集索引的索引值与关系中元组的顺序物理上相同。因此，一个表只允许建立一个聚集索引。

在 CREATE TABLE 命令中的 PRIMARY KEY 约束将隐式创建聚集索引。所以，如果在创建表时已经指定了主关键字，则不可以再创建聚集索引。

注意　最好在创建任何非聚集索引之前创建聚集索引，因为创建聚集索引时将重建表上现有的非聚集索引。另外聚簇索引要维护物理顺序，所以付出的代价就更大，在频繁更新的列上尽量不要建立聚簇索引。

【例5】　为例1中的学生成绩数据库中 S、C、SC 三个表建立索引。其中 S 表按学号升序建立唯一索引，C 表按课程号降序建立聚簇索引，SC 表按学号升序和成绩降序建立普通索引。

```
CREATE  UNIQUE  INDEX  Sno_idx  ON S(Sno);
CREATE  CLUSTER  INDEX  Cno_idx  ON C(Cno DESC);
CREATE  INDEX  SnoCsore_idx  ON SC(Sno, Score DESC);
```

2. 索引的删除

索引一经建立，将由数据库管理系统自动使用和维护。建立索引是为了提高查询数据的速度。如果在某一时期数据的增加、删除、修改操作非常频繁，使系统维护索引的代价大大增加，可以先删除部分索引。

删除索引的一般格式为：

```
DROP INDEX <索引名>;
```

例如，要删除在 SC 关系上建立的 SnoCsore_idx 索引，具体语句为：

```
DROP INDEX SnoCsore_idx;
```

注意　删除索引，意味着数据库管理系统将不仅在物理上删除相关的索引数据，也从数据字典中删除有关该索引的描述。

4.3　SQL 的数据查询

查询是数据库应用的核心内容，是关系运算理论在 SQL 中的主要体现。SQL 只提供一条查询语句——SELECT，但该语句功能丰富，使用方法灵活。使用 SELECT 语句时，用户不需指明被查询关系的路径，只需要指出关系名，查询什么，有何附加条件即可。

SELECT 语句的一般格式为：

```
SELECT [ALL |DISTINCT] <目标列表达式>[,<目标列表达式>]…
FROM <表名或视图名>[,<表名或视图名>]…
[WHERE <条件表达式>]
[GROUP BY <列名1>[HAVING <条件表达式>]]
[ORDER BY <列名2>[ASC |DESC]];
```

下面解释一下各个子句的作用:

- SELECT 子句:指明要查询的数据列,DISTINCT 说明要去掉重复元组,ALL 说明不去掉重复元组,默认值是 ALL。<目标列表达式>一般是表中的列名,如要查询所有列可用 * 表示。
- FROM 子句:说明要查询的数据来自哪个基本表或者视图,可以基于单个表(视图)或多个表(视图)进行查询。
- WHERE 子句:称为"行条件子句",即选择满足条件的数据行(元组)。
- GROUP BY 子句:称为"分组子句",用于对查询结果进行分组,可以利用它进行分组汇总。
- HAVING 子句:称为"组条件"子句,必须跟随 GROUP BY 使用,用来限定分组必须满足的条件。
- ORDER BY 子句:称为"排序"子句,用来对查询的结果进行排序。

整个 SELECT 语句含义是:从 FROM 子句指定的基本表或视图中,根据 WHERE 子句的条件表达式查找出满足该条件的记录,按照 SELECT 子句指定的目标列表达式,选出元组中的属性值形成结果表。如果有 GROUP BY 子句,则将结果按"列名1"的值进行分组,该属性列值相等的元组为一个组;如果 GROUP BY 子句带有短语 HAVING,则只有满足短语指定条件的分组才会输出。如果有 ORDER BY 子句,则结果表要按照<列名2>的值进行升序和降序排列。

由此看来,SELECT［ALL | DISTINCT］<目标列表达式>实现的是对表的投影操作,WHERE <条件表达式>中实现的是选择操作。

SSELECT 语句既可以完成简单的单表查询,也可以完成复杂的连接查询或嵌套查询。本节将通过一些实例来介绍 SELECT 命令的使用。

这些例子将使用例1所创建的学生成绩数据库 XSCJ,因此为了方便,在图 4-2 中给出了该数据库中三个表的实例。

学生基本信息表 S

Sno	Sname	Ssex	Sage	Sdept
S1	李强	男	19	计算机
S2	王松	男	20	通信工程
S3	李丽	女	18	电子
S4	张平	女	21	计算机
S5	何晴	女	19	通信工程
S6	王小可	男	20	计算机
S7	张欢	男	20	电子

课程信息表 C

Cno	Cname	Cteacher
C1	C 语言	刘军
C2	C++ 程序设计	李彤
C3	操作系统	吴明
C4	数据库	李白
C5	计算机网络	苏志朋
C6	数据结构	刘军

学生成绩表 SC

Sno	Cno	Score
S1	C2	85
S2	C3	72
S3	C4	90
S4	C1	84
S5	C2	58
S6	C3	88
S3	C1	69
S1	C5	88
S1	C3	95

图 4-2 学生成绩管理数据库实例

注意 在本书以后的章节中，如无特殊说明，所有实例均以 XSCJ 数据库为主。

4.3.1 单表查询

单表查询是指仅涉及一个表中数据的查询，即在 FROM 子句后只有一个基本表名，也称为简单查询。下面举例说明每个子句的使用。

1. SELECT 子句的使用

SELECT <目标列表达式> 指出所查询的列，它可以是一组属性列表、*、表达式、变量（包括局部变量和全局变量）等。

（1）查询指定列

【例6】 查询所有学生的姓名和性别。

```
SELECT Sno, Ssex
FROM S;
```

<目标列表达式> 中各个列的先后顺序可以与表中的顺序不一致。也就是说，用户在查询时可以根据应用的需要改变列的显示顺序。

（2）查询全部列

【例7】 查询所有的课程信息。

```
SELECT *
FROM C;
```

该 SELECT 语句实际上是无条件地把课程信息表 C 的全部信息都查询出来。上面的命令等价于如下命令：

```
SELECT Cno, Cname, Cteacher
FROM C;
```

（3）查询经过计算的列

SELECT 子句的 <目标列表达式> 不仅可以是表中的属性列，也可以是表达式，即可以将查询出来的属性列经过一定的计算后列出结果。

【例8】 查询所有学生的姓名、性别及其出生年份。

```
SELECT Sname, Ssex, 2009 - Sage
FROM S;
```

（4）更改列标题

用户可以通过指定别名来更改查询结果的列标题，这对于含算术表达式、常量、函数名的目标列表达式尤为有用。其方法如下：

```
SELECT Sno 学号, Sname 姓名, Ssex 性别, 2009 - Sage 出生年份
FROM S;
```

查询结果如下：

学号	姓名	性别	出生年份	学号	姓名	性别	出生年份
S1	李强	男	1990	S5	何晴	女	1990
S2	王松	男	1989	S6	王小可	男	1989
S3	李丽	女	1991	S7	张欢	男	1989
S4	张平	女	1988				

（5）去掉重复行

SELECT 子句中可使用 ALL 或 DISTINCT 选项来显示表中符合条件的所有行或删除其中重复的数据行，默认为 ALL。使用 DISTINCT 选项时，对于所有重复的数据行在 SELECT 返回的结果集合中只保留一行。

【例 9】　查询所有的系名称。

```
SELECT Sdept FROM S;
```

等价于：

```
SELECT ALL Sdept FROM S;
```

查询结果为：

Sdept
计算机
通信工程
电子
计算机
通信工程
计算机
电子

加入 DISTINCT 选项，去掉结果表中的重复行：

```
SELECT DISTINCT Sdept
FROM S;
```

执行结果为：

Sdept
计算机
通信工程
电子

2. WHERE 子句的使用

WHERE 子句设置查询条件，过滤掉不需要的数据行，只有满足条件的行才出现在查询结果中。

常用的组成查询条件表达式的运算符如表 4-3 所示。下面举例说明这些运算符的使用。

表 4-3　WHERE 子句中常用的运算符

查询方式	运算符	查询方式	运算符
比较	=、>、>=、<、<=、!=、<>、!>、!<	空值	IS NULL、IS NOT NULL
确定范围	BETWEEN AND、NOT BETWEEN AND	否定	NOT
确定集合	IN、NOT IN	多重条件	AND、OR
字符匹配	LIKE、NOT LIKE		

（1）比较运算符

用于进行比较的运算符一般包括：=（等于），>（大于），<（小于），>=（大于等于），<=（小于等于），!=或<>（不等于）。有些数据库产品中还包括:!>（不大于），!<（不小于）。

逻辑运算符 NOT 可与比较运算符同用，对条件求非。

【例 10】　查询所有的男生的基本信息。

```
SELECT *
FROM S
WHERE Ssex = '男';
```

执行后的结果为：

Sno	Sname	Ssex	Sage	Sdept
S1	李强	男	19	计算机
S2	王松	男	20	通信工程
S6	王小可	男	20	计算机
S7	张欢	男	20	电子

（2）确定范围

BETWEEN AND 表示数据在某一范围内的条件，其使用格式为：

< 数据表达式 > BETWEEN < 下限值 > AND < 上限值 >

与 BETWEEN…AND…相对的运算符是 NOT BETWEEN < 下限值 > AND < 上限值 >。

【例 11】　查询年龄在 19 ~ 21 岁（包括 19 岁和 21 岁）之间的学生的姓名、性别和年龄。

```
SELECT Sname,Ssex,Sage
FROM  S
WHERE  Sage BETWEEN 19 AND 21;
```

这里 Sage BETWEEN 19 AND 21 相当于 Sage >= 19 AND Sage <= 21。

（3）确定集合

谓词 IN 可以用来查找属性值属于指定集合的元组。与 IN 相对的运算符是 NOT IN。

【例 12】　查询选修 C1、C2 和 C4 课程的学生学号。

```
SELECT  DISTINCT Sno
FROM SC
WHERE Cno IN('C1','C2','C4');
```

查询结果为：

Sno
S1
S3
S4
S5

（4）字符匹配

谓词 LIKE 可以用来进行字符串的匹配，常用于模糊查找，它判断列值是否与指定的字符串格式相匹配。其一般语法格式如下：

[NOT] LIKE '< 匹配串 >' [ESCAPE '< 换码字符 >']

其含义是查找指定的属性列值与 < 匹配串 > 相匹配的元组。< 匹配串 > 可以是一个完整的字符串，也可以含有通配符% 和_。

- % （百分号）代表任意长度（长度可以为 0）的字符串。例如 a%b 表示以 a 开头、以 b 结尾的任意长度的字符串。
- _（下横线）代表任意单个字符。例如 a_ _b 表示以 a 开头、以 b 结尾的长度为 3 的任意字符串。

【例 13】 查询所有姓"李"的老师及其所讲授的课程名。

```
SELECT  Cteacher, Cname
FROM C
WHERE Cteacher LIKE'李%';
```

查询结果为：

Cteacher	Cname
李彤	C++ 程序设计
李白	数据库

如果要查询所有姓李的且全名为三个汉字的老师，则上面的 WHERE 子句应改为：

```
WHERE Sname LIKE'李_ _'
```

注意 一个汉字要占两个字符的位置，所以匹配串"李"后面需要跟两个下划线符_。

（5）涉及空值的查询

在基本表中，如果哪一列中没有输入数据，则它的值就为空。空值用一个特殊的数据 NULL 来表示。如果要判断某一列是否为空，不能用" = NULL"或" < > NULL"来比较，只能用 IS NULL 或 IS NOT NULL 来运算。

比如某些学生选修课程后没有参加考试，所以有选课记录，但没有考试成绩。如果要查询缺少成绩的学生的学号和相应的课程号，则查询条件应为：

```
WHERE  Score  IS  NULL
```

注意 这里的"IS"不能用等号（" ="）代替。

（6）多重条件查询

逻辑运算符 AND 和 OR 可用来连接多个查询条件。如果这两个运算符同时出现在同一个 WHERE 条件子句中，则 AND 的优先级高于 OR，但用户可以用括号改变优先级。

【例 14】 查询通信工程系中年龄在 20 岁以下的所有女生的姓名。

```
SELECT Sname
FROM  S
WHERE Sdept = '通信工程' AND Sage < 20 AND Ssex = '女';
```

查询结果为：

Sname
何晴

3. ORDER BY 子句的使用

如果没有指定查询结果的显示顺序，DBMS 将按其最方便的顺序（通常是元组在表中的先后顺序）输出查询结果。用户也可以用 ORDER BY 子句指定按照一个或多个属性列的升序（ASC）或降序（DESC）重新排列查询结果，其中升序 ASC 为默认值。

注意 当排序列含空值时，若按升序排列，含空值的元组将最先显示；若按降序排列，空值的元组将最后显示。

【例 15】 查询所有年龄大于 19 的学生的基本情况，查询结果按所在系降序排列，同一系中的学生按年龄升序排列。

```
SELECT  *
FROM  S
WHERE Sage >19
ORDER BY Sdept DESC,Sage;
```

4. GROUP BY 子句的使用

GROUP BY 子句可以将查询结果按一列或多列取值相等的原则进行分组。

在实际应用中，经常要对一个数据集按某列分组后进行统计、求和、求平均值等汇总操作，通过 GROUP BY 子句和聚集函数相结合可以达到此目的。

下面首先介绍几个基本的聚集函数，并详细地介绍它们的特点和使用方法。

（1）聚集函数

SQL 提供的常用聚集函数如表 4-4 所示。

表 4-4   聚集函数

聚集函数	含义
COUNT（［DISTINCT｜ALL］*）	统计元组个数
COUNT（［DISTINCT｜ALL］<列名>）	统计一列中值的个数
SUM（［DISTINCT｜ALL］<列名>）	计算一列值的总和（此列必须是数值型）
AVG（［DISTINCT｜ALL］<列名>）	计算一列值的平均值（此列必须是数值型）
MAX（［DISTINCT｜ALL］<列名>）	求一列值中的最大值
MIN（［DISTINCT｜ALL］<列名>）	求一列值中的最小值

说明   如果指定 DISTINCT 短语，则表示在计算时要取消指定列中的重复值。如果不指定 DISTINCT 短语或指定 ALL 短语（ALL 为默认值），则表示不取消重复值。

【例 16】 查询选修了 C3 课程的学生人数。

```
SELECT COUNT(Sno)
FROM SC;
WHERE Cno = 'C3';
```

此 SQL 语句中 SELECT COUNT（Sno）也可以用 SELECT COUNT（*）代替，二者结果集相同。

（2）带聚集函数的分组查询

GROUP BY 子句可以将查询结果表的各行按一列或多列取值相等的原则进行分组。对查询结果分组的目的是为了细化聚集函数的作用对象。如果未对查询结果分组，聚集函数将作用于整个查询结果；否则，聚集函数将作用于每一个组，即每一组分别统计，分别产生一个函数值。

例如，要查询每门课程的选课人数，则应该先将 SC 中的所有记录按照课程号相等的原则分组，对分组后的每一组记录再用 COUNT 求和。

【例 17】 查询每门课程的课程号及对应的选课人数。

```
SELECT Cno 课程号, COUNT(Sno)选课人数
FROM SC
GROUP BY Cno;
```

查询结果为：

课程号	选课人数	课程号	选课人数
C1	2	C4	1
C2	2	C5	1
C3	3		

（3）带 HAVING 子句的分组查询

如果分组后还要求按一定的条件对这些组进行筛选，最终只输出满足指定条件的组，则可以使用 HAVING 子句指定组筛选条件。

【例18】 查询选修了两门以上课程的学生学号及选课数。

```
SELECT Sno, COUNT(*)
FROM  SC
GROUP BY Sno
HAVING  COUNT(*) >2;
```

注意 1）尽管 HAVING 子句与 WHERE 子句都是筛选条件，但 WHERE 子句是在分组之前选择符合条件的行，作用于基本表或视图；而 HAVING 子句是在分组之后选择符合条件的分组，作用于分组之后的行。

2）如果希望对各分组结果进行排序，可在 HAVING 子句之后使用 ORDER BY 子句，但是，ORDER BY 子句必须使用聚集函数或 GROUP BY 子句中的列。

3）一般来说，聚集函数可以出现在 SELECT 子句、HAVING 子句、ORDER BY 子句中，但不能出现在 WHERE 子句中。

4）如果一个查询同时涉及 WHERE 子句、GROUP BY 子句、HAVING 子句和 ORDER BY 子句，必须按先 WHERE 子句，其次是 GROUP BY 子句、HAVING 子句，最后是 ORDER BY 子句的顺序书写。系统执行也是按同样的顺序。

5）HAVING 子句必须使用在有 GROUP BY 子句的查询语句之中，不能单独使用。

【例19】 查询统计每门课程的不及格人数，并将不及格人数按降序排列。

```
SELECT Cno, COUNT(Sno)
FROM SC
WHERE Score < 60
GROUP BY Cno
ORDER BY COUNT(Sno) DESC;
```

4.3.2 多表连接查询

前面的查询都是针对一个表进行的。若一个查询同时涉及两个以上的表，则称之为连接查询。连接查询是关系数据库中最主要的查询。

多表查询的理论基础是关系运算，请读者阅读这部分内容时结合关系运算的有关知识加深理解。

通过第3章的学习，我们知道了在关系代数中最常用的式子是表达式 $\Pi_{A_1,\cdots,A_n}(\sigma_F(R_1 \times \cdots \times R_m))$，这里 $R_1,\cdots,R_m$ 为关系，F 是条件表达式，$A_1,\cdots,A_m$ 为属性。此表达式等价于关系代数中的 θ 连接运算。

针对上述表达式，SQL 为此设计了 SELECT-FROM-WHERE 句型：

```
SELECT  Al ,…, An
FROM  Rl ,…, Rm
WHERE  F
```

这个句型是从关系代数表达式演变而来的，但 WHERE 子句中的条件表达式 F 要比关系代数中的条件表达式 F 灵活。

因此 SELECT 句型能表达的语义远比演变前的关系代数表达式复杂得多，SELECT 语句能表达所有的关系代数表达式。

连接运算按比较关系一般可分为等值连接和非等值连接，按连接对象可分为自连接和外连接。下面对这几种连接查询进行详细讨论。

1. 等值连接与非等值连接

用来连接两个表的条件称为连接条件或连接谓词，其一般格式为：

［＜表名1＞.］＜列名1＞ ＜比较运算符＞［＜表名2＞.］＜列名2＞

当连接运算符为＝时，称为**等值连接**。使用其他运算符称为**非等值连接**。

等值连接是要求参与连接运算的两个或多个表（或视图）在公共属性列上有相同的值，来自不同表的公共列不要求一定有相同的列名，但必须要有相同的数据类型和宽度，至少数据类型要相同。

从概念上讲，DBMS 执行连接操作的过程是：首先在表1 中找到第 1 个元组，然后从头开始扫描表2，逐一查找满足连接条件的元组，找到后就将表1 中的第 1 个元组与该元组拼接起来，形成结果表中的一个元组；表2 全部查找完后，再找表1 中的第 2 个元组，然后再从头开始扫描表2，逐一查找满足连接条件的元组，找到后就将表1 中的第 2 个元组与该元组拼接起来，形成结果表中的一个元组；重复上述操作，直到表1 中的全部元组都处理完毕为止。

连接运算中有两种特殊情况，一种为自然连接，另一种为广义笛卡儿积（连接）。

广义笛卡儿积是不带连接谓词的连接。两个表的广义笛卡儿积即两个表中元组的交叉乘积，其连接的结果会产生一些没有意义的元组，所以这种运算实际很少使用。

自然连接是最常见的一种特殊的等值连接：等值连接中把目标列中重复的属性列去掉。

【例20】 查询所有选修了 C3 课程的学生的姓名及考试成绩。

分析：学生姓名字段信息来自学生基本信息表 S，学生的考试成绩来自学生成绩表 SC，所以本查询涉及 S 与 SC 两个表中的数据。这两个表之间的联系是通过公共属性 Sno 实现的。因此完成此查询必须将这两个表中相同学号的元组连接起来，因此，我们可以通过自然连接来实现。完成本查询的 SQL 语句为：

```
SELECT  S.Sname 姓名, SC.Score 期末成绩
FROM  S, SC
WHERE  SC.Cno = 'C3' and S.Sno = SC.Sno;
```

查询之后的结果为：

姓名	期末成绩
李强	95
王松	72
王小可	88

2. 自连接与外连接

（1）自连接

SELECT 查询语句不但支持不同表之间的连接，而且支持任意表自身的连接。一个表与其自己进行连接，称为表的**自连接**。

自连接时，可以把一个表（或视图）看成两个副本，只是在这两个副本后面加上不同的两个别名加以区别，使之在逻辑上成为两张表。这样就和两个不同的表之间的连接处理相同。

【例 21】 查询与"张平"在同一个系的所有学生信息。

分析：学生信息表 S 取两个别名，一个是 $S1$，另一个是 $S2$。$S1$ 与 $S2$ 作自然连接运算，自然连接条件是两个表中属性 Sdept 相同。

```
SELECT S1.*
FROM S S1, S S2
WHERE S2.Sname = '张平' AND
      S1.Sdept = S2.Sdept;
```

查询之后的结果为：

Sno	Sname	Ssex	Sage	Sdept
S1	李强	男	19	计算机
S4	张平	女	21	计算机
S6	王小可	男	20	计算机

注意 在新的 SQL Server SQL 标准中此 SQL 语句等价于：

```
SELECT S1.*
FROM S S1 INNER JOIN
    S S2 ON S1.Sdept = S2.Sdept
WHERE(S2.Sname = '张平')
```

（2）外连接

在通常的连接操作中，只有满足连接条件的元组才能作为结果输出，但是有时我们想以 S 表为主体列出每个学生的基本情况及其选课情况，若某个学生没有选课，则只输出其基本情况信息，其选课信息为空值即可，这时就需要使用外连接（outer join）。

下面以 SQL Server 数据库系统的命令格式予以介绍。

外连接的基本格式为：

```
SELECT <属性或表达式列表>
FROM  <表1>  LEFT|RIGHT|FULL [OUTER] JOIN <表2>
     ON <连接条件>
[WHERE <限定条件> ]
```

从命令格式可以看出外连接又分为左连接（LEFT）、右连接（RIGHT）和全连接（FULL）三种，其中 OUTER 可以省略。

外连接与原来我们所了解的等值连接和自然连接不同。原来的连接是只有满足连接条件，相应的结果才会出现在结果表中；而外连接可以使不满足连接条件的元组也出现在结果表中。其中：

- 左连接表示在表 1 中的行，不但与表 2 中满足连接条件的行进行匹配输出，而且当在表 2 中找不到满足连接条件的行时,则表 1 中的行与一个虚拟空行相匹配输出。

- 右连接表示在表 2 中的行,不但与表 1 中满足连接条件的行进行匹配输出,而且当在表 1 中找不到满足连接条件的行时,则表 2 中的行与一个虚拟空行相匹配输出。
- 全连接表示不但表 1 与表 2 中满足连接条件的行进行匹配输出,而且两个表中不匹配的行各自与一个虚拟空行相匹配输出。

【例 22】 查询所有学生的选课情况,要求包括未选课的学生。

```
SELECT S.Sname, SC.*
FROM S LEFT JOIN SC
      ON S.Sno = SC.Sno;
```

查询之后的结果为:

Sname	Sno	Cno	Score	Sname	Sno	Cno	Score
李强	S1	C3	95	李丽	S3	C1	69
李强	S1	C5	88	张平	S4	C1	84
李强	S1	C2	85	何晴	S5	C2	58
王松	S2	C3	72	王小可	S6	C3	88
李丽	S3	C4	90	张欢	NULL	NULL	NULL

4.3.3 嵌套查询

前面讨论的一些查询语句,它们具有的一个共同特点是:条件语句由一些简单的关系表达式组成,查询返回值作为输出结果。现在介绍另一类查询,即一个 SELECT 查询语句的查询结果作为另一个查询语句的条件。

在 SQL 语言中,一个 SELECT-FROM-WHERE 语句称为一个**查询块**。将一个查询块嵌套在另一个查询块的 WHERE 子句或 HAVING 短语的条件中的查询称为**嵌套查询**,又称**子查询**。

其语法形式如下:

```
SELECT    <属性或表达式列表>                    /*外层查询/父查询*/
FROM      <表名 |视图名>
WHERE     <列名或列表达式>  <比较运算符>
          (
                  SELECT  <查询列>              /*内层查询/子查询*/
                  FROM <表名 |视图名>
                  WHERE  <条件表达式>
                  [GROUP BY  <分组内容> ]
                  [HAVING  <组内条件> ]
          )
[GROUP BY  <分组内容> ]
 [HAVING <组内条件> ]
 [ORDER BY <排序列名> [ ASC | DESC ] ]
```

说明 1) 上层的查询块称为外层查询或父查询,下层的查询块称为内层查询或子查询,SQL 语言允许多层嵌套查询,即一个子查询中还可以嵌套其他子查询,但最多嵌套 255 层。

2) 子查询的 SELECT 语句中不能使用 ORDER BY 子句,ORDER BY 子句只能对最终查询结果排序。

3）嵌套查询一般从嵌套层次最深的一层开始执行，子查询的结果用于建立其父查询的查找条件，然后再执行它的直接上一层，直至完成整个查询。

嵌套查询用多个简单查询构成复杂的查询，从而增强 SQL 的查询能力。以层层嵌套的方式来构造程序正是 SQL（Structured Query Language）中"结构化"的含义所在。

1. 带有 IN 谓词的子查询

带有 IN 谓词的子查询是指父查询与子查询之间用 IN 进行连接，用于判断父查询的某个属性列值是否在子查询的结果中。IN 表示某元素属于某个集合，而 NOT IN 则表示元素不属于某集合。谓词 IN 是嵌套查询中最经常使用的谓词。

【例 23】　查询选修了 C3 课程的学生学号及姓名。

分析：此查询数据涉及 S 表和 SC 表，因此既可以用连接查询也可以用嵌套查询来实现。嵌套查询的求解方法为：可以首先查询所有选修了"C3"课程的学号 Sno 的值，然后在 S 表中根据 Sno 值求出 Sname 的值。因此嵌套查询 SQL 语句如下：

```
SELECT Sno, Sname
FROM S
WHERE Sno IN
            (SELECT Sno
             FROM SC
             WHERE Cno = 'C3'
            );
```

查询之后的结果为：

Sno	Sname
S1	李强
S2	王松
S6	王小可

此查询也可以用连接查询完成：

```
SELECT S.Sno, Sname
FROM S, SC
WHERE S.Sno = SC.Sno AND Cno = 'C3';
```

可见，实现同一个查询可以有多种方法，当然不同的方法其执行效率可能会有差别，甚至差别会很大。

对例 23 的查询作进一步扩展，要求查询选修了"操作系统"课程的学生的学号及姓名。同样采用嵌套查询来完成，求解思路为：首先在 C 关系中找出"操作系统"对应的课程号 Cno，结果为 C3；然后在 SC 关系中找出 Cno 的值为 C3 的学号 Sno 的值，结果为 ｛S1，S2，S6｝；最后在 S 关系中根据 Sno 的值找出对应的 Sname 的值。

完整的 SQL 语句如下：

```
SELECT Sno, Sname
FROM S
WHERE Sno IN
            (SELECT Sno
             FROM SC
             WHERE Cno IN
            ( SELECT Cno
```

```
                FROM C
                WHERE Cname = '操作系统')
    );
```

本查询同样可以用连接查询实现，请读者自己完成。

由以上两个例子可以看出：

- 查询涉及多个关系时，用嵌套查询逐步求解，层次清楚，易于构造，具有结构化程序设计的优点。
- 以上讨论的嵌套查询，都是外层查询依赖于内层查询的结果，而内层查询与外层查询无关。我们把子查询的查询条件不依赖于父查询的这类子查询称为**不相关子查询**。不相关子查询是最简单的一类子查询。
- 有些嵌套查询可以用连接运算替代，有些则不能。例如，下面的例 24 中的查询则不能用连接查询替代。

【例 24】 查询没有选修 C3 课程的学生学号及姓名。

```
SELECT Sno, Sname
FROM S
WHERE Sno  NOT  IN
            ( SELECT Sno
              FROM SC
              WHERE Cno = 'C3'
            );
```

2. 带比较运算符的子查询

带比较运算符的子查询是指父查询与子查询之间用比较运算符进行连接。当用户能确切知道内层查询返回的是单值时，可以用 >、<、=、>=、<=、!= 或 <> 等比较运算符。

【例 25】 查询"计算机"系的并且年龄大于所有学生平均年龄的学生姓名及年龄。

分析：由于所有学生平均年龄的结果是一个确定的值，因此该查询可以用比较运算符来实现。其 SQL 语句如下：

```
SELECT Sname, Sage
FROM  S
WHERE Sage >
            ( SELECT  AVG(Sage)
              FROM S
            )
            AND Sdept = '计算机';
```

查询之后的结果为：

Sname	Sage
张平	21
王小可	20

3. 带有 ANY 或 ALL 谓词的子查询

在带比较运算符的子查询中，当子查询返回多值时，要与 ANY 或 ALL 谓词修饰符配合使用。

ANY：表示任意一个值，在进行比较运算时，只要子查询中有一行能使结果为真，则结果就为真。

ALL：表示所有值，在进行比较运算时，子查询中的所有行都使结果为真时，结果才为真。

其具体语义如表 4-5 所示。

表 4-5　比较运算符与 ANY 或 ALL 谓词配合使用的具体语义

操作	含义
> ANY	大于子查询结果中的某个值
> ALL	大于子查询结果中的所有值
< ANY	小于子查询结果中的某个值
< ALL	小于子查询结果中的所有值
>= ANY	大于等于子查询结果中的某个值
>= ALL	大于等于子查询结果中的所有值
<= ANY	小于等于子查询结果中的某个值
<= ALL	小于等于子查询结果中的所有值
= ANY	等于子查询结果中的某个值，等价于 IN
!= （或 <>） ANY	不等于子查询结果中的某个值
!= （或 <>） ALL	不等于子查询结果中的任何一个值，等价于 NOT IN

【例 26】　查询其他系中比计算机系某一学生年龄大的学生姓名和年龄。

分析：首先找出计算机系中所有学生的年龄，构成一个集合（19，21，20），然后处理父查询，找出所有不是计算机系且年龄大于 19、20 或 21 的学生。

```
SELECT Sname,Sage
FROM S
WHERE Sage > ANY
        ( SELECT Sage
        FROM S
        WHERE Sdept = '计算机')
    AND Sdept <> '计算机';                /*父查询中的条件 */
```

查询执行后的结果为：

Sname	Sage
王松	20
张欢	20

本查询也可以用聚集函数来实现。首先用子查询找出计算机系中最小年龄 19，然后在父查询中查找所有非计算机系且年龄大于 19 岁的学生姓名及年龄。

SQL 语句如下：

```
SELECT Sname,Sage
FROM  S
WHERE Sage >
        (SELECT  MIN(Sage)
        FROM  S
        WHERE Sdept = '计算机')
        AND Sdept <> '计算机';                    /*父查询中的条件 */
```

事实上，用聚集函数实现子查询通常比直接用 ANY 或 ALL 查询效率要高。ANY、ALL 与聚集函数的对应关系如表 4-6 所示。

表 4-6 ANY、ALL 谓词与聚集函数、IN 谓词的等价转换关系

	=	<> 或 ! =	<	<=	>	>=
ANY	IN	--	< MAX	<= MAX	> MIN	>= MIN
ALL	--	NOT IN	< MIN	<= MIN	> MAX	>= MAX

4. 带有 EXISTS 谓词的子查询

EXISTS 代表存在量词 ∃。带有 EXISTS 谓词的子查询不返回任何实际数据，只产生逻辑真值 "true" 或逻辑假值 "false"。因此，带 EXISTS 谓词的子查询中，其目标列表达式通常都用 *，因为带 EXISTS 的子查询只返回真值或假值，给出列名无实际意义。

使用存在量词 EXISTS 后，若子查询结果为非空，则父查询的 WHERE 子句返回真值。若子查询结果为空，则父查询的 WHERE 子句返回假值。

与 EXISTS 谓词相对应的是 NOT EXISTS 谓词。使用存在量词 NOT EXISTS 后，若内层查询结果为空，则外层的 WHERE 子句返回真值，否则返回假值。

在这里我们还是以例 23 的查询为例给出用 EXISTS 谓词的求解方法。

分析：查询选修了 C3 课程的学生的学号及姓名涉及 S 表和 SC 表，可以在 S 表中依次取每个元组的 Sno 值，用此值去检查 SC 表，若 SC 表中存在这样的元组，其 Sno 值等于 $S.$Sno 的值，并且其 Cno = 'C3'，则取此 $S.$Sno、$S.$Sname 的值送入查询结果中。写成 SQL 语句为：

```
SELECT S.Sno, Sname
FROM S
WHERE EXISTS
        (SELECT *
         FROM SC
         WHERE SC.Sno = S.Sno   AND Cno = 'C3'
         );
```

这类查询与我们前面的不相关子查询有一个明显区别，即子查询的查询条件依赖于外层父查询的某个属性值（在本例中是 S 表的 Sno 值），我们称这类查询为**相关子查询**。

相关子查询的内层查询由于与外层查询有关，因此必须反复求值。

相关子查询的一般处理过程是：首先取外层查询中 S 表的第 1 个元组，根据它与内层查询相关的属性值（Sno 值）处理内层查询，若 WHERE 子句返回值为真，则取此元组放入结果表；然后再取 S 表的下一个元组；重复这一过程，直至外层 S 表中的每一行元组全部检查完毕为止。

注意 一些带 EXISTS 或 NOT EXISTS 谓词的子查询不能被其他形式的子查询等价替换，但所有带 IN 谓词、比较运算符、ANY 和 ALL 谓词的子查询都能用带 EXISTS 谓词的子查询等价替换。

SQL 语言中没有提供表示全称量词 ∀ 的谓词。但是，总可以把带有全称量词的谓词转换为等价的带有存在量词的谓词。

【例 27】 查询选修了全部课程的学生的姓名。

分析：在 S 表中查找学生，要求这个学生选修了全部课程。换句话说，即在 S 表中查找这样的学生：在 C 表中不存在一门课程这个学生没有选。按照此语义，可写出 SQL 查询语句如下：

```
SELECT Sname
```

```
FROM S
WHERE NOT EXISTS
        ( SELECT *
          FROM   C
          WHERE NOT EXISTS
                 ( SELECT *
                   FROM SC
                   WHERE SC.Sno = S.Sno   AND SC.Cno = C.Cno));
```

【例 28】　查询所学课程包括学生 S3 所学课程的学生的学号。

分析：这个查询的写法类似于例 27 的写法，其思路如下：

在 *SC* 表中查找一个学生（Sno）（在 SC 表中查询），对于 Sno = S3 所学的每一门课程（Cno）（在 SC 表中查询），该学生都学了（在 SC 表中存在一个元组）。

然后，将其改成双重否定形式：在 *SC* 表中查找一个学生（Sno），不存在 Sno = S3 学的一门课（Cno'），该学生没有学。

这样就能很容易地写出 SELECT 语句，如下所示：

```
SELECT DISTINCT Sno
    FROM SC  X
    WHERE NOT EXISTS
        ( SELECT *
          FROM SC   Y
          WHERE   Y.Sno = 'S3' AND
                  NOT EXISTS
                  ( SELECT *
                  FROM SC   Z
                   WHERE   Z.Sno = X.Sno AND
                            Z.Cno = Y.Cno));
```

4.3.4　集合查询

SELECT 语句的查询结果是元组的集合，所以多个 SELECT 语句的结果可进行集合操作。我们把多个 SELECT 语句的结构完全相同的结果合并为一个结果。用集合操作来完成的查询称为**集合查询**，标准 SQL 集合操作主要是并操作 UNION。UNION 运算符等价于集合与集合之间并的关系。

使用 UNION 将多个查询结果合并起来，形成一个完整的查询结果时，系统可以去掉重复的元组。UNION 的语法格式为：

```
SELECT 查询语句 1
UNION [ALL]
SELECT 查询语句 2;
```

说明　1）参与 UNION 操作的各查询结果表的列数必须相同；对应项的数据类型也必须相同，或若可以自动转换为相同的数据类型。在自动转换时，对于数值类型，系统将低精度的数据类型转换为高精度的数据类型。

2）ALL 可选项表示将多个查询结果合并起来时，保留重复元组。

3）UNION 查询时，查询结果的列标题为查询语句 1 的列标题。因此，要定义列标题必须在查询语句 1 中定义。要对查询结果排序时，也必须使用查询语句 1 中的列名、列标题或者列序号。

【例 29】　查询计算机系的学生及年龄不小于 20 岁的学生姓名及年龄。

```
SELECT Sname, Sage
FROM S
WHERE Sdept ='计算机'
UNION
SELECT Sname, Sage
FROM S
WHERE Sage >=20;
```

例 29 也可用前面讲到的逻辑运算符 OR 来实现，其 SQL 语句为：

```
SELECT DISTINCT Sname, Sage
FROM S
WHERE Sdept ='计算机'  OR  Sage >=20;
```

4.4　SQL 的数据更新

SQL 的数据更新包括数据插入、删除和修改三种操作，下面的小节中将分别介绍。

4.4.1　数据插入

SQL 的数据插入语句 INSERT 通常有两种形式：一种是插入单个元组，另一种是插入子查询结果。后者可以一次插入多个元组。

1. 单元组的插入

插入单个元组的 INSERT 语句的格式为：

```
INSERT INTO <基表名> [ <列名表>)]
VALUES ( <值表>);
```

其中：

- <基表名>是指要插入数据的基表名。
- <列名表>是指新插入行中哪些列要插入数据，是可选项，如果不选择，默认为表中所有的列均要插入数据。
- <值表>是指要插入行的具体值。

注意　1）如果<列名表>给出要插入数据的列，则要求<值表>所给出的值与<列名表>的列要一一对应，且数据类型和长度要一致；如果不选择<列名表>，则要求<值表>所给出的值与基表的列要一一对应，且数据类型和长度要一致。

2）在插入时，如果基表的列在<列名表>中没有列出，那么这些列的值为空值。但如果在表定义时说明了 NOT NULL 的属性列不能取空值，则将出错。

【**例 30**】　基本表 *SC* 中插入单个元组的实例。

往 *SC* 表中插入一条选课记录（'S7'，'C3'，85），可用下列语句实现：

```
INSERT  INTO SC(Sno,Cno,Score)
 VALUES ('S7','C3 ',85);
```

往 *SC* 表中插入一条选课记录（'S7'，'C5'），此处成绩值为空值，可用下列语句实现：

```
INSERT  INTO SC(Sno,Cno)
VALUES ('S7','C3 ');
```

或者

```
INSERT   INTO SC
VALUES   ('S7','C3 ',NULL);
```

2. 多元组的插入

子查询结果可以嵌套在 INSERT 语句中，用以生成要插入的批量数据。

插入子查询结果的 INSERT 语句的格式为：

```
INSERT INTO <基表名>[(<列名表>)]
SELECT 子查询;
```

其中：SELECT 子查询可以使用前面介绍的所有 SELECT 查询语句，但要保证 SELECT 子查询中选择的列与<列名表>中的列一一对应，且数据类型和长度要一致，但列名不一定要求一致，只要求位置相一致。

【例31】 在基本表 *SC* 中，把平均成绩大于 80 分的计算机系的学生的学号及平均成绩存入另一个已知的基本表 S_AVG（Sno，AVG_Score）。

```
INSERT INTO S_AVG(Sno, AVG_Score)
SELECT   Sno, AVG(Score)
FROM SC
WHERE Sno IN
            (SELECT Sno
             FROM   S
             WHERE Sdept ='计算机')
GROUP BY Sno
HAVING AVG(Score) >80;
```

4.4.2 数据修改

修改操作使用 UPDATE 语句来修改数据，其语句的一般格式为：

```
UPDATE <基表名>
SET <列名1>=<表达式1>[,<列名2>=<表达式2>]...
[WHERE <条件表达式>];
```

其功能是修改指定表中满足 WHERE 子句条件的元组。其中 SET 子句用于指定修改方法，即用<表达式>的值取代相应的属性列值。如果省略 WHERE 子句，则表示要修改表中的所有元组。

【例32】 修改学生表 *S* 中数据的实例。

修改某一个元组的值，如将学号为 S4 的学生年龄改为 20 岁，代码如下：

```
UPDATE S
SET Sage =20
WHERE Sno ='S4';
```

修改多个元组的值，如将所有学生的年龄增加 2 岁，代码如下：

```
UPDATE S
SET Sage = Sage +2;
```

子查询也可以嵌套在 UPDATE 语句中，用以构造执行修改操作的条件。

【例33】 将所有男生的成绩置为零。

```
UPDATE SC
SET  Score =0
WHERE  '男' =
```

```
(SELETE Ssex
FROM  S
WHERE  S.Sno = SC.Sno
);
```

注意 UPDATE 语句一次只能操作一个表，因此如果要修改的属性列存在于两个基本表中，为保持数据的一致性，两个表都需要修改，即通过两条 UPDATE 语句进行。同时，RD-BMS 在执行修改语句时会检查修改操作是否破坏表上已定义的完整性约束规则。

4.4.3 数据删除

删除是对记录进行操作，不能删除记录的部分属性。一次可以删除一条或若干条记录，甚至可以将整个表的内容删为空，只保留表的结构定义。

删除语句的一般格式为：

```
DELETE
FROM <表名>
[WHERE <条件>];
```

DELETE 语句的功能是从指定表中删除满足 WHERE 子句条件的所有元组。DELETE 语句删除的是表中的数据，而不是关于表的定义。

【例34】 删除基本表中数据的实例。

删除某一个元组的值，如删除学号为 S7 的学生信息，代码如下：

```
DELETE
FROM S
WHERE Sno = 'S7';
```

删除多个元组的值，如删除所有学生的选课记录，代码如下：

```
DELETE
FROM  SC;
```

子查询同样也可以嵌套在 DELETE 语句中，用以构造执行删除操作的条件。

【例35】 删除所有男生的选课记录。

```
DELETE
FROM SC
WHERE  '男' =
             (SELETE Ssex
               FROM St
               WHERE S.Sno = SC.Sno);
```

4.5 视图

在 SQL 中，外模式一级数据结构的基本单位是视图（VIEW），它是关系数据库系统提供给用户以多种角度观察数据库中数据的重要机制。

视图是从一个或几个基本表（或视图）中导出的表，与基本表不同，它是一个虚表。

数据库中只存放视图的定义，而不存放视图对应的数据，这些数据仍存放在原来的基本表中。所以基本表中的数据发生变化，从视图中查询出的数据也就随之改变了。从这个意义上讲，视图是操作基本表的窗口，透过它可以看到数据库中自己感兴趣的数据及其变化。

视图一经定义，就可以和基本表一样查询、删除，也可以在一个视图之上再定义新的视图，但对视图的更新（增加、删除、修改）操作则有一定的限制。

4.5.1 视图的创建和撤销

1. 视图的创建

创建视图的语句格式如下：

```
CREATE VIEW <视图名> [(<列名1>, <列名2>, …)]
AS   <查询子句> [WITH CHECK OPTION]
```

其中：

- 查询子句可以是任意复杂的 SELECT 语句，但通常不允许含有 ORDER BY 和 DISTINCT 短语。
- WITH CHECK OPTION 子句是为了防止用户通过视图对数据进行增加、删除、修改时，对不属于视图范围内的基本表数据进行误操作。加上该子句后，当对视图上的数据进行增、删、改时，DBMS 会检查视图中定义的条件，若不满足，则拒绝执行。

注意 如果 CREATE VIEW 语句仅指定了视图名，而省略了组成视图的各个属性列名，则隐含该视图由子查询中 SELECT 子句目标列中的诸字段组成。但在下列三种情况下必须明确指定组成视图的所有列名：

- 某个目标列不是单纯的属性名，而是聚集函数或列表达式。
- 多表连接时选出了几个同名列作为视图的字段。
- 需要在视图中为某个列启用新的更合适的名字。

组成视图的属性列名必须依照上面的原则，或者全部省略，或者全部指定，没有第三种选择。

行列子集视图：若一个视图是从单个基本表导出的，并且只是去掉了基本表的某些行和某些列，但保留了码，我们称这类视图为行列子集视图。

视图不仅可以建立在单个基本表上，也可以建立在多个基本表、一个或多个已定义好的视图上，还可以建立在基本表与视图上。

（1）基于单个表的视图

【例 36】 建立一个所有计算机系男生信息的视图，包括学号、姓名、年龄字段。

```
CREATE VIEW Computer_S
AS
SELECT Sno,Sname,Sage
FROM  S
WHERE Sdept = '计算机' AND Ssex = '男';
```

如果要求进行修改和插入操作时，仍需保证该视图只有计算机系的男生可以进行修改，则在上述 WHERE 子句后面再加上 WITH CHECK OPTION 子句。

（2）基于多个表的视图

【例 37】 对于学生成绩数据库中的基本表 S、SC 和 C，用户经常要用到 Sno、SNAME、CNAME 和 Score 等列的数据，那么可用下列语句建立视图：

```
CREATE VIEW STUDENT_SCORE(Sno, SNAME, CNAME, Score)
AS SELECT S.Sno, Sname, Cname, Score
FROM S, SC, C
```

```
WHERE S.Sno = SC.Sno AND SC.Cno = C.Cno;
```

（3）基于视图的视图

【例38】 建立计算机系选修了 C2 课程且成绩在 85 分以上的学生的视图。

```
CREATE VIEW Computer_S1
AS
SELECT Sno,Sname,Score
FROM Computer_S
WHERE   Score >= 85 AND Cno = 'C2'
```

（4）分组视图

用带有聚集函数和 GROUP BY 子句的查询来定义的视图，称为分组视图。

【例39】 将每门课程及其平均成绩定义为一个视图。

```
GREAT VIEW C_AVGScore(Cno, AVGScore)
AS SELECT Cno, AVG(Score)
FROM SC
GROUP BY Cno
```

2. 视图的删除

删除视图的语句格式如下：

```
DROP VIEW <视图名>;
```

一个视图被删除后，由此视图导出的其他视图也将失效，用户应该使用 DROP VIEW 语句将它们一一删除。

例如删除视图 Computer_S，使用下列语句：

```
DROP  VIEW  Computer_S;
```

4.5.2 视图的数据操作

1. 查询视图

当视图被定义之后，对于视图的查询（SELECT）操作与基本表一样，两者没有什么区别，可以像对基本表进行查询一样对视图进行查询。

DBMS 执行对视图的查询时，首先进行有效性检查，检查查询涉及的表、视图等在数据库中是否存在，如果存在，则从数据字典中取出查询涉及的视图的定义，把定义中的子查询和用户对视图的查询结合起来，转换成对基本表的查询，然后再执行这个经过修正的查询，即将对视图的查询转换为对基本表的查询。

【例40】 在视图 Computer_S 中查询年龄大于 19 岁的学生信息。

```
SELECT *
FROM Computer_S
WHERE Sage >19;
```

2. 更新视图

更新视图是指通过视图来插入（INSERT）、删除（DELETE）和修改（UPDATE）数据。由于视图并不像基本表那样实际存在，因此如何将对视图的更新转换成对基本表的更新，是系统应该解决的问题。为简单起见，现在一般只对"行列子集视图"才能更新。

为防止用户通过视图对数据进行增删改时，无意或故意操作不属于视图范围内的基本表数据，可在定义视图时加上 WITH CHECK OPTION 子句，这样在视图上增删改数据时，DBMS 会进一步检查视图定义中的条件，若不满足条件，则拒绝执行该操作。

【例 41】 将视图 Computer_S 中所有学生的年龄增加 2 岁。

```
UPDATE  Computer_S
SET  Sage = Sage + 2
```

转换后的语句为：

```
UPDATE S
SET Sage = Sage + 2
WHERE Sdept = '计算机' AND Ssex = '男';
```

【例 42】 向 Computer_S 视图中插入一个新的学生记录：S8，张秋，20 岁。

```
INSERT
INTO Computer_S
VALUES('S8','张秋',20);
```

转换为对基本表的更新，如下所示：

```
INSERT
INTO  S(Sno,Sname, Sage,Ssex,Sdept)
VALUES('S8','张秋',20,'男', '计算机');
```

4.5.3 视图的优点

视图最终是定义在基本表之上的，对视图的一切操作最终也要转换为对基本表的操作。视图是用户级的数据观点，有了视图，使数据库系统具有下列优点：

1）简化了用户操作。数据库的全部结构是复杂的，并且有多种联系。一般情况下，用户只需用到数据库中的一部分数据，而视图机制正好适应了用户的需要。视图是用一个 SELECT 语句定义的，用户只需关心视图的内容，而不必关心构成视图的若干关系的连接、投影操作。

2）视图提供了一定程度的数据逻辑独立性。在数据的整体逻辑结构或存储结构发生改变时，并且这些改变与用户无关，那么原有的应用程序不必修改；当这些改变与用户有关时，也只要修改视图，至于原有的应用程序仍可不改动或只需作少量修改。

3）数据的安全保护功能。在数据库中，有些数据是保密的，不能让用户随便使用。此时，可针对不同的用户定义不同的视图，在视图中只出现用户需要的数据。系统提供视图而不是关系让用户使用。这样，就可实现数据的安全保护功能。

4）适当地利用视图可以更清晰地表达查询。

【例 43】 找出每门课程的最高成绩的学生的学号。

```
CREATE VIEW C_MaxScore
AS
SELECT Cno,MAX(Score)MScore
FROM SC
GROUP BY Cno

SELECT SC.Cno, Sno
FROM SC, C_MaxScore
WHERE SC.Sno = C_MaxScore.Sno AND SC.Score = MaxScore.MScore;
```

4.6　SQL 的数据控制

4.6.1　数据控制简介

由 DBMS 提供统一的数据控制功能是数据库系统的特点之一。数据控制也称为数据保护，包括数据的安全性控制、完整性控制、并发控制和恢复。关于完整性控制、并发控制和恢复等内容我们将在第 7 章中详细讨论。这里介绍的 SQL 的数据控制功能，主要是安全性控制功能。

SQL 的数据安全性控制即对数据的安全提供保护。数据库的安全性是指保护数据库，防止不合法的使用所造成的数据泄漏和破坏。数据库系统中保证数据安全性的主要措施是进行存取控制，即规定不同用户对于不同数据对象所允许执行的操作，并控制各用户只能存取他有权存取的数据。这主要表现在对数据使用的授权（GRANT）和收回授权（REVOKE）上。每个用户对自己拥有的资源有任意的操作权限，同时也可以把其中的一部分权限授予他人。

SQL 语言提供数据控制语句（Data Control Language，DCL）对数据库进行统一的控制管理。

4.6.2　权限与角色

1. 权限

权限机制的基本思想是给用户授予不同类型的权限，在必要时，可以收回授权，使用户能够进行的数据库操作以及所操作的数据限定在指定范围内，禁止用户超越权限对数据库进行非法的操作，从而保证数据库的安全性。

权限可分为系统权限和对象权限。

系统权限是指数据库用户能够对数据库系统进行某种特定的操作的权力，它由数据库管理员授予其他用户，如创建一个基本表（CREATE TABLE）。

对象权限是指数据库用户在指定的数据库对象上进行某种特定的操作的权力，由创建基本表、视图等数据库对象的用户授予其他用户，如查询（SELECT）、插入（INSERT）、修改（UPDATE）和删除（DELETE）等操作。

2. 角色

角色是多种权限的集合，可以把角色授予用户或角色。当要为某一用户同时授予或收回多项权限时，则可以把这些权限定义为一个角色，对此角色进行操作。这样就避免了许多重复性的工作，简化了管理数据库用户权限的工作。

4.6.3　系统权限与角色的授予和收回

1. 系统权限与角色的授予

SQL 语言使用 GRANT 语句为用户授予系统权限，其语法格式为：

```
GRANT <系统权限> | <角色> [, <系统权限> | <角色>] …
TO <用户名> | <角色> | PUBLIC[, <用户名> | <角色>] …
[WITH ADMIN OPTION]
```

其语义为：将指定的系统权限授予指定的用户或角色。其中，PUBLIC 代表数据库中的全部用户。WITH ADMIN OPTION 为可选项，指定后则允许被授权的用户将指定的系统特权或角色再授予其他用户或角色。

【例 44】　为用户 WANGMENG 授予 CREATE TABLE 的系统权限。

```
GRANT CREATE TABLE
TO WANGMENG
```

如果指定了 WITH GRANT OPTION 子句，则获得某种权限的用户还可以把这种权限再授予别的用户。如果没有指定 WITH GRANT OPTION 子句，则获得某种权限的用户只能使用该权限，但不能传播该权限。

【例 45】 把对表 *SC* 的 DELETE 权限授予 A4 用户，并允许他再将此权限授予其他用户。

```
GRANT DELETE ON TABLE SC TO A4 WITH GRANT OPTION;
```

执行此 SQL 语句后，A4 不仅拥有了对表 *SC* 的 DELETE 权限，还可以传播此权限，即由 A4 用户发上述 GRANT 命令给其他用户。

2. 系统权限与角色的收回

数据库管理员可以使用 REVOKE 语句收回系统权限，其语法格式为：

```
REVOKE <系统权限> |<角色> [,<系统权限> |<角色>]…
FROM <用户名> |<角色> |PUBLIC[,<用户名> |<角色>]…
```

【例 46】 收回用户 WANGMENG 所拥有的 CREATE TABLE 的系统权限。

```
REVOKE CREATE TABLE
FROM WANGMENG
```

4.6.4 对象权限与角色的授予和收回

1. 对象权限与角色的授予

数据库管理员拥有系统权限，而作为数据库的普通用户，只对自己创建的基本表、视图等数据库对象拥有对象权限。如果要共享其他的数据库对象，则必须授予普通用户一定的对象权限。同系统权限的授予方法类似，SQL 语言使用 GRANT 语句为用户授予对象权限，其语法格式为：

```
GRANT ALL |<对象权限> [ (列名[,列名]…) ][,<对象权限>]…
ON <对象名>
TO <用户名> |<角色> |PUBLIC[,<用户名> |<角色>]…
[WITH GRANT OPTION]
```

其语义为：将指定的操作对象的对象权限授予指定的用户或角色。其中，ALL 代表所有的对象权限。列名用于指定要授权的数据库对象的一列或多列。如果不指定列名，被授权的用户将在数据库对象的所有列上均拥有指定的特权。实际上，只有当授予 INSERT、UPDATE 权限时才需指定列名。ON 子句用于指定要授予对象权限的数据库对象名，可以是基本表名、视图名等。WITH ADMIN OPTION 为可选项，指定后则允许被授权的用户将权限再授予其他用户或角色。

【例 47】 将对 *S* 表和 *C* 表的所有对象权限授予 USER1 和 USER2。

```
GRANT ALL
ON S,C
TO USER1,USER2
```

【例 48】 将对 *C* 表的查询权限授予所有用户。

```
GRANT SELECT
ON C
TO PUBLIC
```

2. 对象权限与角色的收回

所有授予出去的权力在必要时都可以由数据库管理员和授权者收回，收回对象权限仍然使用 REVOKE 语句，其语法格式为：

```
REVOKE <对象权限 >|<角色 > [ ,<对象权限 >|<角色 >]…
FROM <用户名 >|<角色 >|PUBLIC[ ,<用户名 >|<角色 >]…
```

【例 49】　收回用户 USER1 对 C 表的查询权限。

```
REVOKE SELECT
ON C
FROM USER1
```

4.7　小结

SQL 是关系数据库的标准语言，已广泛应用在商用系统中。SQL 主要由数据定义、数据操纵、数据查询和数据控制四个部分组成。

SQL 的数据定义部分包括基本表、视图、索引的创建和撤销。

SQL 的数据查询部分是 SQL 语句的实现。SQL 语言的数据查询功能是最丰富而复杂的，这也是本章的重点部分。本章主要讲述了单表查询、连接查询、嵌套查询以及集合查询。

SQL 的数据更新包括插入、删除和修改三种操作。

视图是关系数据库系统中的一个重要概念，这是因为合理使用视图具有许多优点，也是非常有必要的。

需要注意的是，本章的有些例子在不同的数据库系统中可能要稍作修改后才能使用，具体数据库系统实现 SQL 语句时也会有少量语法格式的变形。这是我们在实际数据库系统中操作与实践时要注意的。

习题

1. SQL 语言有什么特点？

2. 叙述使用 SQL 语言实现各种关系运算的方法。

3. 设有图书登记表 Book，具有属性：BNO（图书编号），BC（图书类别），BNA（书名），AU（著者），PUB（出版社）。按下列要求用 SQL 语言进行设计：

（1）建立图书登记表。

（2）按图书馆编号 BNO 建立 Book 表的索引 BNO_idx。

（3）查询按出版社统计其出版图书总数。

（4）删除索引 BNO_idx。

4. 设有一个 SPJ 数据库，包括 S，P，J，SPJ 四个关系模式，分别为：

- S(Sno, SNAME, STATUS, CITY)
- P(PNO, PNAME, COLOR, WEIGHT)
- J(JNO, JNAME, CITY)
- SPJ(Sno, PNO, JNO, QTY)

其中：

- 供应商表 S 由供应商代码（Sno）、供应商姓名（SNAME）、供应商状态（STATUS）、供应商所在城市（CITY）组成。

- 零件表 *P* 由零件代码（PNO）、零件名（PNAME）、颜色（COLOR）、重量（WEIGHT）组成。
- 工程项目表 *J* 由工程项目代码（JNO）、工程项目名（JNAME）、所在城市（CITY）组成。
- 供应情况表 *SPJ* 由供应商代码（Sno）、零件代码（PNO）、工程项目代码（JNO）、供应数量（QTY）组成。

请完成以下操作：

（1）为每个关系建立相应的表结构，添加若干记录。

（2）完成如下查询：

1）找出所有供应商的姓名、地址和电话。

2）找出所有零件的名称、规格、产地。

3）找出使用供应商代码为 S2 供应零件的工程号。

4）找出工程代码为 J2 的工程使用的所有零件名称、数量。

5）找出产地为上海的所有零件代码和规格。

6）找出使用上海产的零件的工程名称。

7）找出没有使用天津产的零件的工程号。

8）求没有使用天津产的红色零件的工程号。

9）求为工程 J1 和 J2 提供零件的供应商代号。

10）找出使用供应商 S2 供应的全部零件的工程号。

（3）完成如下更新操作：

1）把全部红色零件的颜色改成蓝色。

2）把由 S1 供给 J4 的零件 P6 改为由 S3 供应，请作必要的修改。

3）从供应商关系中删除 S2 的记录，并从供应零件关系中删除相应的记录。

4）请将（S2，J6，P4，200）插入供应零件关系。

5）将工程 J2 的预算改为 30 万元。

6）删除工程 J5 订购的 S4 零件。

7）定义一个视图，完成下列查询：找出工程代码为 J2 的工程使用的所有零件名称、数量。

5. 什么是基本表？什么是视图？两者的区别和联系是什么？

6. 试述视图的优点。

7. 现有两个关系模式：

职工(职工号，姓名，年龄，职务，工资，部门号)

部门(部门号，名称，经理名，地址，电话号)

请用 SQL 的 GRANT 和 REVOKE 语句（加上视图机制）完成以下授权定义或存取控制功能：

（1）用户张三对两个表有 SELECT 权力。

（2）用户李四对两个表有 INSERT 和 DELETE 权力。

（3）每个职工只对自己的记录有 SELECT 权力。

（4）用户王五对职工表有 SELECT 权力，对工资字段具有更新权力。

（5）用户李强具有修改这两个表的结构的权力。

（6）用户王松具有对两个表的所有权力（读、插、改、删数据），并具有给其他用户授权的权力。

第 **5** 章 Chapter

关系数据库规范化理论

前面已经讨论了关系数据库的一般概念，介绍了关系模型的基本概念、关系模型的三个要素以及关系数据库的标准语言。但是还有一个很现实的问题没有解决，即针对一个具体数据库应用需求，应该如何构造一个适合它的数据库模式，即应该构造几个关系模式，每个关系由哪些属性组成等。这是数据库设计的问题，确切地讲是关系数据库逻辑设计问题。有关数据库设计的方法及步骤将在第 6 章详细讨论。本章讲述关系数据库规范化理论，这是数据库逻辑设计的理论依据。

关系数据库的规范化理论所研究的是关系模式中各属性之间的依赖关系及其对关系模式性能的影响，探讨"好"的关系模式应该具备的性质，以及达到"好"的关系模式的方法。规范化理论提供了判断关系模式好坏的理论标准，是数据库设计人员的有力工具，同时也使数据库设计工作有了严格的理论基础。

关系数据库设计理论主要包括数据依赖、范式及规范化方法这三部分内容。关系模式中数据依赖问题的存在，可能会导致库中数据冗余、插入异常、删除异常、修改复杂等问题。规范化模式设计方法使用范式这一概念来定义关系模式所符合的不同级别的要求。较低级别范式的关系模式，经模式分解可转换为若干符合较高级别范式要求的关系模式。本章的重点是函数依赖相关概念及基于函数依赖的范式及其判定。

5.1 数据依赖

5.1.1 问题的提出

通过前面章节的学习，我们已经知道，关系模型是关系数据库的基础，它用关系来描述现实系统。现实系统中的实体以及实体间的联系，在关系数据库中均用关系来描述，关系模式是关系模型的具体体现。

但是，一个未经规范化的关系模式，可能存在这样几个问题，如插入异常、删除异常、数据冗余和更新异常等。因此在讨论关系数据库设计理论之前，先明确其中可能存在的问题，将对后面有针对性地学习有极大帮助。为描述问题方便，现假定有一个描述学生成绩管理的数据库，用一个单一的关系模式 XSCJ 来表示。XSCJ 关系模式表示为：

$$XSCJ(Sno, \ SName, \ Sdept, \ Director, \ Cno, \ Cname, \ Cscore)$$

其中，各属性代表的中文含义依次为：学号、学生姓名、所在系名、系主任、课程号、课程名、课程成绩。此外，该关系模式有如下数据语义规定：

1）系与学生之间是 1:n 的联系，即一个系有多名学生，而一名学生只属于一个系。

2）系与系主任之间是 1:1 的联系，即一个系只有一名主任，一名系主任也只在一个系任职。

3）学生与课程之间是 $m:n$ 的联系，即一名学生可选修多门课程，而每门课程有多名学生选修。

4）每个学生学习一门课程有一个成绩。

现假设有如表 5-1 所示的关系模式 XSCJ 的一个具体实例。

表 5-1 XSCJ 表

Sno	Sname	Sdept	Director	Cno	Cname	Cscore
S1	张强	计算机系	李军	C01	数据库	85
S2	王红	电子系	宋鹏	C01	数据库	90
S3	周颖	计算机系	李军	C01	数据库	75
S1	张强	计算机系	李军	C02	数据结构	80
S2	王红	电子系	宋鹏	C02	数据结构	56

根据上述的语义规定并分析以上关系中的数据，我们可以看出，（Sno，Cno）属性的组合能唯一标识一个元组，所以（Sno，Cno）是该关系模式的主码。

下面我们看一下这个模式中存在一些什么问题。

1）插入异常（insertion anomaly）：表现为向关系中插入元组却插不进去。从上述 XSCJ 关系模式可以看出：由于学号决定系，要想插入学生所在系的信息，则必须先有学生的学号，但是，如果该系还未招生，就没有学生，于是该系的信息就无法插入。

2）删除异常（deletion anomaly）：表现为删除某一数据信息连带删除了其他不应该删除的信息。例如如果某个系的学生全部毕业了，于是，在删除该系学生信息的同时，该系及其系主任的信息也随之被删除了。

3）数据冗余（data redundancy）：比如，每一个系主任的姓名在每一个元组中都重复出现，其重复次数与该系每一个学生的每一门功课的成绩出现的次数一样多，存在大量的数据冗余，从而浪费大量的存储空间。

4）更新异常（update anomaly）：由于存在大量数据冗余，系统要付出很大代价来维护数据库的完整性，否则就带来数据不一致的危险。比如，当某系的系主任更换后，系统必须修改与该系学生有关的每个元组。

类似的种种问题称为操作异常。那么，为什么会出现以上种种操作异常现象呢？因为这个关系模式没有设计好，不是一个"好"的关系模式，一个"好"的模式应当不会发生插入异常和删除异常，冗余应尽可能少。存在插入、删除等操作异常的根本原因在于关系模式的某些属性之间存在着"不良"的数据依赖关系。

所谓**数据依赖**（data dependency），是指一个关系内部属性与属性之间的一种约束关系，这种约束关系是通过关系中属性间值的相等与否体现出来的数据间的相互关系。这种数据依赖是现实世界中属性间相互联系的抽象，是数据内在的性质，是语义的体现。

数据依赖有很多种，其中最重要的是**函数依赖**（Functional Dependency，FD）和**多值依赖**（MultiValued Dependency，MVD）。

下面我们先来看一下有关函数依赖的一些基本概念。

5.1.2 函数依赖的基本概念

函数是我们非常熟悉的概念，对于公式：$Y = f(X)$ 我们非常熟悉，其含义为给定一个 X

的值，都会有一个唯一确定的 Y 值与它对应。也可以说 X 函数决定 Y，或 Y 依赖于 X。

在关系数据库中讨论函数依赖是指属性之间语义上的关系。如描述一个学生的关系，有学号、姓名、性别、年龄、所在系等属性，一个学号唯一对应一个学生，因此当"学号"的值确定之后，学生的姓名以及所在系等属性的值也就唯一确定了。我们称之为学号函数决定姓名，或者说姓名函数依赖于学号。

因此所谓函数依赖是指一个或一组属性的值可以决定其他属性的值的属性间的这种依赖关系。一般地，如 X、Y 是关系模式中两个不同的属性（组），如果 Y 函数依赖于 X，或说 X 函数决定 Y，则其依赖关系可表示为：$X{\rightarrow}Y$。

例如，前面的学生成绩关系模式 XSCJ 中，根据语义可以得到如下函数依赖：Sno→SName，Sno→Sdept，Sdept→Director，（Sno，Cno）→Cscore 等。

下面对函数依赖给出严格的形式化定义。

为便于问题的讨论、表述的方便，也为了定义的规范，约定：设 R 是一个关系模式，U 是 R 的属性集合，X、Y 是 U 的子集，r 是 R 的一个关系实例，元组 $t \in R$，用 $t[X]$ 表示元组 t 在属性集合 X 上的值。同时，将关系模式和关系实例统称为关系。

定义 5.1 设 $R(U)$ 是属性集 U 上的关系模式，X，Y 是 U 的子集。若对于 $R(U)$ 的任意一个可能的关系 r，r 中任意两个元组 t_1 和 t_2，如果 $t_1[X] = t_2[X]$，则 $t_1[Y] = t_2[Y]$，那么称 X 函数确定 Y，或者 Y 函数依赖于 X，记作：$X{\rightarrow}Y$。

说明 1）函数依赖同其他数据依赖一样，是语义范畴概念。只能根据数据的语义来确定函数依赖。例如，"姓名→年龄"这个函数依赖只有在没有同名的条件下成立，如果允许有同名，则"年龄"就不再函数依赖于"姓名"了。设计者可以对现实系统作强制性规定，例如，规定不允许同名出现，使函数依赖"姓名→年龄"成立。这样，当插入某个元组时，这个元组上的属性值必须满足规定的函数依赖，若发现同名存在，则拒绝插入该元组。

2）函数依赖不是指关系模式 R 的某个或某些关系实例满足的约束条件，而是指 R 的所有关系实例均要满足的约束条件，不能部分满足。

下面介绍一些术语和记号。

- $X{\rightarrow}Y$，但 $Y \nsubseteq X$ 则称 $X{\rightarrow}Y$ 是**非平凡的函数依赖**。若不特别声明，则讨论的是非平凡的函数依赖。
- $X{\rightarrow}Y$，但 $Y \subseteq X$ 则称 $X{\rightarrow}Y$ 是**平凡的函数依赖**。
- 若 $X{\rightarrow}Y$，则 X 叫做**决定因素**（determinant）。
- 若 $X{\rightarrow}Y$，$Y{\rightarrow}X$，则 X 与 Y 一一对应，记作 $X{\leftarrow}{\rightarrow}Y$。
- 若 Y 函数不依赖于 X，则记作 $X{\nrightarrow}Y$。

定义 5.2 设 R 是一个具有属性集合 U 的关系模式，如果 $X{\rightarrow}Y$，并且对于 X 的任何一个真子集 X'，$X'{\rightarrow}Y$ 都不成立，则称 Y **完全函数依赖**于 X，记作：

$$X \xrightarrow{\text{F}} Y$$

若 $X{\rightarrow}Y$，但 Y 不完全函数依赖于 X，则称 Y 对 X 是**部分函数依赖**，记作：

$$X \xrightarrow{\text{P}} Y$$

例如在 XSCJ（Sno，SName，Sdept，Director，Cno，Cname，Cscore）中，（Sno，Cno）$\xrightarrow{\text{F}}$ Cscore 是完全函数依赖，（Sno，Cno）$\xrightarrow{\text{F}}$ Sname 是部分函数依赖。因为 Sno→Sdept 成立，而 Sno 是（Sno，Cno）的真子集。

定义 5.3　设 R 是一个具有属性集合 U 的关系模式，X，Y，$Z \subseteq U$，如果 $X \rightarrow Y (Y \nsubseteq X)$，且 $Y \nrightarrow X$，$Y \rightarrow Z$，则称 Z 对 X **传递依赖**，记作：

$$X \xrightarrow{\text{传递}} Z$$

例如在 XSCJ（Sno，SName，Sdept，Director，Cno，Cname，Cscore）中，Sno → Sdept，Sdept → Director，所以 Sno → Director。此外，$Y \nrightarrow X$，因为如果 $Y \rightarrow X$，则 $X \leftarrow \rightarrow Y$，而实际上是 $X \rightarrow Z$，所以是直接函数依赖而不是传递函数依赖。

5.1.3　候选码

候选码是能唯一地标识实体而又不包含多余属性的属性集。这只是直观的概念，有了函数依赖的概念之后，就可以把候选码和函数依赖联系起来。下面从函数依赖的角度给出码形式化的定义。

定义 5.4　设 R 是一个具有属性集合 U 的关系模式，$K \subseteq U$，如果 K 满足：

$K \xrightarrow{F} U$，则称 K 为 R 的**候选码**（candidate key）。

由候选码可引出下列概念：

- **主码**。一个关系的候选码不一定只有一个，若候选码多于一个，则选定其中的一个作为主码。因此一个关系的主码是唯一的。
- **主属性**。包含在任何一个候选码中的属性，叫做主属性。
- **非主属性**。不包含在任何一个候选码中的属性，叫做非主属性。

最简单的情况下，单个属性是码。最极端的情况下，整个属性组是码，称为全码。

例如设 $R(A，B，C，D，E)$，存在这样的函数依赖集合 $F = \{AB \rightarrow CDE，E \rightarrow ABCD\}$，由此可知，该关系模式有两个候选码：$AB$，$E$。$ABE$ 是主属性，CD 是非主属性。

定义 5.5　关系模式 R 中属性或属性组 X 并非 R 的码，但 X 是另一个关系模式的码，则称 X 是 R 的**外部码**（foreign key），也称**外码**。

例如：学生（学号，姓名，性别，所在系）

课程（课程号，课程名，任课老师）

选课（学生号，课程号，成绩）

在选课关系中，（学号和课程号）的组合是该关系的码，学号和课程号分别是组成码的主属性，同时它们又分别是学生关系和课程关系的码，因此，学号、课程号称为选课关系的两个外码。

关系间的联系，可以通过同时存在于两个或多个关系中的主码和外码的取值来建立。

如要查询某个学生所在系的情况，只需查询选课表中的学号与该学生的学号相同的记录即可。所以，主码和外码为两个关系表互相联系提供了一条途径。

5.2　关系模式的规范化

5.2.1　关系与范式

规范化的基本思想是消除关系模式中的数据冗余，消除数据依赖中的不合适的部分，解决数据插入、删除与修改时发生的异常现象。这就要求关系数据库设计出来的关系模式要满足一定的条件。关系数据库的规范化过程中为不同程度的规范化要求设立的不同的标准或准则称为范式。满足最低要求的叫第一范式，简称1NF。在第一范式中满足进一步要求的为第二范式（2NF），其余以此类推。R 为第几范式就可以写成 $R \in x\text{NF}$（x 表示某范式名）。各个范式之间存在一种包含的关系，即：$1\text{NF} \supset 2\text{NF} \supset 3\text{NF} \supset \text{BCNF} \supset 4\text{NF} \supset 5\text{NF}$。

E. F. Codd 最早提出了规范化的问题。他在 1971 年提出了关系的第一范式、第二范式、第三范式的概念。1974 年，他和 R. F. Boyce 共同提出了 BCNF。后来人们又提出了第四范式、第五范式。

关系模式的规范化是指一个低级范式通过模式分解逐步转换为若干个高级范式的过程。其过程实质上是以结构更简单、更规则的关系模式逐步取代原有关系模式的过程。关系模式规范化的目的在于控制数据冗余，避免插入和删除异常的操作，从而增强数据库结构的稳定性和灵活性。

5.2.2　第一范式（1NF）

定义5.6　设 R 是一个关系模式。如果 R 的每个分量都是不可再分的数据项，则称该关系模式 R 属于第一范式，记作 $R \in 1\text{NF}$。

几乎所有商用 DBMS 都规定：关系的属性是原子的，即要求关系均为第一范式。因此关系最起码必须规范化为第一范式。表 5-2 所示的表就是不规范的关系，因为在这个表中，"研究生"不是基本数据项，它由另外两个基本数据项（即"在职"和"脱产"）组成。非规范化关系转换成规范化关系非常简单，只需要将所有数据项都表示为不可分的最小数据项即可。将表 5-2 所示的表转换成表 5-3 所示的表后，就是规范化的 1NF 关系了。

表 5-2　非规范化的表格

系名	研究生	
	在职	脱产
计算机系	5	20
电子系	7	18
通信系	6	15

表 5-3　规范化后的表格

系名	在职研究生	脱产研究生
计算机系	5	20
电子系	7	18
通信系	6	15

5.2.3　第二范式（2NF）

1. 2NF 的定义

定义5.7　若 $R \in 1\text{NF}$，且每一个非主属性完全函数依赖于码，则称该关系模式 R 属于第二范式，记作 $R \in 2\text{NF}$。

换言之，2NF 关系中不存在非主属性对候选码的部分函数依赖。若出现了非主属性对候选码的部分函数依赖，该模式就不满足 2NF 的条件。

下面举一个不是 2NF 的例子。例如关系模式：库存（仓库号，设备号，数量，地点）。在这个关系模式中，候选码为（仓库号，设备号），非主属性为数量和地点。只要仓库号及设备号的属性值定了，则设备的数量属性值也就定了，所以数量完全函数依赖于码。但对于地点，只要仓库号定了，所在位置也就定了，因此地点是部分依赖于候选码的。所以库存（仓库号，设备号，数量，位置）不属于 2NF。

一个关系模式不属于 2NF，则前面所讲的操作异常如插入、删除、修改等都有可能存在。比如要插入一个新成立的仓库信息，包括仓库号及其位置，但由于还没购置相应的设备，则没有设备号。这样的元组就插不进去。因为插入元组必须给定码值，而这时码值的一部分为空，所以出现插入异常。其他方面的操作异常问题读者可以自行分析。

2. 非 2NF 的规范方法

上述的一些操作异常现象均是由部分函数依赖"（仓库号，设备号）$\xrightarrow{P}$地点"造成的，为了解决这些操作异常问题就要**消除这种部分函数依赖**。

第二范式的规范化是指把 1NF 关系模式通过投影分解，消除非主属性对候选码字的部分函数依赖，转换成 2NF 关系模式的集合的过程。

分解时遵循的原则是"一事一地"，让一个关系只描述一个实体或实体间的联系。如果多于一个实体或联系，则进行投影分解。

分解的结果如下（下划线标识的属性为关系模式的主码）：

库存 A1（<u>仓库号，设备号</u>，数量）

仓库 A2（<u>仓库号</u>，地点）

这样的两个关系模式均满足 2NF 的要求，以上的各种操作异常问题也就得到了解决。

3. 2NF 存在的问题

一个关系模式满足了 2NF，是不是就不存在操作异常了呢？不一定。我们来看下面的实例。

例如，关系模式 C-T（Cno，Teacher，Tage，Taddress）。各属性对应的中文含义分别为：课程号、任课教师、教师年龄、教师办公室。该关系模式反映如下数据语义：

1）每门课程只有一位教师任课，而一位教师可以教多门课程。

2）每位教师只可能有一个年龄。

3）每位教师只有一个办公地点。

由此可以看出关系模式的码为 Cno，从而根据语义可以得到一组函数依赖 F：$F = \{Cno\rightarrow$
Teacher，Teacher$\rightarrow$Tage，Teacher$\rightarrow$Taddress$\}$，由传递依赖的定义可以得出，Cno$\rightarrow$Tage，
Cno$\rightarrow$Taddress。因此关系模式 C-T $\in$ 2NF。

但该关系模式仍存在以下问题：

1）数据冗余。一位教师承担多门课程时，姓名、年龄、办公地点等属性的值重复存储。

2）修改异常。当教师更改办公地点时，要修改多个元组，否则会出现数据不一致。

3）插入异常。如果新引进一位教师，要将教师信息插入关系中，但是因未给他分配教学任务，即缺少课程号 Cno，则教师信息无法插入。

4）删除异常。当删除某门课程时，会丢失该课程任课教师的相关信息。

之所以存在这些问题，是因为在关系中存在着非主属性对候选码的传递函数依赖。因此还要进一步分解，这就是下面要讨论的 3NF。

5.2.4 第三范式（3NF）

1. 3NF 的定义

定义 5.8 如果关系模式 $R \in$ 2NF，且它的任何非主属性都不传递依赖于任何候选码，则称 R 属于第三范式，记作 $R \in$ 3NF。

因此从定义可以得出，3NF 是从 1NF 消除非主属性对码的部分函数依赖和从 2NF 消除传递函数依赖而得到的关系模式。也就是说，一个关系模式 $R \in$ 3NF，则每一个非主属性既不部分依赖于码也不传递依赖于码。

例如在 5.2.3 节中的关系模式 C-T(Cno，Teacher，Tage，Taddress)，因为 Cno 为候选码，Teacher，Tage，Taddress 为非主属性，由 Cno→Teacher，Teacher↛Cno，Teacher→Tage，所以 Cno→Tage，同样有 Cno→Taddress，所以 C-T 不属于 3NF。

2. 非 3NF 的规范方法

非第三范式的规范化是指把 2NF 关系模式通过投影分解，消除非主属性对候选码的传递函数依赖，而转换成 3NF 关系模式集合的过程。

3NF 规范化同样遵循"一事一地"原则。现在继续将只属于 2NF 的关系模式 C-T 规范化为 3NF，根据"一事一地"原则进行模式分解，**消除传递函数依赖**。

例如，对于关系模式 C-T，分解的结果如下：

C-T1(<u>Cno</u>，Teacher)

C-T2(<u>Teacher</u>，Tage，Taddress)

这样的两个关系模式均满足 3NF 的要求，不存在非主属性对码的传递依赖。

3. 3NF 存在的问题

一般说来，3NF 的关系大多数都能解决插入和删除异常等问题，但也存在一些例外。如关系模式 STC(Sno，Tno，Cno)中，Sno 表示学号，Tno 表示教师号，Cno 表示课程号。现假定有如下语义：

1）每位教师只教一门课。

2）一门课可以由若干位教师授课。

3）某一学生选定某门课，就对应一位固定的教师。

由语义可得到如下函数依赖：(Sno，Cno)→Tno；(Sno，Tno)→Cno；Tno→Cno。(Sno，Cno)，(Sno，Tno)都是候选码。

由以上可以得出，STC 属于 3NF，因为不存在任何非主属性对码的传递依赖或部分依赖。但是对于 STC，仍然存在一些操作异常，比如修改课程信息时，会涉及多行。其他操作异常读者可自己举例。这些操作异常存在的原因在于：存在主属性 Cno 对码的部分依赖。

因此，关系模式规范化到 3NF 后，所存在的异常现象已经基本消失。但是，3NF 只限制了非主属性对码的依赖关系，而没有限制主属性对码的依赖关系。如果发生了这种依赖，仍有可能存在数据冗余、插入异常、删除异常和修改异常等现象。这时，则需对 3NF 进一步规范化，消除主属性对码的依赖关系。

于是，Boyce 与 Codd 又提出了对 3NF 的改进形式——BCNF 范式。

5.2.5 BCNF

定义 5.9 若关系模式 R 是 1NF，如果对于 R 的每一个非平凡函数依赖 $X→Y$，X 必含有一个候选码，则称 R 属于 BCNF 范式。

由 BCNF 的定义可以得出以下结论：

若 $R \in$ BCNF，则

- 所有非主属性对每一个码都是完全函数依赖。
- 所有主属性对每一个不包含它的码也是完全函数依赖。
- 没有任何属性完全函数依赖于非码的任何一组属性。
- 若 R 属于 BCNF，则 R 必定属于 3NF；反之，若 R 属于 3NF，则 R 未必属于 BCNF。

如果一个关系数据库的所有关系模式都属于 BCNF，那么在函数依赖范畴内，它已经达到了最高的规范化程度，在一定程度上已消除了插入和删除的异常。通常在实际工程应用中，每个关系模式达到 3NF 即可满足要求。

在关系数据理论中，除了以上介绍的函数依赖外，另外还存在其他数据依赖，如多值依赖、连接依赖、包含依赖等，为此也有更高级别的范式定义。感兴趣的读者可参阅相关书籍。

5.2.6　规范化小结

在关系数据库中，对关系模式的基本要求是满足第一范式。这样的关系模式就是合法的、允许的。但是，人们发现有些关系模式存在插入异常、删除异常、修改复杂、数据冗余等毛病。人们寻求解决这些问题的方法，这就是规范化的目的。

规范化的基本思想是逐步消除数据依赖中不合适的部分，使模式中的各关系模式达到某种程度的"分离"，即"一事一地"的模式设计原则，让一个关系描述一个概念、一个实体或者实体间的一种联系，若多于一个概念就把它"分离"出去。因此所谓规范化实质上是概念的单一化。

关系模式规范化的基本步骤如图 5-1 所示。

关系规范化理论的根本目的是指导我们设计没有数据冗余和操作异常的关系模式。对于一般的数据库应用来说，设计到第三范式就足够了，因为规范化程度越高，表的个数也就越多，相应的就有可能会降低数据的操作效率。

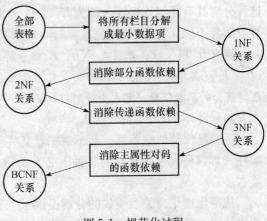

图 5-1　规范化过程

5.3　模式分解

5.2 节中讨论的规范化的过程实际上就是模式分解的过程，即把一个关系模式分解为几个子关系模式，使得这些子模式具有指定的规范化形式。本节将继续讨论模式分解的准则及分解方法。

把低一级的关系模式分解为若干个高一级的关系模式的方法不是唯一的，只有能够保证分解后的关系模式与原关系模式等价，分解方法才有意义。

要保证分解后的关系模式与原关系模式等价，有以下三种标准：

1）分解具有无损连接性。

2）分解要保持函数依赖。

3）分解既要保持函数依赖，又要具有无损连接性。

无损连接是指分解后的关系通过自然连接可以恢复成原来的关系，即分解后的关系通过自然连接得到的关系与原来的关系相比，既不多出信息，又不丢失信息。这是进行模式分解必须满足的条件。

如果一个分解具有无损连接性，则它能够保证不丢失信息。

如果一个分解保持了函数依赖，则它可以减轻或解决各种异常情况。

分解具有无损连接性和分解保持函数依赖是两个互相独立的标准。具有无损连接性的分解不一定能够保持函数依赖；同样，保持函数依赖的分解也不一定具有无损连接性。

下面给出无损连接形式化的定义。

定义5.10 设关系模式 $R(U, F)$ 被分解为若干个关系模式 $R_1(U_1, F_1)$，$R_2(U_2, F_2)$，$\cdots$，$R_n(U_n, F_n)$（其中 $U = U_1 \cup U_2 \cdots \cup U_n$，且不存在 U_i 包含于 U_j 中，R_i 为 F 在 U_i 上的投影），若 R 与 R_1，R_2，$\cdots$，R_n 自然连接的结果相等，则称关系模式 R 的分解具有**无损连接性**。

例如，我们将 C-T(Cno，Teacher，Tage，Taddress)分解为以下两个子模式：

C-T1(<u>Cno</u>，Teacher)

C-T2(<u>Cnor</u>，Tage，Taddress)

这种分解具有无损连接性，因为 C-T1 与 C-T2 作自然连接之后的结果集与 C-T 相同。但这种分解并不能保持函数依赖。

定义5.11 设关系模式 $R(U, F)$ 被分解为若干个关系模式 $R_1(U_1, F_1)$，$R_2(U_2, F_2) \cdots R_n(U_n, F_n)$（其中 $U = U_1 \cup U_2 \cdots \cup U_n$，且不存在 U_i 包含于 U_j 中，R_i 为 F 在 U_i 上的投影），若 F 所逻辑蕴含的函数依赖一定也由分解得到的某个关系模式中的函数依赖 F_i 所逻辑蕴含，则称关系模式 R 的分解具有保持函数依赖性。

不满足保持依赖条件，并不意味着某些函数依赖真正丢失了，而是某些函数依赖的有关属性（即这些属性间存在的某种语义）分散到不同的关系模式后，不能被 F 的所有投影所蕴含。

规范化理论为关系模式的分解提供了一套完整的算法，关于模式分解算法的具体实现，这里从略，感兴趣的读者可以参阅相关书籍。按照该套算法可以做到：

1）若要求分解具有无损连接性，则模式的分解一定能够达到4NF。

2）若要求分解保持函数依赖，则模式分解一定能够达到3NF，但不一定能够达到 BC-NF 范式。

3）若要求分解既具有无损连接性，又保持函数依赖，则模式分散一定能够达到3NF，但不一定能够达到 BCNF。

5.4 小结

本章讨论了如何设计关系数据库的模式问题。关系数据理论是指导关系数据库设计的基础。关系数据库设计理论的核心是数据间的函数依赖，根据依赖关系的不同，我们介绍了从各个属性都是不能再分的原子属性的第一范式，到消除了属性间的部分依赖关系的第二范式，再到消除了属性间的传递依赖关系的第三范式以及 BCNF 范式。范式的每一次升级都是通过模式分解实现的，在进行模式分解时应注意保持分解后的关系能够具有无损连接性并能保持原有的函数依赖关系。范式是衡量关系模式优劣的标准，范式表达了模式中数据依赖应满足的要求。要强调的是，规范化理论主要为数据库设计提供了理论的指南和参考，并不是关系模式规范化程度越高，实际应用该关系模式就越好，必须结合应用环境和现实世界的具体情况合理地选择数据库模式的范式等级。对于一般的数据库应用来说，设计到第三范式就足够了，因为规范化程度越高，表的个数也就越多，相应的就有可能会降低数据的执行性能。

习题

1. 理解并给出下列术语的含义：函数依赖、部分函数依赖、完全函数依赖、传递函数依赖、候选码、外码、主属性、2NF、3NF、BCNF。

2. 关系模式可能存在的异常有哪些？引起这些异常的原因是什么？

3. 判断下列模式分别属于第几范式，并说明理由。

$R1(A, B, C, D)$，$F1 = \{A{\rightarrow}B, AC{\rightarrow}D\}$

$R2(A, B, C, D)$，$F2 = \{AB{\rightarrow}C, AC{\rightarrow}D, C{\rightarrow}B\}$

$R3(A, B, C, D)$，$F3 = \{AB{\rightarrow}CD, C{\rightarrow}A, D{\rightarrow}B\}$

$R4(A, B, C, D)$，$F4 = \{AB{\rightarrow}CD, C{\rightarrow}AB\}$

4. 设有关系模式 $R(E, F, G, H)$，函数依赖 $F = \{E{\rightarrow}G, G{\rightarrow}E, F{\rightarrow}(E, G), H{\rightarrow}(E, G), (F, H){\rightarrow}E\}$，回答以下问题：

（1）求出 R 的所有候选码。

（2）根据函数依赖关系，确定关系模式 R 属于第几范式。

（3）若 R 不属于第三范式，请将其分解为 3NF，并保持无损连接性和函数依赖性。

5. 简述关系模式规范化的步骤。

6. 什么叫关系模式分解？为什么要做关系模式分解？模式分解要遵循什么准则？

7. 设有关系模式授课表（课程号，课程名，学分，授课教师号，教师名，授课时数），其语义为：一门课程可以由多名教师讲授，一名教师也可以讲授多门课程，每名教师对每门课程有确定的授课时数。

请指出此关系模式的候选码，判断此关系模式属于第几范式，若不属于第三范式，请将其规范化为第三范式，并指出分解后的每个关系模式的主码和外码。

8. 要建立一个关于系、学生、班级、学生会等信息的关系数据库，有关的语义如下：

一个系有若干专业，每个专业每年只招一个班，每个班有若干学生，一个系的学生住在同一个宿舍区。每个学生可参加若干个学生会，每个学生会有若干学生。学生参加某学生会，有一个入会年份。

描述学生的属性有：学号、姓名、出生年月、系名、班号、宿舍区。

描述班级的属性有：班号、专业名、系名、人数、入校年份。

描述系的属性有：系号、系名、系办公室地点、人数。

描述学生会的属性有：学生会名、成立年份、地点、人数。

（1）试给出上述数据库的关系模式；（2）写出每个关系的最小依赖集（即基本的函数依赖集，不是导出的函数依赖）；（3）指出是否存在传递函数依赖；（4）指出各关系的候选码、外码，并将每个关系模式规范化到第三范式。

第 6 章 Chapter

关系数据库设计

数据库设计是指对于给定的计算机软、硬件环境，针对现实客观存在的问题，设计一个较优化的数据模型，建立数据库的结构和数据库的应用系统。

本章内容主要涉及数据库设计和开发的基本过程，以及影响数据库设计的主要因素。通过本章的学习，将了解数据库设计的基本步骤、各阶段的主要工作内容，并掌握数据库设计的基本概念、设计原则与方法。其中概念结构设计和逻辑结构设计是本章的重点，也是掌握本章的难点所在。

6.1 数据库设计概述

6.1.1 数据库设计的任务、内容和特点

1. 数据库设计的任务

数据库应用系统是使用数据库的各类信息系统，例如以数据库为基础的各种管理信息系统、电子商务系统、事务处理系统等。

数据库设计广义地讲是数据库及其应用系统的设计，即设计整个数据库应用系统，狭义地讲是设计数据库本身，即设计数据库的各级模式并建立数据库。本章主要从建立数据库的角度讲解数据库设计。

具体地说，数据库设计是指对于一个给定的应用环境，构造最优的数据库模式，建立数据库及其应用系统，使之能有效地存储数据，满足用户的信息管理要求和数据处理要求。也就是把现实世界中的数据，根据各种应用处理要求，加以合理组织，使之满足硬件和操作系统的特性，利用已有的 DBMS 来建立能够实现系统目标的数据库。

2. 数据库设计的内容

数据库结构设计应该和应用系统设计相结合，即数据库设计包括两方面的内容：数据库结构设计和数据库的行为设计。数据库结构设计是数据库设计的核心，应和数据库的行为设计紧密结合。

（1）数据库的结构设计

数据库的结构设计是根据给定的应用环境，设计数据库的模式或子模式。它包括数据库的概念结构设计、逻辑结构设计和物理结构设计。数据库模式主要描述数据库中的全体数据的逻辑结构和数据特征，是相对稳定的、静态的。

（2）数据库的行为设计

数据库的行为设计是指确定数据库用户的行为和动作。在数据库系统中，用户的行为和动作指用户对数据库的操作，这些要通过应用程序来实现，所以数据库的行为设计就是应用程序的设计。用户的行为总是使数据库的内容发生变化，所以行为设计是动态的。

3. 数据库设计的特点

数据库的设计和开发是一项庞大的工程，是涉及多学科的综合性技术。数据库建设是指数据库应用系统从设计、实施到运行与维护的全过程。数据库建设的基本规律是"三分技术、七分管理、十二分基础数据"。其中技术与管理的界面称为干件，数据库设计的第一个特点就是：硬件、软件和干件相结合。

数据库设计的第二个特点是：数据库设计应该与应用系统设计相结合，也就是把行为设计和结构设计密切结合起来，是一个反复探寻、逐步求精的过程。首先从数据模型设计开始，以数据模型为核心进行展开，将数据库设计和应用设计相结合，建立一个完整、独立的数据库系统。

6.1.2 数据库设计的方法

早期数据库设计主要采用手工与经验相结合的方法，设计质量与设计人员的经验及水平直接相关。这种方法缺乏科学理论和工程原则的支持，设计质量很难保证。后来又提出了多种运用了软件工程及规范化理论的思想和方法的数据库设计方法。其中最著名的是新奥尔良（New Orleans）方法。该方法运用软件工程的思想，把数据库设计分为需求分析、概念设计、逻辑设计和物理设计四个阶段（其中大多数设计方法都起源于新奥尔良方法），并采用一些辅助手段实现每一个设计阶段。下面介绍几种比较常用的设计方法：

1）基于 E-R 模型的数据库设计方法。该方法的基本思想是在需求分析的基础上，用 E-R 图设计数据库的概念模型，反映现实世界的不同实体及实体之间的联系。

2）基于 3NF（第三范式）的数据库设计方法。该方法用规范化理论来指导数据库的逻辑模型的建立。其基本思想是在概念结构设计的基础上，确定数据库模式中的全部属性及其间的依赖关系，分析其中不符合 3NF 的约束条件，采用投影分解法，规范化成若干个满足 3NF 的关系模式的集合。

3）计算机辅助数据库设计方法。该方法的设计思想是提供一个交互过程，一方面充分利用计算机的速度快、容量大和自动化程度高的特点，完成比较规则、重复性高的设计工作；另一方面又充分发挥设计者的技术和经验，做出一些重大的决策，人机结合、互相渗透，帮助设计者更好地进行数据库设计。

6.1.3 数据库设计的步骤

目前设计数据库系统主要采用规范化设计方法，即以数据库设计理论为依据，设计数据的全局逻辑结构和用户的局部逻辑结构。通常数据库设计可以分为六个阶段：需求分析、概念结构设计、逻辑结构设计、物理结构设计、数据库实施、数据库运行与维护阶段。

数据库设计中，前两个阶段面向用户的应用要求，面向具体的问题，中间两个阶段面向数据库管理系统，最后两个阶段面向具体的实现方法。前四个阶段统称为"分析和设计阶段"，后面两个阶段统称为"实现和运行阶段"。

数据库设计之前，首先必须选择参加设计的人员，包括系统分析人员、数据库设计人员和程序员、用户和数据库管理员。系统分析人员和数据库设计人员是数据库设计的核心人员，他们自始至终参加数据库的设计，他们的水平决定了数据库设计的质量。用户和数据库管理员主要参与需求分析和数据库的运行和维护，他们也是决定数据库设计质量的决定因素。程序员在系统实施阶段参与进来，分别负责编制程序和准备软硬件环境。

（1）需求分析阶段

需求分析是数据库设计的第一步，也是最困难、最费时间的一步。需求分析的任务是准确了解并分析用户对系统的需求，弄清系统要达到的目的和实现的功能。如果需求分析做得不好，会影响整个系统的性能，甚至会导致整个数据库设计返工重做。

（2）概念结构设计阶段

概念结构设计是将用户需求抽象为概念模型的过程，是整个数据库设计的关键。它是对用户的需求进行分析、归纳、综合和抽象，最终形成一种独立于具体的数据库管理系统之外的模型。通过这种模型可以非常直观地描述现实世界中存在的实体对象及对象之间的关系。

（3）逻辑结构设计阶段

逻辑结构设计是将概念模型转换为某个数据库管理系统（DBMS）所支持的数据模型，并对其进行优化。

（4）物理结构设计阶段

物理结构设计主要是为逻辑数据模型选取一个最适合应用环境的物理结构，包括数据存储位置、数据存储结构和存取方法。

（5）数据库实施阶段

在数据库实施阶段中，系统设计人员要运用数据库管理系统（DBMS）提供的数据操作语言和宿主语言，根据数据库的逻辑设计和物理设计的结果建立数据库，编制、调试应用程序，组织数据入库，进行调试或测试。

（6）数据库运行与维护阶段

数据库运行与维护主要是收集和记录系统实际运行的数据，用来评价数据库系统的性能，进一步调整和修改数据库，以保持数据库的完整性，并能有效地处理数据库故障和进行数据库恢复。在运行与维护阶段，可能要对数据库进行修改或扩充。

设计一个数据库应用系统往往是上述六个阶段的不断反复的过程，在设计过程中把数据库的设计和对数据库中数据处理的设计紧密结合起来，将这两个方面的需求分析、抽象、设计和实现在各个阶段同时进行、相互参照、相互补充，以完善数据和处理两个方面的设计。数据库各个阶段的设计描述如表6-1所示。

表6-1　数据库系统设计各阶段的设计描述

设计阶段	设计描述	
	数据	处理
需求分析	数据字典，全系统中数据项、数据流、数据存储的描述	数据流图和判定表（判定树）、数据字典中处理过程的描述
概念结构设计	概念模型（E-R图）、数据字典	系统说明书，包括：1）新系统要求、方案和概图；2）反映新系统信息的数据流图
逻辑结构设计	某种数据模型：关系模型、非关系模型	系统结构图（模块结构）
物理设计	存储安排、存取方法选择、存取路径建立	模块设计、IPO表
数据库实施	编写模式、装入数据、数据库调试和测试	程序编码、编译连接、调试、测试
数据库运行维护	数据库试运行、性能测试、转储/恢复、数据库重组和重构	新旧系统转换、运行、维护（修正性、适应性、改善性维护）

6.2 系统需求分析

需求分析就是分析用户的需求。在需求分析阶段，系统分析员将分析结果用数据流图和数据字典表示。需求分析的结果是否能够准确地反映用户的实际要求，将直接影响到后面各个阶段的设计，并影响到系统的设计是否合理和实用。

6.2.1 需求分析的任务

需求分析的任务是通过详细调查现实世界中要处理的对象（组织、部门、企业），充分了解原系统（手工系统或计算机系统）的工作概况，明确用户的各种需求，然后在此基础上确定新系统的边界。

具体地说，需求分析阶段主要包括三项任务，下面分别介绍。

1. 调查分析用户的活动

调查分析用户的活动主要分析现行系统（手工系统或计算机系统）存在的主要问题及其制约因素，明确用户的总体需求。具体做法是：

1）调查组织机构情况，包括该组织的部门组成情况，各部门的职责和任务等。

2）调查各部门的业务处理情况，包括输入/输出的数据格式、表格及数据处理的步骤、数据流动情况等。

2. 收集和分析数据，确定系统边界

需求分析调查的重点是"数据"和"处理"，通过调查、收集与分析，获得数据库所需的数据情况、数据处理需求及安全性与完整性约束条件。

1）数据库中的信息内容：数据库中需存储哪些数据，包括用户将从数据库中直接获得或者间接导出的信息的内容。

2）数据处理需求：用户要完成什么处理功能，对数据处理的响应时间的要求，数据处理的工作方式（批处理或联机处理等）。

3）数据的安全性与完整性要求：数据的安全性要求是数据的保密措施和存取控制策略；数据的完整性要求是为了满足用户的实际需求，保证数据库中数据的正确性和相容性，而对数据自身或数据间的约束条件。

在收集各种需求数据后，对前面调查的结果进行初步分析，确定哪些功能由计算机完成或将来准备让计算机完成，哪些活动由人工完成。由计算机完成的功能就是新系统应该实现的功能。

3. 编写系统分析报告

系统分析报告是对需求分析阶段所有工作的总结，主要包括如下内容：

1）系统概况：系统的目标、范围、背景、历史和现状。

2）系统的原理和技术，对原系统的改善。

3）系统总体结构与子系统结构说明。

4）系统功能说明。

5）数据处理概要、工程体制和设计阶段划分。

6）系统方案及技术、经济、功能和操作上的可行性研究。

完成系统分析报告后，应由有关的技术专家进行评审，评审通过后由项目方和开发方领导签字认可。

随系统分析报告提供下列附件：

1）系统的硬件、软件所支持的环境的选择及规格要求（所选择的数据库管理系统、操作系统、计算机型号、网络环境等）。

2）组织机构图、组织之间的联系图和各机构功能业务一览图。

3）数据流程图、功能模块图和数据字典等图表。

如果用户同意系统分析报告和方案设计，在与用户进行详细商讨的基础上，最后签订技术协议书。

6.2.2 需求分析的方法

在调查过程中，可以根据不同的问题和条件，使用不同的调查方法。常用的调查方法如下：

1）跟班作业。数据库设计人员亲自参与业务工作，进而深入了解业务活动的具体情况，准确地理解用户的需求。

2）开调查会。通过与用户座谈的方式了解业务活动情况及用户需求。

3）请专人介绍。请部门负责人或有关专业人员介绍业务专业知识和业务活动情况，设计人员从中了解并询问相关问题。

4）询问。对某些调查中的问题，可以找专人询问。

5）填写设计调查表。数据库设计人员提前设计一个合理的、详细的业务活动及数据要求调查表，用户经过认真思考、充分准备后填写表中的内容。如果调查表设计合理，这种方法会很有效，也易于被用户接受。

6）查阅数据记录。查阅与原系统有关的数据记录，包括账本、档案、文献等。

6.2.3 数据流图和数据字典

1. 数据流图

调查了解用户的需求以后，需要进一步分析和表达用户的需求。分析和表达用户需求的方法有很多种，常用的有结构化分析（Structure Analysis，SA）方法。

结构化分析方法从最上层的系统组织机构入手，采用自顶向下、逐层分解的方式分析系统。结构化分析方法把任何一个系统都抽象为图 6-1 所示的数据流图。

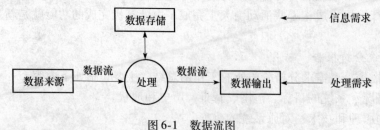

图 6-1 数据流图

数据流图的基本图形符号如下：

- □：矩形框，表示数据的源点或终点。
- →：箭头，表示数据流。
- ○：圆或椭圆，表示数据处理（或者加工）。
- ＝：双杠，表示数据存储（或者数据表，或者文件）。

数据流图表达了数据和处理过程的关系，由于它只反映系统必须完成的逻辑功能，所以它是一种功能模型。

数据流图的绘制步骤如下：

1）确定系统的输入/输出。由于系统究竟包括哪些功能可能一时难以弄清楚，可使范围尽量大一些，把可能有的内容全部都包括进去。此时，应该向用户了解"系统从外界接收什么数据"、"系统向外界送出什么数据"等信息，然后，根据用户的答复画出数据流图的外围。

2）由外向里画系统的顶层数据流图。首先，将系统的输入数据和输出数据用一连串的表示数据处理（或加工）的圆形符号连接起来。在数据流的值发生变化的地方就是一个数据处理过程。接着，给各个数据处理过程命名。然后，给数据处理过程之间的数据命名。最后，给文件命名。

3）自顶向下逐层分解，绘出分层数据流图。对于大型的系统，为了控制复杂性，便于理解，需要采用自顶向下逐层分解的方法进行，即用分层的方法将一个数据流图分解成几个数据流图来分别表示。

在结构化分析方法中，处理过程的处理逻辑常常借助于判定树或判定表来描述，而系统中的数据则借助于数据字典来描述。

2. 数据字典

数据流图表达了数据和处理的关系，数据字典则是系统中各类数据描述的集合，是进行详细的数据收集和数据分析所获得的主要成果。

数据字典通常包括数据项、数据结构、数据流、数据存储和处理过程 5 个部分。其中数据项是数据的最小组成单位，若干个数据项可以组成一个数据结构，数据字典通过对数据项和数据结构的定义来描述数据流、数据存储的逻辑内容：

（1）数据项

数据项是不可再分的数据单位，对数据项的描述通常包括以下内容：

$$数据项描述 = \{数据项名，数据项含义说明，别名，数据类型，长度，$$
$$取值范围，取值含义，与其他数据项的逻辑关系\}$$

其中，"取值范围"、"与其他数据项的逻辑关系"（如该数据项等于另外几个数据项的和，该数据项的值等于另一数据项的值等）定义了数据的完整性约束条件，是设计数据库检验功能的依据。

以学生表的学号为例，说明数据项的描述如下：

数据项名：学号。

含义说明：唯一标识每个学生。

别名：学生编号。

数据类型：字符型。

长度：8。

取值范围：00000000 ~ 99999999。

取值含义：前两位表示该学生所在的年级，后六位按顺序编号。

与其他数据项的逻辑关系：无。

（2）数据结构

数据结构反映了数据之间的组合关系。一个数据结构可以由若干个数据项组成，也可以由若干个数据结构组成，还可以由若干个数据项和数据结构混合而成。对数据结构的描述通常包括以下内容：

数据结构描述 =｛数据结构名，含义说明，组成：｛数据项或数据结构｝｝

如以"学生"为例，"学生"是该系统中的核心数据结构。

数据结构名：学生信息表。

含义说明：学生管理系统的主体数据结构，定义了一个学生的有关信息组成（学号、姓名、性别、出生日期、民族、政治面貌、班级、电话等）。

（3）数据流

数据流可以是数据项，也可以是数据结构，它表示某一处理过程中数据在系统内传输的路径。对数据流的描述通常包括以下内容：

数据流描述 =｛数据流名，说明，数据流来源，数据流去向，组成：｛数据结构｝，平均流量，高峰期流量｝

其中，"数据流来源"说明该数据流来自哪个过程，"数据流去向"说明该数据流将到哪个过程去，"平均流量"是指在单位时间（如每天、每周和每月等）里的传输次数，"高峰期流量"则是指在高峰时期的数据流量。

数据流"体检结果"可如下描述：

数据流：体检结果。

说明：学生参加体格检查的最终结果。

数据流来源：体检。

数据流去向：批准。

组成：……

平均流量：……

高峰期流量：……

（4）数据存储

数据存储是数据结构停留或保存的地方，也是数据流的来源和去向之一。它可以是手工文档或手工凭单、计算机文档等。对数据存储的描述通常包括以下内容：

数据存储描述 =｛数据存储名，说明，编号，输入的数据流，输出的数据流，组成：｛数据结构｝，数据量，存取频度，存取方式｝

数据存储"学生登记表"可如下描述：

数据存储：学生登记表。

说明：记录学生的基本情况。

流入数据流：……

流出数据流：……

组成：……

数据量：每年 3000 张。

存取方式：随机存取。

（5）处理过程

处理过程的具体处理逻辑一般用判定表或判定树来描述，数据字典中只需要描述处理过程说明性信息。对处理过程的描述通常包括以下内容：

处理过程描述 =｛处理过程名，说明，输入：｛数据流｝，输出：｛数据流｝，处理：｛简要说明｝｝

其中,"简要说明"主要说明该处理过程的功能及处理要求,功能是指该处理过程用来做什么,处理要求包括处理频度要求等,这些处理要求是物理设计的输入及性能评价的标准。

处理过程"分配宿舍"可如下描述:

处理过程:分配宿舍。

说明:为所有新生分配学生宿舍。

输入:学生,宿舍。

输出:宿舍安排。

处理:在新生报到后,为所有新生分配学生宿舍。要求同一间宿舍只能安排同一性别的学生,同一个学生只能安排在一个宿舍中。每个学生的居住面积不小于 3 平方米。安排新生宿舍的处理时间应不超过 5 分钟。

数据字典是关于数据库中数据的描述,即元数据而不是数据本身。数据字典在需求分析阶段建立,在数据库设计过程中不断修改、充实、完善。

最后要提醒大家两点:

首先,需求分析阶段的一个重要而困难的任务是收集将来应用所涉及的数据。若设计人员仅仅按当前应用来设计数据库,以后再想加入新的实体、新的数据项和实体间新的联系就会十分困难,新数据的加入不仅会影响数据库的概念结构,而且将影响其逻辑结构和物理结构,因此设计人员应充分考虑到可能的扩充和改变,使设计易于改动。

其次,必须强调用户的参与,这是数据库应用系统设计的特点。数据库应用系统和广泛的用户有密切的联系,许多人要使用数据库,数据库的设计和建立又可能对更多人的工作环境产生重要影响。因此用户的参与是数据库设计理论不可分割的一部分,在数据分析阶段,任何调查研究若没有用户的积极参加都将是寸步难行的。设计人员应该同用户取得共同的语言,帮助不熟悉计算机的用户建立数据库环境下的共同概念,并对设计工作的最后结果承担共同的责任。

6.3　概念结构设计

概念结构设计就是将需求分析得到的用户需求抽象为信息结构即概念模型的过程。概念结构是从现实世界到信息世界的第一次抽象,并不考虑具体的数据库管理系统。

6.3.1　概念结构设计的特点

概念模型是从现实世界到机器世界过渡的第一个中间层次,它能反映客观世界,表达用户需求。其主要特点包括如下几点:

1)概念模型是现实世界的一个真实模型,概念模型是对现实世界的抽象和概括,它真实、充分地反映了现实世界中事物及事物间的联系,能满足用户对数据的处理要求。

2)概念模型易于理解。

3)概念模型易于修改和扩充。当应用环境和用户需求发生变化时,可以方便地修改和扩充概念模型。

4)概念模型易于向数据模型转化。概念模型独立于特定的 DBMS,方便向各种数据模型转化。

6.3.2　概念模型设计的方法与步骤

一般来说,设计概念模型的方法有四种,下面分别介绍。

1. 自顶向下方法

自顶向下方法首先定义全局的概念模型框架，然后逐步细化为完整的全局概念模型，如图 6-2 所示。

2. 自底向上方法

自底向上方法首先定义各局部应用的概念模型，然后逐步集成，得到全局概念模型，如图 6-3 所示。

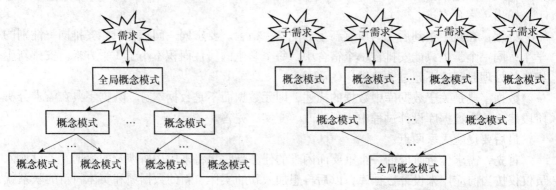

图 6-2　自顶向下的设计方法　　　　图 6-3　自底向上的设计方法

3. 逐步扩张方法

逐步扩张方法首先定义最核心的概念模型，然后向外扩充，直到完成总体概念模型，如图 6-4 所示。

4. 混合策略

混合策略是采用自顶向下和自底向上相结合的方法，首先用自顶向下策略设计一个全局概念模型框架，然后以它为骨架，集成自底向上策略方法设计各局部概念模型。

最常用的概念结构设计方法是混合策略，即先自顶向下地进行需求分析，然后自底向上地设计概念结构。

概念结构设计的步骤一般分为以下两步（如图 6-5 所示）：

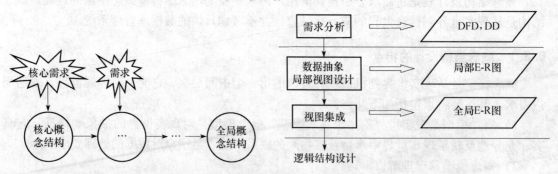

图 6-4　逐步扩张的设计方法　　　　图 6-5　概念结构设计的步骤

1）进行数据抽象，设计局部 E-R 模型，即设计用户视图。

2）视图的集成，即集成各局部 E-R 模型，形成全局 E-R 模型。

6.3.3　数据抽象与局部 E-R 图设计

1. 数据抽象

抽象是对实际的人、事、物和概念进行人为处理，抽取所关心的共同特性，忽略非本质的细节，并把这些特性用各种概念精确地加以描述，这些概念组成了某种模型。

一般对现实事物进行抽象的三种方法分别是分类、聚集和概括。

（1）分类（classification）

分类定义某一类概念作为现实世界中一组对象的类型，将一组具有某些共同特性和行为的对象抽象为一个实体。对象和实体之间是"is member of"的关系。例如，在学生管理中，"王飞"是一名学生，表示"王飞"是学生实体中的一员，他具有学生的共同特性和行为。

（2）聚集（aggregation）

聚集定义某一类型的成分，将对象类型的组成成分抽象为实体的属性。组成与成分之间是"is part of"的关系。例如，学生实体的属性为：学号、姓名、性别、出生日期等。

（3）概括（ceneralization）

概括定义类型之间的一种子集联系，将某一类型（超类）的子类抽象为具有继承性的实体。例如，教师实体和"教授"、"副教授"之间即为超类与子类之间的"is subset of"的关系。

概括的一个重要性质是继承性，即子类继承超类中定义的所有抽象。

2. 局部视图设计

局部视图设计首先要利用抽象方法对需求分析阶段收集到的数据进行分类、聚集和概括，形成实体、实体属性，确定实体之间的联系类型（1:1，1:n，m:n），设计局部E-R图。

设计分 E-R 图首先需要选择局部应用，在多层的数据流图中通常选择中间层次作为设计分 E-R 图的出发点。选择好局部应用后，就可以对每一个局部应用逐一设计分 E-R 图。设计分 E-R 图时，要根据局部应用的数据流图中标定的实体、属性，并结合数据字典中的相关描述内容确定实体之间的联系。

设计分 E-R 图，确定实体及其联系时应当遵循以下两条原则：

1）实体具有描述信息，而属性没有。也就是说，属性是不可再分的数据项，不能再由另一些属性组成。

2）属性不能与其他实体具有联系。E-R 图中所有的联系都必须是实体之间的联系，不能有属性与实体之间的联系。

例如，教师是一个实体，教工号、姓名、性别、年龄是职工的属性，职称如果没有与工资、福利挂钩，换句话说，没有需要进一步描述的特性，则根据原则1）可以作为教师实体的属性。但如果不同的职称有不同的工资、住房标准和不同的附加福利，则职称作为一个实体看待就更恰当，如图6-6所示。

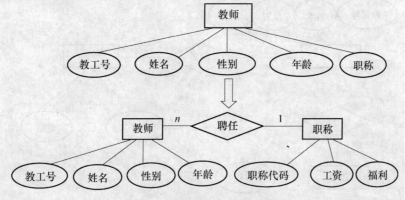

图 6-6　职称作为一个属性或实体

下面举例说明局部 E-R 模型设计。

【例1】 设有如下实体：

学生：学号、所在学院、姓名、性别、年龄、选修课程名。

课程：编号、课程名、开课单位、任课教师号。

教师：教师号、姓名、性别、职称、讲授课程编号。

学院：学院名、电话、教师号、教师姓名。

上述实体中存在如下联系：

1）一个学生可选修多门课程，一门课程可为多个学生选修；

2）一名教师可讲授多门课程，一门课程可为多名教师讲授；

3）一个学院有多名教师，一名教师只能隶属于一个学院。

从各实体属性可以看到，学生实体与学院实体和课程实体关联，不直接与教师实体关联，一个学院可以开设多门课程，学院实体与课程实体之间是 $1:m$ 关系，因此，根据上述约定，可以得到学生选课局部 E-R 图如图 6-7 所示。

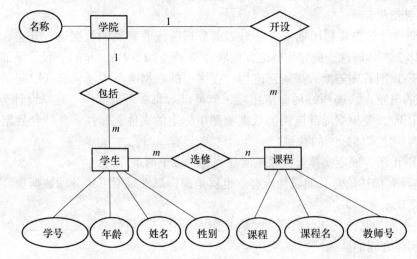

图 6-7 学生选课局部 E-R 图

教师实体与学院实体和课程实体关联，不直接与学生实体关联。教师任课局部 E-R 图如图 6-8 所示。

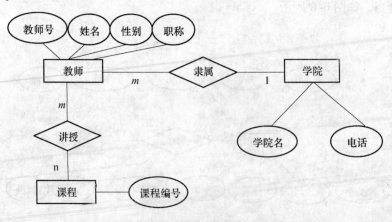

图 6-8 教师任课局部 E-R 图

6.3.4 视图的集成

视图的集成是指将前面得到的各个局部视图，消除冲突后集成为一个整体的 E-R 图的过程。视图集成有以下两种方法：

1）一次集成法：视图集成时，一次集成多个分 E-R 图的方法。

2）分布集成法：视图集成时，每次只集成两个分 E-R 图，以后每次将一个新的局部视图集成进来。

一次集成法使用起来难度较大，分布集成法每次只需要合并两个分 E-R 图，所以可以有效地降低复杂度。无论使用哪种方法，视图集成都需要分以下两步进行（如图 6-9 所示）：

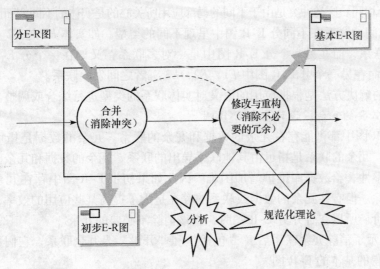

图 6-9 视图的集成

1）合并。解决各分 E-R 图之间的冲突，将各分 E-R 图合并起来生成初步 E-R 图。

2）修改和重构。消除不必要的冗余，生成基本 E-R 图。

1. 合并分 E-R 图，消除冲突

由于各个局部应用所面向的问题不同，且通常由不同的设计人员设计局部视图，因而各个局部视图之间必定会存在许多不一致的地方，即产生冲突。合并分 E-R 图就是要消除分 E-R 图中存在的冲突，以形成一个被全系统中所有用户共同接受的统一的概念模型。

各局部 E-R 图之间的冲突主要有三类：属性冲突、命名冲突和结构冲突。

（1）属性冲突

属性冲突又包括属性域冲突和属性取值单位冲突。属性域冲突指同一属性在不同的局部应用中有不同的数据类型、取值范围或取值集合。例如，学号属性在学生表中定义为字符型，在选课表中定义为整型。属性取值单位冲突指同一属性在不同局部 E-R 图中的单位不同。例如身高，有的以厘米为单位，有的以米为单位。

属性冲突通常通过各个部门间协商解决。

（2）命名冲突

命名冲突主要发生在实体名、属性名和联系名之间。命名冲突主要包括：同名异义和异名同义两种冲突。同名异义指不同意义的对象在不同局部 E-R 图中有相同的名字。如学生选课局部应用中，教室命名为"房间"，学生住宿管理中，宿舍也命名为"房间"。异名同义指同一意义的对象在不同的局部应用中具有不同的名字。如学生学籍中，宿舍命名为"房间"，宿舍管理局部应用中，宿舍命名"宿舍"。

命名冲突可以发生在实体、属性上，处理命名冲突像处理属性冲突一样，由各个部门协商解决。

（3）结构冲突

结构冲突主要有以下三种情况：

1）同一对象在不同的应用中具有不同的抽象。例如，职称在某一局部应用中被当做实体对待，而在另一局部应用中，被当做属性对待，这就会产生抽象冲突问题。

2）同一实体在不同局部应用中所包含的属性不一致。此类冲突即所包含的属性个数和属性排列次序不完全相同。这类冲突是由于不同的局部应用所关心的是实体的不同侧面而造成的。

3）实体之间的联系在不同分 E-R 图中呈现不同的类型。如实体 $E1$ 与 $E2$ 在一个分 E-R 图中是多对多联系，而在另一个分 E-R 图中是一对多联系；又如在一个分 E-R 图中 $E1$ 与 $E2$ 发生联系，而在另一个分 E-R 图中 $E1$，$E2$，$E3$ 三者之间发生联系。

结构冲突的解决方法是根据应用的语义对实体联系的类型进行综合或调整。

2. 消除不必要的冗余，设计基本 E-R 图

在初步 E-R 图中都可能存在冗余的数据和冗余的联系。冗余的数据是指可以由其他数据导出的数据，冗余的联系是指可由其他联系导出的联系。冗余的数据和冗余的联系容易破坏数据库的完整性，给数据库维护增加困难。因此如果初步 E-R 图中存在冗余的数据或联系，则应当消除。但有些冗余的数据或联系的存在是为了提高某些应用的效率，而需要以冗余信息作为代价。所以在合并分 E-R 图时，应该消除不必要的冗余。

图 6-10 显示了消除冗余联系后（"包括"和"开设"是冗余联系，它们可以通过其他联系导出）获得的基本的 E-R 图。

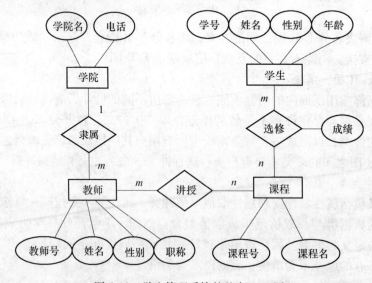

图 6-10   学生管理系统的基本 E-R 图

6.4   逻辑结构设计

概念结构设计阶段得到的 E-R 模型是用户的模型，它独立于任何一种数据模型，独立

于任何一个 DBMS。为了建立用户所要求的数据库，需要把上述概念模型转换为某个具体的 DBMS 所支持的数据模型。数据库逻辑结构设计的任务是将概念结构设计阶段设计的概念模型转换成特定的 DBMS 所支持的数据模型。

设计逻辑结构时一般要分以下三步进行（如图 6-11 所示）：

1）将概念结构转换为一般的关系、网状、层次模型。

2）将转换来的关系、网状、层次模型向特定 DBMS 支持下的数据模型转换。

3）对数据模型进行优化。

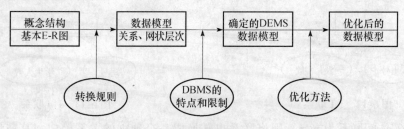

图 6-11　逻辑结构设计的三个步骤

6.4.1　E-R 图向关系模型的转化

概念设计中得到的 E-R 图是由实体、属性和联系组成的，而关系数据库逻辑设计的结果是一组关系模式的集合。所以将 E-R 图转换为关系模型就是将实体、属性和联系转换成关系模式，在转换中要遵循以下原则：

1）一个实体转换为一个关系模式。实体的属性就是关系模式的属性，实体的码就是关系模式的码。

例如，学生实体（学号，姓名，性别，出生日期，民族，政治面貌，班级，电话）中，码是学号。

2）对于实体间的联系的转换则有以下不同的情况：

* 如果实体间联系为 1:1，则可以在两个实体类型转换成的两个关系模式中的任意一个关系模式的属性中加入另一个关系模式的主码和联系的属性。

例如，学生管理中的"班主任"与"班级"之间存在着 1:1 的联系，其 E-R 图如图 6-12 所示，将其转换为关系模式时，"班主任"与"班级"各为一个关系模式，其关系模式设计如下：

班级关系模式（班号，学生人数，班主任）

班主任关系模式（姓名，性别，年龄）

其中，班级关系模式中，班主任为外码，参照班主任关系模式的姓名属性。

* 如果实体间联系为 1:n，则在 n 端实体类型转换成的关系模式中加入 1 端实体类型转换成的关系模式的主码和联系类型的属性。

例如，学生管理中的"班级"和"学生"之间存在 1:n 的联系，其 E-R 图如图 6-13 所示，将其转换为关系模式如下：

班级关系模式（班号，学生人数）

学生关系模式（学号，姓名，性别，班级）

其中，学生关系模式中，班级为外码，参照班级关系模式的班号属性。

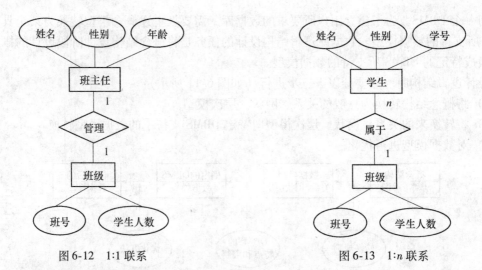

图 6-12　1:1 联系　　　　　　　　　　　图 6-13　1:n 联系

- 如果实体间联系为 $m{:}n$，则将联系也转换成一个独立的关系模式，其属性为两个实体的主码加上联系的属性。此关系模式的码为两端实体的码的组合。

例如，学生管理中的"学生"和"课程"之间存在着 $m{:}n$ 的联系，其 E-R 图如图 6-14 所示，转换成关系模式如下：

学生关系模式（<u>学号</u>，姓名，性别）

课程关系模式（<u>课程号</u>，课程名，学分）

选课关系模式（<u>学号</u>，<u>课程号</u>，成绩）

其中，属性组（学号，课程号）是选课关系模式的主码，学号是外码，参照学生关系模式的学号属性，课程号也是外码，参照课程关系模式的课程号属性。

3）三个或三个以上实体之间的多元关系可以转换为一个关系模式，与该多元联系相连的各实体的主码以及联系本身的属性均转换成关系的属性。关系模式的码是与该联系相连的各段实体的码的集合。

例如，图 6-15 表示供应商、项目和零件三个实体之间的多对多联系，如果已知三个实体的主码分别为"供应商号"、"项目号"与"零件号"，则它们之间的联系"供应"转换为关系模式：供应（供应号，项目号，零件号，数量）。

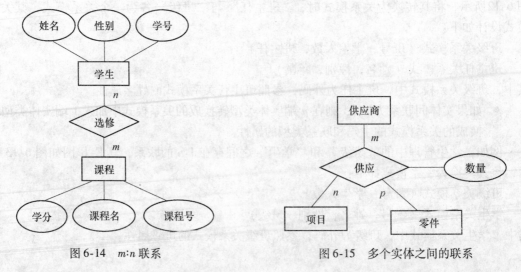

图 6-14　$m{:}n$ 联系　　　　　　　　　图 6-15　多个实体之间的联系

【例2】 将图 6-10 的 E-R 图转换为关系模式，关系的码用下划线标出。

学生（<u>学号</u>，姓名，性别，年龄）

课程（<u>课程号</u>，课程名）

教师（<u>教师号</u>，姓名，性别，职称，学院名）

学院（<u>学院名</u>，电话）

讲授（<u>教师号</u>，<u>课程号</u>）

选修（<u>学号</u>，<u>课程号</u>，成绩）

6.4.2 数据模型的优化

数据模型的优化就是在数据库逻辑设计结束后，为了提高数据库应用系统的性能，通常以规范化理论为指导，适当地修改、调整数据模型的结构，这就是数据模型的优化。数据模型的优化一般包括以下步骤：

1）确定范式级别。考查关系模式的函数依赖关系，确定范式等级。逐一分析各关系模式，考查是否存在部分函数依赖、传递函数依赖等依赖关系，确定它们分别属于第几范式。

2）实施规范化处理。确定范式级别后利用规范化理论分析关系模式，考查是否存在部分函数依赖、传递函数依赖、多值依赖等，对关系模式进行规范化处理。

综合前面介绍的数据库的设计过程，规范化理论在数据库设计中有如下几方面的应用：

1）在需求分析阶段，用数据依赖概念分析和表示各个数据项之间的联系。

2）在概念结构设计阶段，以规范化理论为指导，确定关系的码，消除初步 E-R 图中冗余的联系。

3）在逻辑结构设计阶段，从 E-R 图向数据模型转换的过程中，用模式合并与分解方法达到规范化级别。

6.4.3 设计用户子模式

根据用户需求设计的局部应用视图只是概念模型，在将概念模型转换为逻辑模型后，还应该根据局部应用需求，结合具体 DBMS 的特点，设计用户的外模式。

定义数据库模式主要是从系统时间效率、空间效率、易维护性等角度出发。由于用户外模式与模式是独立的，因此在定义用户外模式时应该更注重考虑用户的习惯与使用的方便，具体包括：

1）使用更符合用户习惯的别名。在合并局部 E-R 图时，曾做了消除命名冲突的工作，以使数据库系统中同一关系和属性具有唯一的名字。这在设计数据库整体结构时是非常必要的。但对于某些局部应用，由于改用了不符合用户习惯的属性名，可能使他们感到不方便。因此在设计用户的子模式时可以重新定义某些属性名，使其与用户习惯一致。

2）针对不同级别的用户定义不同的外模式。由于视图能够对表中的行和列进行限制，所以它还具有保证系统安全性的作用。对不同级别的用户定义不同的子模式，可以保证系统的安全性。

假设有关系模式产品（产品号，产品名，规格，单价，生产车间，生产负责人，产品成本，产品合格率，质量等级）。可以在产品关系上建立两个视图：

- 为一般顾客建立视图：产品 1（产品号，产品名，规格，单价）。
- 为产品销售部门建立视图：产品 2（产品号，产品名，规格，单价，车间，生产负责人）。

这样就可以防止用户非法访问本来不允许他们查询的数据，从而保证了系统的安全性。

3）简化用户对系统的使用。实际应用中经常要使用某些很复杂的查询，为了方便用户，可以将这些复杂查询定义为视图，用户每次只对定义好的视图进行查询，以简化用户的使用。

6.5　数据库物理设计

数据库的物理设计是对于给定的逻辑数据模型，选取一个最适合应用环境的物理结构。数据库的物理结构是指数据库在物理设备上的存储结构与存取方法，依赖于计算机系统。

数据库的物理设计可以分两步进行：

1）确定数据的物理结构，即确定数据库的存取方法和存取结构。

2）对物理结构进行评价。对物理结构评价的重点是时间和效率。如果评价结果满足原设计要求，则可以进行物理实施；否则应该重新设计或修改物理结构，有时甚至要返回逻辑设计阶段修改数据模型。

6.5.1　确定物理结构

设计人员一方面必须深入了解给定的 DBMS 的功能，DBMS 提供的环境和工具以及硬件环境，特别是存储设备的特征，另一方面也要了解应用环境的具体要求，如各种应用的数据量、处理频率和响应时间等。

1. 存储记录结构的设计

在物理结构中，数据的基本存取单位是存储记录。有了逻辑记录结构以后，就可以设计存储记录结构。一个存储记录可以和一个或多个逻辑记录相对应。存储记录结构包括记录的组成，数据项的类型和长度，以及逻辑记录到存储记录的映射。某一类型的所有存储记录的集合称为"文件"，文件的存储记录可以是定长的，也可以是变长的。

文件组织或文件结构是组成文件的存储记录的表示法。文件结构应该表示文件格式、逻辑次序、物理次序、访问路径、物理设备的分配。物理数据库就是指数据库中实际存储记录的格式、逻辑次序、物理次序、访问路径、物理设备的分配。

决定存储结构的主要因素包括存取时间、存储空间和维护代价三个方面。设计时应当根据实际情况对这三个方面进行综合权衡。一般 DBMS 也提供一定的灵活性可供选择，包括聚集和索引。

2. 关系模式的存取方法选择

数据库系统是多用户共享的系统，对同一个关系要建立多条存取路径才能满足多用户的多种应用要求。物理设计的任务之一就是要确定选择哪些存取方法，即建立哪些存取路径。

常用的存取方法有三类：

- 索引方法，目前主要是 B+ 树索引方法。
- 聚集方法。
- 散列方法。

（1）索引存取方法的选择

选择索引存取方法实际上就是根据应用要求确定对关系的哪些属性列建立索引、哪些属性列建立组合索引、哪些索引要设计为唯一索引等。

一般来说：

- 如果一个（或一组）属性经常在查询条件中出现，则考虑在这个（或这组）属性上建立索引（或组合索引）。
- 如果一个属性经常作为最大值和最小值等聚集函数的参数，则考虑在这个属性上建立索引。
- 如果一个（或一组）属性经常在连接操作的连接条件中出现，则考虑在这个（或这组）属性上建立索引。

关系上定义的索引数并不是越多越好，系统为维护索引要付出代价，为查找索引也要付出代价。例如，若一个关系的更新频率很高，这个关系上定义的索引数就不能太多。因为更新一个关系时，必须对这个关系上有关的索引做相应的修改。

（2）聚集存取方法的选择

为了提高某个属性（或属性组）的查询速度，把在一个（或一组）属性上具有相同值的元组集中地存放在一个物理块中。如果存放不下，可以存放在相邻的物理块中。其中，这个（或这组）属性称为聚集码。

使用聚集后，聚集码相同的元组集中在一起，聚集值不必在每个元组中重复存储，而只要在一个元组中存储一次即可，从而可以节省存储空间。此外，聚集功能可以大大提高按聚集码查询的效率。例如，要查询学生关系中信息系的学生名单，设信息系有 100 名学生，在极端的情况下，这些学生的记录会分布在 100 个不同的物理块中，这时如果要查询信息系的学生，就需要做 100 次 I/O 操作，这将影响系统查询的性能。如果按照系别建立聚集，使同一个系的学生记录集中存放，则每做一次 I/O 操作，就可以获得多个满足查询条件的记录，从而显著地减少了访问磁盘的次数。

一个数据库可以建立多个聚集，一个关系只能设置一个聚集。

选择聚集存取方法，即确定需要建立多少个聚集，每个聚集中包括哪些关系。

首先设计候选聚集，一般来说，遵循以下原则：

- 对经常在一起进行连接操作的关系可以建立聚集。
- 如果一个关系的一组属性经常出现在相等比较条件中，则该单个关系可建立聚集。
- 如果一个关系的一个（或一组）属性上的值重复率很高（即对应每个聚集码值的平均元组数不是太少，若太少，则聚集的效果不明显），则此单个关系可建立聚集。

然后检查候选聚集中的关系，取消其中不必要的关系，具体如下：

- 从聚集中删除经常进行全表扫描的关系。
- 从聚集中删除更新操作远多于连接操作的关系。
- 不同的聚集中可能包含相同的关系，一个关系可以在某一个聚集中，但不能同时加入多个聚集。要从这多个聚集方案（包括不建立聚集）中选择一个较优的，即在这个聚集上运行各种事务的总代价最小。

但必须注意的是，聚集只能提高某些特定应用的性能，而且建立与维护聚集的开销是相当大的。对已有关系建立聚集，将导致关系中元组移动其物理存储位置，并使此关系上原有的索引无效，必须重建。当一个元组的聚集码改变时，该元组的存储位置也要做相应移动。因此只有在用户应用满足下列条件时才考虑建立聚集，否则很可能会适得其反：当通过聚集码进行访问或连接是该关系的主要应用，与聚集码无关的其他访问很少或者是次要的，这时可以使用聚集，尤其当 SQL 语句中包含与聚集码有关的 ORDER BY，GROUP BY，UNION，

DINSTINCT 等子句或短语时，使用聚集特别有利，可以省去对结果集的排序操作。

（3）散列存取方法的选择

有些数据库管理系统提供了散列存取方法。在以下情况下可以选择散列存取方法：

- 关系的大小可预知，而且不变。
- 关系的大小动态改变，而且数据库管理系统提供了动态散列存取方法。

3. 数据存放位置的设计

为了提高系统性能，应该根据应用情况将数据的易变部分、经常存取部分和存取频率较低部分分开存放。对于有多个磁盘的计算机，可以采用下面几种存放位置的分配方案：

1）将表和索引分别存放在不同的磁盘上，查询时，由于两个磁盘驱动器并行工作，可以提高物理读写的速度。

2）将比较大的表分别放在两个磁盘上，以加快存取速度，在多用户环境下效果更好。

3）在多用户环境下，可以将日志文件和数据库对象（表、索引等）放在不同的磁盘上，以加快存取速度。

4）数据库的数据备份、日志文件备份等，只在数据库发生故障进行恢复时才用，而且数据量很大，可以存放在磁盘上，以改进整个系统的性能。

由于各个系统所能提供的对数据进行物理安排的手段和方法差异很大，因此设计人员必须仔细了解给定的 DBMS 提供的方法和参数，再针对应用环境的要求，对数据进行适当的物理安排。

4. 系统配置的设计

DBMS 产品都提供了一些系统配置变量和存储分配参数，供设计人员和数据库管理员对数据库进行物理优化。系统为这些变量设定了初始值，但是这些值不一定适合每一种应用环境。在物理结构设计阶段，要根据实际情况重新对这些变量赋值，以满足新的要求。

系统配置变量和参数很多，例如，同时使用数据库的用户数、同时打开的数据库对象数、内存分配参数、缓冲区分配参数（使用的缓冲区长度、个数）、存储分配参数、数据库的大小、时间片的大小、锁的数目等，这些参数值影响存取时间和存取空间的分配，在物理设计时要根据应用环境确定这些参数值，以改变系统性能。

6.5.2 评价物理结构

数据库物理设计过程中需要对时间效率、空间效率、维护代价和各种用户要求进行权衡，其结果可以产生多种方案。数据库设计人员必须对这些方案进行细致的评价，从中选择一个较优的方案作为数据库的物理结构。

评价物理数据库的方法完全依赖于所选用的 DBMS，主要是从定量估算各种方案的存储空间、存取时间和维护代价入手，对估算结果进行权衡、比较，选择出一个较优的合理的物理结构。如果该结构不符合用户需求，则需要修改设计。如果评价结果满足设计要求，则可进行数据库实施。实际上，往往需要经过反复测试才能优化物理设计。

6.6 数据库实施

数据库实施是根据逻辑设计和物理设计的结果，在计算机上建立起实际的数据结构、装入数据、进行测试和试运行的过程。数据库实施主要包括：建立实际的数据库结构、数据载入、应用程序编码与调试、数据库试运行和整理文档。

1. 建立实际的数据库结构

DBMS 提供的数据定义语言 DDL 可以定义数据库结构，即使用 SQL 定义语句中的 CRE-ATE DATABASE 语句定义数据库结构。CREATE TABLE 语句定义所需的基本表，使用 CRE-ATE VIEW 语句定义视图等。

如果需要使用聚集，在建基本表之前，应先用 CREATE CLUSTER 语句定义聚集。

2. 数据载入

数据载入是数据库实施阶段的主要工作，在数据库结构建立好后，就可以向数据库中加载数据了。

1）筛选数据。需要装入数据库中的数据通常都分散在各个部门的数据文件或原始凭证中，所以首先必须把需要入库的数据筛选出来。

2）转换数据格式。筛选出来的需要入库的数据的格式往往不符合数据库的要求，还需要转换成数据库所规定的格式。

3）数据载入。将转换好的数据输入计算机中。对于一般的小型系统，需要载入的数据量较少，可以采用人工的方法来完成。对于数据量较大的系统，可以设计一个输入子系统，由计算机来完成数据载入工作。其功能是从大量的原始数据文件中筛选、分类、综合和转换数据库所需的数据，把它们加工成数据库所要求的结构形式，装入数据库中。

4）检验数据。检查输入的数据是否有误。由于要入库的数据在原系统中的格式和新系统中的可能不完全一样，甚至差别较大，在输入和转换的过程中可能发生错误。因此在源数据入库之前还要采取多种方式对其进行检验，防止不正确的数据入库。

3. 应用程序编码与调试

数据库应用程序属于一般的程序设计的范畴，但数据库应用程序有自己的一些特点。例如，大量使用屏幕显示控制语句、形式多样的输出报表、重视数据的有效性和完整性检查、灵活的交互功能等。

为了加快应用系统的开发速度，一般选择第四代语言开发环境，利用自动生成技术和软件复用技术，在程序设计编写中往往采用工具软件来帮助编写程序和文档。

数据库结构建立好后，就可以开始编制与调试数据库的应用程序，这时由于数据入库尚未完成，调试程序时可以先使用模拟数据。

4. 数据库试运行

数据库试运行也称为联合调试，就是应用程序编写完成，并载入一小部分数据后，按照系统支持的各种应用分别试验应用程序在数据库上的操作情况的过程。在这一阶段主要完成以下两方面的工作：

1）测试应用系统的功能。实际运行应用程序，执行对数据库的各种操作，测试应用程序的各种功能是否满足设计要求。如果应用程序的功能不能满足设计要求，则需要对应用程序部分进行修改、调试，直到达到设计要求为止。

2）测试系统性能指标。实际测试系统的性能指标，分析是否符合设计目标。由于对数据库进行物理设计时考虑的性能指标只是近似的估计，与实际系统运行时总有一定的差距，因此必须在试运行阶段实际测量和评价系统性能指标。如果测试的结果与设计目标不符，则要返回物理设计阶段，重新调整物理结构，修改系统参数，某些情况下，甚至要返回逻辑设计阶段，修改逻辑结构。

如果试运行后还需要修改数据库的设计，就会导致重新组织数据入库，因此应分期分批地组织数据入库，先输入小批量数据做调试用，待试运行结束基本合格后，再大批量输入数据，逐步增加数据量，逐步完成运行评价。同时，在数据库试运行阶段，由于系统还不稳定，硬件、软件故障随时都可能发生，而且系统的操作人员对新系统还不熟悉，不可避免误操作。因此在数据库试运行时，应首先试运行 DBMS 的恢复功能，做好数据库转储和恢复工作，一旦故障发生，能使数据库尽快恢复，尽量减少对数据库的破坏。

5. 整理文档

在程序编码调试和试运行中，应该将发现的问题和解决方法记录下来，将它们整理存档作为资料，供以后正式运行和改进时参考。全部调试工作完成之后，应该编写应用系统的技术说明书和使用说明书，在正式运行时随系统一起交给用户。完成的文档资料是应用系统的重要组成部分。

6.7　数据库的运行与维护

数据库试运行合格后，即可投入正式运行，这标志着数据库开发工作基本完成。但由于应用环境在不断变化，用户的需求和处理方法不断发展，数据库在运行过程中的存储结构也会不断变化，对数据库设计进行评价、调整、修改等维护工作是一个长期的任务，也是设计工作的继续和提高。在数据库运行阶段，对数据库的日常维护工作主要由数据库管理员（DBA）来完成。数据库的维护工作主要包括四项，下面分别介绍。

1. 数据库的转储和恢复

数据库的转储和恢复是系统正式运行后最重要的维护工作之一，数据库管理员要针对不同的应用要求制定不同的转储计划，以保证一旦发生故障尽快将数据库恢复到某种一致的状态，并尽可能减少对数据库的破坏。

2. 数据库的安全性和完整性控制

在数据库运行过程中，由于应用环境的变化，对安全性的要求也会发生变化。比如有的数据原来是机密的，现在变成可以公开查询的了，而新加入的数据又可能是机密的了，系统中用户的密级也会发生变化。DBA 要根据实际情况及时调整相应的安全性控制。同样数据库的完整性约束条件也会变化，也需要 DBA 不断修正，以满足用户的要求。

3. 数据库性能的监督、分析与改造

目前许多 DBMS 产品都提供了监测系统性能参数的工具。DBA 可以利用系统提供的这些工具，经常对数据库的存储空间状况及响应时间进行分析评价；结合用户的反应情况确定改进措施；及时改正运行中发现的错误；按用户的要求对数据库的现有功能进行适当的扩充。但要注意，在增加新功能时要保证原有的功能和性能不受损害。

4. 数据库的重组织与重构造

数据库运行一段时间后，由于记录在不断增加、删除和修改，会使数据库的物理存储结构发生变化，降低存取效率，导致数据库的性能下降。这时 DBA 就要对数据库进行重组织或部分重组织（只对频繁增加、删除数据的表重组织）。在重组织过程中，按原设计要求重新安排存储位置、回收垃圾、减少指针链等，以提高系统性能。

数据库的重组织并不修改原设计的逻辑和物理结构，而数据库的重构造则不同，它部分修改原数据库的模式和内模式，这主要是因为数据库的应用环境发生了变化，如增加新的数据项、改变数据类型、改变数据库的容量、增加或删除索引、修改完整性约束等。

DBMS 一般都提供了重新组织和构造数据库的应用程序，以帮助 DBA 完成数据库的重

组织和重构造工作。

　　只要数据库系统在运行，就要不断地进行修改、调整和维护。一旦应用变化太大，数据库重组织和重构造也无济于事，这就表明数据库应用系统的生命周期结束，应该建立新系统，重新设计数据库。

6.8　小结

　　本章主要讨论数据库设计的方法和步骤，介绍了数据库设计的六个阶段：系统需求分析、概念结构设计、逻辑结构设计、物理设计、数据库及应用系统的实施、数据库及应用系统的运行与维护。其中重点是概念结构设计和逻辑结构设计，这也是数据库设计过程中最重要的两个环节。

　　学习本章，要努力掌握书中讨论的基本方法和开发设计步骤，特别要能在实际的应用系统开发中运用这些思想，设计符合应用要求的数据库应用系统。

习题

　　1. 数据库设计分为哪几个阶段？每个阶段的主要工作是什么？

　　2. 在数据库设计中，需求分析阶段的设计目标是什么？调查的内容主要包括哪几个方面？

　　3. 数据库设计的特点是什么？

　　4. 什么是数据库的概念结构？试述概念结构设计的步骤。

　　5. 什么是数据库的逻辑结构设计？试述其设计步骤。

　　6. 试述把 E-R 图转换为关系模型的转换规则。

　　7. 将局部 E-R 图合并成全局 E-R 图时，应消除哪些冲突？

　　8. 什么是数据字典？它在数据库设计中的作用是什么？

　　9. 什么是数据库的再组织和重构造？

　　10. 一个图书管理数据库要求提供下述服务：

　　（1）可随时查询书库中现有书籍的品种、数量与存放位置。所有书籍均可由书号唯一标识。

　　（2）可随时查询书籍借还情况，包括借书人单位、姓名、借书证号、借书日期和还书日期。

　　（3）当需要时，可通过数据库中保存的出版社的电话、邮编及地址等信息向有关书籍的出版社增购有关书籍。

　　同时约定：

　　（1）一个出版社可出版多种书籍，同一本书仅为一个出版社出版，出版社名具有唯一性。

　　（2）任何人都可借多本书，任何一本书都可为多个人所借，借书证号具有唯一性。

　　根据以上情况，画出图书管理系统的 E-R 图，并将其转换为关系模型。

数据库的安全与保护

通过前面几章的学习，我们知道，数据库中的数据由 DBMS 统一管理控制，DBMS 要保证数据库及整个系统的正常运转，防止数据意外丢失和不一致数据的产生，以及当数据库遭受破坏后能迅速地恢复正常，这就是数据库的安全保护。

DBMS 对数据库的安全保护功能是通过四个方面来实现的，即安全性控制、完整性控制、并发性控制和数据库备份及恢复。本章将从这四个方面来介绍数据库的安全保护功能，重点要求读者掌握它们的含义及实现这些安全保护功能的方法，并结合 SQL Server 2008 加深对这四个方面的内容的理解，并掌握其操作技能。

7.1 数据库的安全性

7.1.1 数据库安全性概述

数据库的安全性是指保护数据库以防止非法访问所造成数据库泄漏、更改或破坏。

数据库的应用日益普及，它存储着单位、组织、企业和个人的大量信息。这些信息对各部门单位很重要，成为单位资产的一部分。不同的应用部门，其安全性要求不同。银行、商店等单位的数据库中存放着重要的经济信息，必须尽可能保障其安全性；国家、军事机关等部门的数据库中存放着绝密信息，严禁泄漏，这些部门的数据库安全性极为重要。数据库管理系统必须提供可靠的保护措施，确保数据库的安全性。

安全性问题并非数据库系统所独有的。所有计算机系统都有这个问题。而且数据库的安全性与计算机系统的安全性，包括计算机硬件、操作系统、网络系统等的安全性，是紧密联系、相互支持的。在数据库系统中，由于数据集中和资源共享，使得数据安全更为重要，共享不是无条件访问数据，而是在一定安全机制下，只能允许某些人对某些数据做某些操作。

系统安全保护措施是否有效是数据库系统的主要性能指标之一。

7.1.2 安全性控制的一般方法

在一般计算机系统中，安全措施是一级一级层层设置的，其安全控制模型一般如图 7-1 所示。

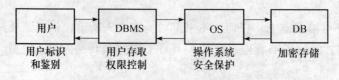

图 7-1　计算机系统安全模型

根据图 7-1 所示的安全模型，当用户进入计算机系统时，系统首先根据输入的用户标识进行身份的鉴定，只有合法的用户才准许进入系统。对已进入系统的用户，DBMS 还要进行存取控制，只允许用户进行合法的操作。

　　DBMS 是建立在操作系统之上的，安全的操作系统是数据库安全的前提。操作系统一级也会有自己的保护措施，操作系统已提供的安全措施不需要数据库系统自行实现。一般地，由操作系统解决的数据安全问题包括：审核用户；用户进程完全隔离，避免不必要的相互干扰；保证数据库中的数据必须由 DBMS 访问，而不允许用户越过 DBMS，直接通过操作系统或其他方式访问数据库中的数据。

　　最终数据还可以通过加密的形式存储到数据库中。这样即使非法用户通过某种方式得到了加密数据，也会因不知道密钥而无法识别。

　　下面，我们讨论与数据库有关的安全性措施，包括：用户标识和鉴别、存取控制、视图机制、审计和数据加密等。

　　1. 用户标识和鉴别

　　数据库系统不允许未经许可的用户访问数据库。用户标识和鉴别是系统提供的最外层的安全措施。其方法是由系统提供一定的方式让用户标识自己的名字或身份，系统内部记录着所有合法用户的标识，每次用户要求进入系统时，由系统进行核实，经系统核对后，如果符合，则进入下一步鉴定；否则，系统将拒绝执行用户的要求。

　　系统鉴别的方法通常有以下几种：

　　1）口令（password）。口令是使用最广泛的鉴别方法。首先用户通过用户标识符来标明用户的身份，系统以此来鉴别用户的合法性。为进一步核实用户，系统常常要求用户输入口令，用户输入的口令在终端一般不显示。口令设计时，为提高安全性，可用数字、字母、特殊字符等组合作为口令。

　　2）公式鉴别法。每个用户都预先约定好一个过程或者函数，鉴别用户身份时，系统提供一个随机数，用户根据自己预先约定的计算过程或者函数进行计算，系统根据计算结果辨别用户身份的合法性。

　　3）使用 IC 卡或磁卡等识别系统来鉴别用户。

　　4）利用声音、指纹等用户特征来鉴别用户。

　　2. 存取控制

　　数据库安全性所关心的主要是 DBMS 的存取控制机制。数据库安全中最重要的一点就是确保只授权给有资格的用户访问数据库的权限，保证用户只能存取他有权存取的数据。所谓用户权限是指不同的用户对于不同的数据对象允许执行的操作权限，它由两部分组成：数据对象和操作类型。定义一个用户的存取权限就是要定义这个用户可以在哪些数据对象上进行哪些类型的操作。

　　存取控制机制主要包括两部分：

　　1）定义用户权限，并将用户权限登记到数据字典中。系统必须提供适当的语言定义用户权限，这些定义经过编译后存放在数据字典中，这称作安全规则或授权规则。

　　2）合法权限检查。每当用户发出存取数据库的操作请求后（请求一般应包括操作类型、操作对象和操作用户等信息），DBMS 查找数据字典，根据安全规则进行合法权限检查，若用户的操作请求超出了定义的权限，系统将拒绝执行此操作。

　　用户权限定义和权限检查机制一起组成了 DBMS 的安全子系统。

　　一般情况下，DBMS 提供两种访问控制方法来控制数据的访问，即自主性访问控制和强制性访问控制。自主性访问控制是通过控制用户访问权限，即授权的方式进行的。强制性访问控制是基于数据分级实现的。下面分别介绍这两种方法。

（1）自主性访问控制

自主性访问控制（Discretionary Access Control，DAC）是通过授权实现的。在数据库系统中，定义用户存取权限称为授权。大型数据库管理系统几乎都支持自主性访问控制，目前的 SQL 标准也对自主性访问控制提供支持，这主要通过 SQL 的 GRANT 语句和 REVOKE 语句来实现。在 SQL 语言中提供了 GRANT 语句向用户授予操作权限，用 REVOKE 命令回收（或撤销）权限。具体命令的使用可参见 4.6 节中数据存取控制的内容。

（2）强制性访问控制

强制性访问控制（Mandatory Access Control，MAC）是通过数据分级的方法实现的。这一方法将每一数据目标（文件、记录等）赋予一定的密级（classification level）。如密级可以分为：绝密级（Top Secret，TS）、机密级（Secret，S）、秘密级（Confidential，C）和一般级（Unclassified，U）。对用户也赋予类似的许可级别。每级比其下级限制更多，即绝密＞机密＞秘密＞一般。

在 MAC 中，DBMS 所管理的全部实体被分为主体和客体两大类。

主体是系统中的活动实体，既包括 DBMS 所管理的实际用户，也包括代表用户的各进程。客体是系统中的受主体操纵的被动实体，包括文件、基表、索引、视图等。对于主体和客体，DBMS 为它们的每个实例（值）都指派一个许可级别。

系统要求主体对任何客体的存取必须遵循如下规则：

1）仅当主体的许可证级别大开或等于客体的密级时，该主体才能读取相应的客体。

2）仅当主体的许可证级别等于客体的密级时，该主体才能写相应的客体。

强制性访问控制本质上具有分层的特点，通常具有静态的、严格的分层结构，与现实世界的层次管理也相吻合。这种强制存取控制特别适合层次分明的军事部门、政府部门、金融部门等的数据管理。

3. 视图机制

视图是数据库系统提供给用户从多种角度观察数据库中数据的重要机制。为不同的用户定义不同的视图，可以限制各个用户的访问范围。通过视图机制把要保密的数据对无权存取这些数据的用户隐藏起来，从而自动地对数据提供一定程度的安全保护。

视图机制间接地实现了支持存取谓词的用户权限定义。在不直接支持存取谓词的系统中，可以先建立视图，然后在视图上进一步定义存取权限。视图机制把要保密的数据对无权存取这些数据的用户隐藏起来。

通过定义视图，可以使用户只看到指定表中的某些行、某些列，也可以将多个表中的列组合起来，使得这些列看起来就像一个简单的数据库表。另外，也可以通过定义视图，只提供用户所需的数据，而不是所有的信息。这在一定程度上保证了数据的安全性。

【例 1】 建立计算机系所有男学生的视图，把对该视图的查询、插入权限授予 U1，把该视图上的所有操作权限授予 U2。

```
/*先建立计算机系学生的视图 CS_Student*/
CREATE VIEW Student1
AS
SELECT   *
FROM     S
```

```
    WHERE Sdept = '计算机系' and Ssex = '男';
/*在视图上进一步定义存取权限*/
    GRANT SELECT, INSERT
    ON Student1
    TO U1;
    CRANY ALL PRIVILEGES
    ON Student1
    TO U2;
```

4. 审计

前面介绍的用户标识与鉴别、存取控制和视图是安全性标准的一个重要方面，或者称其为强制性机制，但为了使 DBMS 达到一定的安全级别，还需要在其他方面提供相应的支持。如按照 TDL/TCSEC 标准中的安全策略的要求，"审计"功能就是 DBMS 达到 C2 以上安全级别必不可少的一项指标。

审计功能把用户对数据库的所有操作自动记录下来放入审计日志（audit log）中。DBA 可以利用审计跟踪的信息，重现导致数据库现有状况的一系列事件，找出非法存取数据的人、时间和内容等。

审计通常是很费时间和空间的，所以 DBMS 往往都将其作为可选特征，允许 DBA 根据应用对安全性的要求，灵活地打开或关闭审计功能。审计功能一般主要用于安全性要求较高的部门。

审计一般可分为用户级审计和系统级审计。用户级审计是任何用户都可设置的审计，主要针对自己创建的数据库表或视图进行审计，记录所有用户对这些表或视图的一切成功和（或）不成功的访问要求以及各种类型的 SQL 操作。

系统级审计只能由 DBA 设置，用以监测成功或失败的登录要求、GRANT 和 REVOKE 操作以及其他数据库级权限下的操作。

5. 数据加密

数据加密是防止数据库中的数据在存储和传输中失密的有效手段。加密的基本思想是根据一定的算法将原始数据加密成不可直接识别的格式，数据以密码的形式存储和传输。

加密方法有以下两种：

1）替换方法：该方法使用密钥将明文中的每一个字符转换为密文中的一个字符。

2）转换方法：该方法将明文中的字符按不同的顺序重新排列。

有关数据加密及解密的具体问题已经超出本书范围，这里不再讨论。感兴趣的读者可查阅有关信息安全方面的书籍。

由于数据加密及解密也是比较费时的操作，用密码存储数据，在存入时需加密，在查询时需解密，这个过程会占用较多的系统资源，从而降低了数据库的性能。因此数据加密功能通常也作为可选特征，允许用户自由选择，只对高度机密的数据加密。

7.1.3　SQL Server 的安全性控制

合理有效的数据库安全机制既可以保证被授权用户能够方便地访问数据库中的数据，又能够防止非法用户的入侵。SQL Server 提供了一套设计完善、操作简单的安全管理机制。

SQL Server 的安全管理机制由以下四层构成：

- 客户端操作系统的安全性。
- SQL Server 的登录安全性。

- 数据库的使用安全性。
- 数据库对象的使用安全性。

每个安全等级都好像一道门，如果门没有上锁，或者用户拥有开门的钥匙，则用户可以通过这道门达到下一个安全等级。如果通过了所有的门，用户就可以实现对数据的访问。SQL Server 的安全机制如图 7-2 所示。

1. SQL Server 2008 的安全认证模式

SQL Server 2008 的安全机制是基于用户、角色、对象和权限的基础上建立的。系统可以将用户加入角色，也可以为它们指定对象权限。每个对象都有所有者，所有权也影响到权限。数据库对象（表、索引、视图、触发器、函数或存储过程）的用户称为数据库对象的所有者。创建数据库对象的权限必须由数据库所有者或系统管理员授予。但是，在授予数据库对象这些权限后，数据库对象所有者就可以创建对象并授予其他用户使用该对象的权限。

在 SQL Server 2008 中，必须以合法的登录身份注册本地或远程服务器后，才能与服务器建立连接并获得对 SQL Server 的访问权。登录账号的信息是系统级信息，存储在 master 数据库中的 syslogins 系统表中。

SQL Server 2008 提供两种身份验证模式：Windows 身份验证模式和混合身份验证模式（SQL Server 和 Windows 身份验证模式）。

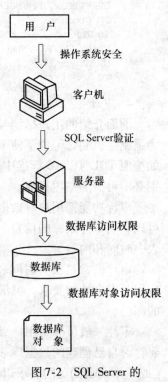

图 7-2　SQL Server 的安全机制

（1）Windows 身份验证模式

SQL 服务器通过使用 Windows 网络用户的安全性来控制用户对 SQL 服务器的登录访问。它允许一个网络用户登录到一个 SQL 服务器上时不必再提供一个单独的登录账号及口令，从而实现 SQL 服务器与 Windows 登录的安全集成。

Windows 验证模式主要具有以下优点：

1）数据库管理员的工作可以集中在管理数据库方面，而不是管理用户账户。对用户账户的管理可以交给 Windows 去完成。

2）Windows 有着更强的用户账户管理工具，可以设置账户锁定、密码期限等。如果不是通过定制来扩展 SQL Server，SQL Server 是不具备这些功能的。

3）Windows 的组策略支持多个用户同时被授权访问 SQL Server。

因此，如果网络中有多个 SQL Server 服务器，为了简化客户端的登录操作，就可以选择通过 Windows 身份验证机制来完成。

但是，应该注意的是，要在客户端和服务器间建立连接，使用该验证模式时，必须满足以下两个条件中的一个：

1）客户端的用户必须有合法的服务器上的 Windows 账号，服务器能够在自己的域或信任域中验证该用户。

2）服务器启动了 Guest 账户。但这会带来安全上的隐患，因而不是一个好的方法。

（2）混合身份验证模式

混合身份验证模式允许以 SQL Server 身份验证模式或者 Windows 身份验证模式来进行验

证。在混合安全模式下，如果用户网络协议支持可信任连接，则可使用 Windows 身份验证模式；如果用户网络协议不支持可信任连接，则在 Windows 认证模式下会登录失败，SQL Server 安全认证模式将有效。SQL Server 安全认证模式要求用户必须输入有效的 SQL Server 登录账号及口令。

在 SQL Server 身份验证模式下，账号和密码保存在 master 数据库的 syslogins 数据表中。SQL Server 将用户登录使用的账号和密码到该表中进行比较匹配。

混合验证模式具有以下优点：

1）创建了 Windows 之上的另外一个安全层次。

2）支持更大范围的用户，如非 Windows 客户、Novell 网用户等。

3）一个应用程序可以使用单个的 SQL Server 登录账号和口令。

由此可以看出：验证模式的选择通常与网络验证的模型和客户端与服务器间的通信协议有关。如果网络主要是 Windows 网，则用户登录到 Windows 时已经得到了确认，因此，使用 Windows 验证模式将减轻系统的工作负担，但是，如果网络主要是 Novell 网或者对等网，则使用 SPX 协议和 SQL Server 验证模式将是很方便的。

下面我们来具体讲一下如何在 SQL Server 2008 中设置身份验证模式并进行用户和角色管理。

2. 设置身份验证模式

安装 SQL Server 2008 时，安装程序会提示用户选择服务器身份验证模式，然后根据用户的选择将服务器设置为 Windows 身份验证模式或 SQL Server 和 Windows 身份验证模式。在使用过程中，可以根据需要来重新设置服务器的身份验证模式，具体的过程如下：

1）在 SQL Server 集成管理器的"对象资源管理器"中，右键单击服务器，在弹出的快捷菜单中单击"属性"。

2）在"安全性"页上的"服务器身份验证"下，选择新的服务器身份验证模式，再单击"确定"按钮。

3）重新启动 SQL Server，使设置生效。

3. SQL Server 的用户和角色管理

（1）登录用户的账号管理

在 SQL Server 2008 中的用户账号有两种：一种是登录服务器的登录账号（login name），另一种是使用数据库的用户账号（user name）。登录账号是指能登录到 SQL Server 的账号，它属于服务器的层面，本身并不能让用户访问服务器中的数据库，而登录者要使用服务器中的数据库时，必须要有用户账号才能存取数据库。就如同在公司门口先刷卡进入（登录服务器），然后再拿钥匙打开自己的办公室（进入数据库）一样。

在 SQL Server 2008 中创建登录账号的具体步骤为：

1）在"对象资源管理器"中，展开"安全性"节点，然后右键单击"登录名"，在弹出的快捷菜单中选择"新建登录名"。

2）在"登录名–新建"对话框中，选择"常规"页。

3）在"登录名"文本框中输入要创建的登录账号的名称，如"HL"，单击"SQL Server 身份验证"单选按钮，并输入密码，然后在"默认数据库"选项组中，选择数据库下拉列表中的某个数据库，如"XSCJ"，表示该登录账号默认登录到 XSCJ 数据库中。

4）在"登录名－新建"对话框中，选择"服务器角色"页，这里可以选择将该登录账号添加到某个服务器角色中成为其成员，并自动具有该服务器角色的权限。其中，public 角色自动选中，并且不能删除。

5）设置完所有需要设置的选项之后，单击"确定"按钮即可创建登录账号。

（2）数据库用户的账号管理

登录用户以合法的用户账号登录服务器后，并不能访问服务器中的数据库资源。要访问具体数据库中的资源，还必须有该数据库的用户名。数据库用户在特定的数据库内创建，必须和某个登录名相关联。数据库用户的定义信息存放在与其相关的数据库的 sysusers 表（用户名是数据库级的）中，这个表包含了该数据库的所有用户对象以及和它们相对应的登录名的标识。用户名没有密码和它相关联，大多数情况下，用户名和登录名使用相同的名称，数据库用户名主要用于数据库权限的控制。

在 SQL Server 中，一个登录账户可以映射到不同的数据库，产生多个数据库用户（但一个登录账户在一个数据库中至多只能映射一个数据库用户），一个数据库用户只能映射到一个登录账户。允许数据库为每个用户对象分配不同的权限，这一特性为在组内分配权限提供了最大的自由度与最强的可控性。

在 SQL Server 2008 中创建数据库用户的具体步骤为：

1）打开对象资源管理器，展开需要创建数据库用户的数据库节点如 XSCJ，找到"安全性"节点，将其展开。

2）在"用户"节点上单击鼠标右键，在弹出的快捷菜单上单击"新建用户"命令。

3）在打开的"数据库用户－新建"对话框中的"常规"页中对如下内容进行设置：

- 用户名：输入要创建的数据库用户名。
- 登录名：输入与该数据库用户对应的登录账号，也可以通过右边的按钮进行选择。
- 证书名称：输入与该数据库用户对应的证书名称。
- 密钥名称：输入与该数据库用户对应的密钥名称。
- 无登录名：指定不应将该数据库用户映射到现有登录名，可以作为 guest 连接到数据库。
- 默认架构：输入或选择该数据库用户所属的架构。在"此用户拥有的架构"列表中可以查看和设置该用户拥有的架构。

4）在"数据库角色成员身份"列表中，为该数据库用户选择数据库角色。

5）可以对"安全对象"和"扩展属性"中的选项进行设置。

6）单击"确定"按钮，即可创建数据库用户。

（3）角色管理

角色（role）是对权限集中管理的一种机制，将不同的权限组合在一起就形成了一种角色。因此，不同的角色就代表了具有不同权限集合的组。SQL Server 2008 支持服务器角色和数据库角色。

1）服务器角色。服务器角色是执行服务器级管理操作的用户权限的集合，因此，一般指定需要管理服务器的登录账号为服务器角色。服务器角色是 SQL Server 系统内置的，DBA 不能创建服务器角色，只能将其他角色或者用户添加到服务器角色中。

SQL Server 2008 在安装过程中默认创建的服务器角色及其权限如表7-1所示。

表 7-1　固定服务器角色描述

固定服务器角色	描　　述
Bulkadmin	允许非 sysadmin 用户运行 BULK INSERT 语句
Dbcreator	创建、更改、删除和还原任何数据库
Diskadmin	管理磁盘文件
Processadmin	终止 SQL Server 实例中运行的进程
Securityadmin	管理登录名及其属性
Serveradmin	更改服务器范围的配置选项和关闭服务器
Setupadmin	添加和删除链接的服务器，并且也可以执行某些系统存储过程
Sysadmin	在服务器中执行任何活动
Public	每个 SQL Server 登录账号都属于 public 服务器角色

只有 public 角色的权限可以根据需要修改，而且对 public 角色设置的权限，所有的登录账号都会自动继承。

2）数据库角色。SQL Server 2008 在每个数据库中都提供了 10 个固定的数据库角色。与服务器角色不同的是，数据库角色权限的作用域仅限在特定的数据库内。在对象资源管理器中展开相应数据库下的"安全性"节点，然后再单击"数据库角色"，即可看到这 10 个数据库角色。

10 个固定数据库角色的权限定义如下：

- db_accessadmin：db_accessadmin 固定数据库角色的成员可以为 Windows 登录账号、Windows 组和 SQL Server 登录账号添加或删除数据库访问权限。
- db_backupoperator：：db_backupoperator 固定数据库角色的成员可以备份数据库。
- db_datareader：db_datareader 固定数据库角色的成员可以从所有用户表中读取所有数据。
- db_datawriter：db_datawriter 固定数据库角色的成员可以在所有用户表中添加、删除或更改数据。
- db_ddladmin：db_ddladmin 固定数据库角色的成员可以在数据库中运行任何数据定义语言（DDL）命令。
- db_denydatareader：db_denydatareader 固定数据库角色的成员不能读取数据库内用户表中的任何数据。
- db_denydatawriter：db_denydatawriter 固定数据库角色的成员不能添加、修改或删除数据库内用户表中的任何数据。
- db_owner：db_owner 固定数据库角色的成员可以执行数据库的所有活动，在数据库中拥有全部权限。
- db_securityadmin：db_securityadmin 固定数据库角色的成员可以修改角色成员身份和管理权限。
- public：每个数据库用户都属于 public 数据库角色。如果未向某个用户授予或拒绝特定权限时，该用户将继承授予该对象的 public 角色的权限。

7.2　数据库的完整性

7.2.1　数据库完整性的含义

数据库完整性是指数据库中数据的正确性和相容性，数据库通过应用完整性规则防止不合语义的数据进入数据库。例如，学生的学号一定是唯一的；学生的年龄必须是整数，取值范围为 14~28；学生的性别只能是男或女等都是完整性的范畴。

数据库的完整性和数据库的安全性是两个不同的概念。

数据库的完整性是防止数据库中存在不符合语义的数据，也就是防止数据库中存在不正确的数据。数据库的安全性是保护数据库，防止恶意的破坏和非法的存取。也就是说，安全性措施的防范对象是非法用户和非法操作，完整性措施的防范对象是不合语义的数据。当然，完整性和安全性是密切相关的。

数据库完整性对各种应用及各种规模的数据库都是非常重要的，它是保证数据库提供正确数据的有力手段，所以数据库管理系统应该具备保证数据库完整性的强有力的机制。

7.2.2　完整性约束条件

数据库完整性由各种各样的完整性约束来保证，因此可以说数据库完整性设计就是数据库完整性约束的设计。数据库完整性约束可以通过 DBMS 或应用程序来实现，基于 DBMS 的完整性约束作为模式的一部分存入数据库中。

完整性约束条件作用的对象是列、元组和关系这三种。其中列约束主要是列的类型、取值范围、精度、排序等约束条件。元组的约束是元组中各个字段间的联系的约束。关系的约束是若干元组间、关系集合上以及关系之间的联系的约束。

完整性约束条件涉及的上述三类对象，其状态可以是静态的也可以是动态的。

所谓**静态约束**是指数据库每一确定状态时的数据对象所应满足的约束条件，它是反映数据库状态合理性的约束，这是最重要的一类完整性约束。

所谓**动态约束**是指数据库从一种状态转变为另一种状态时新、旧值之间所应满足的约束条件，它是反映数据库状态变迁的约束。例如，学生年龄在更改时只能增长，职工工资在调整时不得低于其原来的工资。

因此综合上述两个方面，可以将完整性约束条件分为六类，如图 7-3 所示。

一个完美的完整性控制机制应该允许用户定义所有这六类完整性约束条件。下面分别介绍这六类完整性约束条件。

1）静态列级约束。静态列级约束是对一个列的取值域的说明，这是最常用也是最容易实现的一类完整性约束，包括以下几个方面：

图 7-3　完整性约束条件分类

- 对数据类型的约束（包括数据的类型、长度、单位、精度等）。
- 对数据格式的约束，如出生日期的格式为 YYYYMMDD。
- 对取值范围或取值集合的约束，如大学生年龄的取值范围为 14~29，性别的取值集合为［男，女］。
- 对空值的约束。
- 其他约束。例如关于列的排序说明等。

2）静态元组约束。一个元组是由若干个列值组成的，静态元组约束就是规定元组的各个列之间的约束关系。例如订货关系中包含发货量、订货量等列，规定发货量不得超过订货量；又如教师关系中包含职称、工资等列，规定教授的工资不低于 5000 元。

3）静态关系约束。在一个关系的各个元组之间或者若干关系之间常常存在各种联系或约束。常见的静态关系约束有：

- 实体完整性约束：说明了关系主码（或主键）的属性列必须唯一，其值不能全为空或部分为空。
- 参照完整性约束：说明了不同关系的属性之间的约束条件，即外部键（外码）的值应能够在被参照关系的主码值中找到或取空值。
- 函数依赖约束：大部分函数依赖约束都在关系模式中定义。例如，在学生、课程、教师关系 SCT（Sno，Cno，Tno）的函数依赖：$\{(Sno, Cno) \rightarrow Tno, Tno \rightarrow Cno\}$ 中，主码为（Sno，Cno）。
- 统计约束：规定某个属性值与关系多个元组的统计值之间必须满足某种约束条件。例如，规定教授的工资不得高于该系的平均工资的 50%，不得低于该系的平均工资的 15%。这里该系平均工资的值就是一个统计计算值。

4）动态列级约束。动态列级约束是修改列定义或列值时应满足的约束条件，包括下面两个方面：

- 修改列定义时的约束：例如，将允许空值的列改为不允许空值的列时，如果该列目前已存在空值，则拒绝这种修改。
- 修改列值时的约束：例如，修改列值时需要参照其旧值，并且新旧值之间需要满足某种约束条件，如学生年龄只能增长等。

5）动态元组约束。动态元组约束是指修改元组的值时元组中各个字段间需要满足某种约束条件。例如职工工资调整不得低于其原来工资 + 工龄 ×1.5 等。

6）动态关系约束。动态关系约束是加在关系变化前后状态上的限制条件，例如事务一致性、原子性等约束条件。

以上六类完整性约束条件的含义可用表 7-2 进行概括。当然完整性的约束条件可以从不同角度进行分类，因此会有多种分类方法。

表 7-2　完整性约束条件

粒度 状态	列　级	元组级	关系级
静态	列定义 ● 类型 ● 格式 ● 值域 ● 空值	元组值应满足的条件	实体完整性约束 参照完整性约束 函数依赖约束 统计约束
动态	改变列定义或列值	元组新旧值之间应满足的约束条件	关系新旧状态间应满足的约束条件

7.2.3　完整性控制

DBMS 的完整性控制机制应具有三个方面的功能：

1）**定义功能**：提供定义完整性约束条件的机制。一个完善的完整性控制机制应该允许用户定义各类完整性约束条件。

2）**检查功能**：检查用户发出的操作请求是否违背了完整性约束条件。这种检查分为立刻执行的约束（immediate constraint）完整性检查和延迟执行的约束（deferred constraint）完整性检查两种。前者指语句执行完后立即检查是否违背完整性约束，后者指检查延迟到整个事务执行结束后进行。关于事务的介绍请参见 7.3 节的内容。

例如银行数据库中"借贷总金额应平衡"的约束就应该是延迟执行的约束，从账号 A 转一笔钱到账号 B 为一个事务，从账号 A 转出钱后账就不平衡了，必须等转入账号 B 后账才能重新平衡，这时才能进行完整性检查。

3）**违约处理**：如果发现用户的操作请求使数据违背了完整性约束条件，则采取一定的动作来保证数据的完整性，比如拒绝该操作或采用其他处理方法。

目前商用的 DBMS 产品都支持完整性控制。在关系型数据库系统中，最重要的完整性约束是实体完整性和参照完整性，其他完整性约束条件则可以归入用户定义完整性。我们在第 3 章介绍了这三类完整性。在 4.2.1 节 CREATE TABLE 语句中介绍了一些简单的完整性约束实现语句。比如 PRIMARY KEY 约束、FOREIGN KEY 约束等。下面结合 SQL Server 2008 来看一下 SQL Server 的完整性实现机制。

7.2.4　SQL Server 的完整性控制

SQL Server 2008 中数据完整性可分为四种类型：

- 实体完整性。
- 域完整性。
- 引用完整性。
- 用户定义完整性

另外，触发器、存储过程等也能以一定方式控制数据完整性。关于触发器、存储过程等内容，请参见后面章节的内容。

1. 实体完整性

实体完整性将行定义为特定表的唯一实体。SQL Server 2000 支持如下实体完整性相关的约束：

1）**PRIMARY KEY 约束**：在一个表中不能有两行包含相同的主码值，不能在主码内的任何列中输入 NULL 值。

2）**UNIQUE 约束**：用于确保非主码列的取值的唯一性，且每个 UNIQUE 约束都要建立一个唯一索引；一个表可有多个 UNIQUE 约束；对于 UNIQUE 约束中的列，表中不允许有两行包含相同的非空值。

3）**IDENTITY 属性**：IDENTITY 属性能自动产生唯一标识值，指定为 IDENTITY 的列一般作为主码。

2. 域完整性

域完整性是指给定列的输入正确性与有效性。SQL Server 2008 中强制域有效性的方法有：

1）限制类型，如通过数据类型、用户自定义数据类型等实现。

2）格式限制，如通过 CHECK 约束和规则等实现。

3）列值的范围限定，如通过 PRIMARY KEY 约束、UNIQUE 约束、FOREIGN KEY 约束、CHECK 约束、DEFAULT 定义、NOT NULL 定义等实现。

3. 引用完整性（即参照完整性）

SQL Server 2008 的引用完整性主要由 FOREIGN KEY 约束体现，它标识表之间的关系，一个表的外码指向另一个表的候选码或唯一码。

强制引用完整性时，SQL Server 禁止用户进行下列操作：

1）当主表中没有关联的记录时，将记录添加到相关表中。

2）更改主表中的值并导致相关表中的记录孤立。

3）从主表中删除记录，但仍存在与该记录匹配的相关记录。

在 DELETE 或 UPDATE 所产生的所有级联引用操作的诸表中，每个表只能出现一次。多个级联操作中只要有一个表因完整性原因操作失败，整个操作都将失败而回滚。

4. 用户定义完整性

SQL Server 2008 用户定义完整性主要由 CHECK 约束所定义的列级或表级约束体现。用户定义完整性还能由规则、触发器、客户端或服务器应用程序灵活定义。

7.3　数据库的并发控制

数据库是一个共享的联机事务处理数据资源库，应该允许多个用户程序并行地存取数据。不同的用户可能要同时操作一个数据库或一个基本表，甚至同时操作一条记录。当多个用户同时存取访问同一数据时，若对这些用户操作不加控制就可能会存取和存储不正确的数据，从而破坏数据库的一致性。所以数据库管理系统必须提供并发控制机制。并发控制机制是衡量一个数据库管理体制系统性能的重要标志之一。

下面首先介绍数据库并发控制中一个非常重要的概念———事务。

7.3.1　事务

1. 事务的定义

事务（transaction）：用户定义的一个数据库操作序列，这些操作要么全做，要么全不做，是一个不可分割的工作单位。

例如，在关系数据库中，一个事务可以是一条或多条 SQL 语句，也可以是整个程序。但它一定是一个完整的操作。例如银行转账系统，一个完整的转账操作，一定是从一个账号转出金额，接着将该金额转入另一账号，这样账号余额才会平衡。

可以使用 SQL UPDATE 语句示意如下：

```
UPDATE account SET 余额 = 余额 - x WHERE 账号 = A1
UPDATE account SET 余额 = 余额 + x WHERE 账号 = A2
```

这两条语句或者全部正确执行，或者全部不执行。否则，数据就会出现不一致错误。

这里讲的事务和程序是两个概念。一般地讲，一个程序中包含多个事务。

事务的开始与结束可以由用户显式控制。如果用户没有显式地定义事务，则由 DBMS 按照默认规定自动划分事务。

SQL 语言中，定义事务的语句有三条：

```
BEGIN TRANSACTION
COMMIT
ROLLBACK
```

BEGIN TRANSACTION：表示事务的开始，在大多数情况下，可省略此语句，对每个数据库的操作都包含着一个事务的开始。

COMMIT：表示提交，即提交事务的所有操作。具体地说就是将事务中所有对数据库的更新写回到磁盘上的物理数据库中去，事务正常结束。

ROLLBACK：表示回滚，即在事务运行的过程中发生了某种故障，事务不能继续执行，系统将事务中对数据库的所有已完成的操作全部撤销，再回滚到事务开始时的状态。这里的操作指对数据库的更新操作。

2. 事务的性质

为了保证数据的一致性和正确性，数据库系统必须保证事务的以下性质：

- 原子性（atomicity）。
- 一致性（consistency）。
- 隔离性（isolation）。
- 持久性（durability）。

事务的这些性质通常简称为 ACID 特性（取 4 个英文单词的第一个字母）。

（1）原子性

一个事务是一个不可分割的工作单位，事务在执行时，应该遵守"要么不做，要么全做"（nothing or all）的原则，即不允许事务部分地完成。即使因为故障而使事务未能完成，它执行的部分操作也要被取消。

（2）一致性

事务对数据库的操作使数据库从一个一致状态转变到另一个一致状态。在事务执行前，总是假设数据库是一致的，那么当事务成功执行后，数据库肯定仍然是一致的。但是，如果事务在执行过程中被迫中断，那么数据库将处于不一致的状态。仍以银行转账系统为例：

```
UPDATE account SET 余额 = 余额 - x WHERE 账号 = A1
UPDATE account SET 余额 = 余额 + x WHERE 账号 = A2
```

如果在第一条语句之后发生故障，结果将使数据库中的数据不正确，使得账号借贷不平衡，即造成了数据的不一致。之所以会出现这种不一致性，是因为一个事务没有完整地执行。由此可见，事务的一致性和原子性密切相关。

（3）隔离性

如果多个事务并发地执行，应该如同各个事务独立执行一样，一个事务的执行不能被其他事务干扰，即一个事务内部的操作及使用的数据对并发的其他事务是隔离的。事务的隔离性由并发控制来保证。

（4）持久性

事务的持久性是指一旦事务成功完成，该事务对数据库的所有更新都将是永久的，即在事务成功完成之后，任何系统故障都不能破坏已经完成的事务。事务的持久性是数据库管理系统的责任，它属于数据库恢复的范畴。

从以上内容可以看出，事务的 ACID 性质或者与并发控制有关，或者与恢复有关。

事务是恢复和并发控制的基本单位。事务 ACID 特性可能遭到破坏的因素有：多个事务并发运行时，不同事务的操作交叉执行；事务在运行过程中被强行停止。

保证事务的 ACID 性质正是数据库管理系统中并发控制机制和恢复机制的责任。

7.3.2　并发操作与数据的不一致性

1. 并发的概念

DBMS 一般允许多个事务同时存取访问相同的数据库，此即并发（concurrency）。在这样的支持并发的系统中，必须提供某种并发控制机制以确保并发事务间互不干扰。

在单处理机系统中，事务的并行执行实际上是这些并行事务的并行操作轮流交叉运行。我们称之为交叉并发方式。在多处理机系统中，每个处理机可以运行一个事务，多个处理机可以同时运行多个事务，实现多个事务真正地并行运行。这种并行执行方式称为同时并发方式。

我们这里讨论的事务并发执行以单处理机系统为基础。

单处理机下的事务并发执行一方面可以提高系统的资源利用率或系统吞吐量（system throughput）。当一个事务等待从磁盘读入一页时，CPU 可去执行其他事务，因为计算机系统中 CPU 活动和 I/O 活动可以并行，其好处是一方面可减少磁盘和 CPU 空闲时间，从而提高了系统吞吐量，也就是提高了给定时间内所完成事务的数量；另一方面可以减少短事务的响应时间（response time）。将短事务与长事务交错执行可使短事务更快地完成。而在串行执行中，如果短事务在长事务后面执行，则它将长时间得不到执行，从而使其响应时间相当长。

2. 并发操作带来的问题

下面先来看一个例子，说明并发操作带来的数据不一致性问题。

设火车订票系统中有 A、B 两个售票点，假设目前火车票的余票为 15 张。现执行下列活动序列：

1）A 售票点（T_1 事务）读出某一车次火车票余票 $R = 15$。

2）B 售票点（T_2 事务）读出同一车次的火车票余票 R，也为 15。

3）A 售票点卖出一张火车票，修改余票 $R = R - 1$，所以 R 为 14，把 R 写回数据库。

4）B 售票点也卖出一张火车票，修改余票 $R = R - 1$，所以 R 为 14，把 R 写回数据库。

如果按照上述顺序操作 1）→2）→3）→4），结果明明卖出两张火车票，数据库中火车票余数却只减少 1。

这种情况称为数据库的不一致性。得到这种错误的结果是由 T_1、T_2 两个事务并发操作引起的。在并发操作情况下，数据库系统对 T_1、T_2 两个事务的操作序列的调度是随机的。若按上面的调度顺序执行，T_1 事务的修改就被丢失。这是由于步骤 4 中，T_2 事务修改 R 并写回后覆盖了 T_1 事务对 R 的修改。

下面讨论事务并发执行所带来的几种数据不一致性，包括三类：丢失修改、不可重复读和读"脏"数据。

为便于讨论，下面把事务读数据库对象 x 记作 $R(x)$，写数据库对象记作 $W(x)$。

（1）丢失修改（lost update）

两个事务 T_1 和 T_2 读入同一数据并修改，T_2 的提交结果破坏了 T_1 提交的结果，导致 T_1 的修改被丢失，如图 7-4 所示。上面的火车订票系统的例子就属于丢失修改。

T_1	T_2
① $R(A) = 15$	
②	$R(A) = 15$
③ $A \leftarrow A - 1$ $W(A) = 14$	
④	$A \leftarrow A - 1$ $W(A) = 14$

图 7-4　丢失修改

（2）不可重复读（non-repeatable read）

不可重复读是指事务 T_1 读取数据后，事务 T_2 执行更新操作，使 T_1 无法再现前一次读取结果。具体地讲，不可重复读包括三种情况：

- 事务 T_1 读取某一数据后，事务 T_2 对其做了修改，当事务 T_1 再次读该数据时，得到与前一次不同的值。例如在图 7-5 中 T_1 读取 $B = 100$ 进行运算，T_2 读取同一数据 B，对其进行修改后将 $B = 200$ 写回数据库。T_1 为了对读取值校对重读 B，B 已为 200，与第 1 次读取的值不一致。

- 事务 T_1 按一定条件从数据库中读取了某些数据记录后，事务 T_2 删除了其中部分记录，当 T_1 再次按相同条件读取数据时，发现某些记录神秘地消失了。

- 事务 T_1 按一定条件从数据库中读取某些数据记录后，事务 T_2 插入了一些记录，当 T_1 再次按相同条件读取数据时，发现多了一些记录。

后两种不可重复读有时也称为幻影（phantom row）现象。

（3）读"脏"数据（dirty read）

事务 T_1 修改某一数据，并将其写回磁盘，事务 T_2 读取同一数据后，T_1 由于某种原因被撤销，这时 T_1 已修改过的数据恢复原值，T_2 读到的数据就与数据库中的数据不一致，则 T_2 读到的数据就为"脏"数据，即不正确的数据。

例如，图7-6中所示 T_1 将 C 值修改为20，T_2 读到 C 为20，T_1 由于某种原因撤销，其修改作废，C 恢复原值10，这时 T_2 读到的 C 为20，与数据库内容不一致，就是"脏"数据。

T_1	T_2
① $R(A)=50$	
$R(B)=100$	
求和=150	
②	$R(B)=100$
	$B \leftarrow B*2$
	$R(B)=200$
③ $R(A)=50$	
$R(B)=200$	
和=250	
（验算不对）	

图7-5　不可重复读

T_1	T_2
① $R(C)=10$	
$C=C*2$	
$W(C)=20$	
②	$R(C)=20$
③ ROLLBACK	
C 恢复为10	

图7-6　读"脏"数据

产生这三种错误的原因主要是由于违反了事务 ACID 中的四项原则，特别是隔离性原则。为保证事务并发执行的正确，必须要有一定的调度手段以保障事务并发执行中一个事务执行时不受其他事务的影响。并发控制就是要用正确的方式调度并发操作，使一个用户事务的执行不受其他事务的干扰，从而避免造成数据的不一致性。

7.3.3　封锁

实现并发控制的方法主要有两种：封锁（locking）技术和时标（timestamp）技术。这里只介绍封锁技术。

1. 封锁类型（lock type）

所谓封锁就是当一个事务在对某个数据对象（可以是数据项、记录、数据集甚至是整个数据库）进行操作之前，必须获得相应的锁，以保证数据操作的正确性和一致性。

封锁是目前 DBMS 普遍采用的并发控制方法，基本的封锁类型有两种：排他锁（exclusive locks，X 锁）和共享锁（share lock，S 锁）。

（1）排他锁

排他锁又称写锁，简称为 X 锁，其采用的原理是禁止并发操作。当事务 T 对某个数据对象 A 实现 X 封锁后，其他事务要等 T 解除 X 封锁以后，才能对 A 进行封锁。这就保证了其他事务在 T 释放 A 上的锁之前，不能再对 A 进行操作。

（2）共享锁

共享锁又称读锁，简称为 S 锁，其采用的原理是允许其他用户对同一数据对象进行读取，但不能对该数据对象进行修改。当事务 T 对某个数据对象 A 实现 S 封锁后，其他事务只能对 A 加 S 锁，而不能加 X 锁，直到 T 释放 A 上的 S 锁。这就保证了其他事务在 T 释放 A 上的 S 锁之前，只能读取 A，而不能再对 A 做任何修改。

排他锁与共享锁的控制方式可以用图 7-7 所示的相容矩阵来表示。其中，Y = Yes，表示相容的请求；N = No，表示不相容的请求。

在图 7-7 所示的封锁类型相容矩阵中，最左边的一列表示事务 T_1 已经获得的数据对象上的锁的类型，其中横线表示没有加锁。最上面的一行表示另一事务 T_2 对同一数据对象发出的封锁请求。T_2 的封锁请求能否被满足用矩阵中的 Y 和 N 表示，其中 Y 表示事务 T_2 的封锁要求与 T_1 已持有的锁相容，封锁请求可以满足。N 表示 T_2 的封锁请求与 T_1 已持有的锁冲突，T_2 的请求被拒绝。

T_1 T_2	X	S	—
X	N	N	Y
S	N	Y	Y
—	Y	Y	Y

图 7-7　封锁类型的相容矩阵

2. 封锁协议（lock protocol）

封锁可以保证合理地进行并发控制，保证数据的一致性。在封锁时，要考虑一定的封锁规则，例如，何时开始封锁、封锁多长时间、何时释放等，这些封锁规则称为封锁协议。对封锁方式规定不同的规则，就形成了各种不同的封锁协议。

封锁协议在不同程序上对正确控制并发操作提供了一定的保证。7.3.2 节中讲述的并发操作所带来的丢失修改、不可重复读、读"脏"数据等数据不一致性问题，可以通过三级封锁协议在不同程度上给予解决。下面介绍三级封锁协议。

（1）一级封锁协议

一级封锁协议的内容是：事务 T 在修改数据对象之前必须对其加 X 锁，直到事务结束。事务结束包括正常结束（COMMIT）和非正常结束（ROLLBACK）。

具体地说，就是任何企图更新数据 R 的事务必须先执行"XLOCK R"操作，以获得对该数据进行更新的能力并对它取得 X 封锁。如果未获准"X 封锁"，那么这个事务进入等待状态，一直到获准"X 封锁"，该事务才继续做下去。

一级封锁协议可防止丢失修改，并保证事务 T 是可恢复的。例如图 7-8 显示了使用一级封锁协议解决数据丢失修改问题。

图 7-8 中事务 T_1 在读 A 进行修改之前先对 A 加 X 锁，当 T_2 再请求对 A 加 X 锁时被拒绝，T_2 只能等待 T_1 释放 A 上的锁后获得对 A 的 X 锁，这时它读到的 A 已经是 T_1 更新过的值 14，再按此新的 A 值进行运算，并将结果值 $A = 13$ 送回到磁盘。这样就避免了丢失 T_1 的更新。

在一级封锁协议中，一级封锁协议只有当修改数据时才进行加锁，如果只是读取数据并不加锁，所以它不能保证可重复读和不读"脏"数据。

（2）二级封锁协议

二级封锁协议的内容是：在一级封锁协议的

T_1	T_2
① Xlock A	
② $R(A)=15$	
	Xlock A
③ $A=A-1$	等待
$W(A)=14$	等待
Commit	等待
Unlock A	等待
④	获得 Xlock A
	$R(A)=15$
	$A=A-1$
⑤	$W(A)=13$
	Commit
	Unlock A

图 7-8　使用一级封锁协议解决丢失修改问题

基础上，另外加上事务 T，在读取数据 R 之前必须先对其加 S 锁，读完后释放 S 锁。

所以二级封锁协议不但可以解决更新时所发生的数据丢失问题，还可以进一步防止读"脏"数据。例如图 7-9 中，使用二级封锁协议解决了图 7-6 中的读"脏"数据问题。

在二级封锁协议中，由于读完数据后即可释放 S 锁，所以它不能保证可重复读。

（3）三级封锁协议

三级封锁协议的内容是：在一级封锁协议的基础上，另外加上事务 T，在读取数据 R 之前必须先对其加 S 锁，读完后并不释放 S 锁，而直到事务 T 结束才释放。

所以三级封锁协议除了可以防止丢失修改问题和读"脏"数据外，还可进一步防止不可重复读数据，彻底解决了并发操作所带来的三个不一致性问题。如图 7-10 所示为利用三级封锁协议解决不可重复读数据问题。

	T_1	T_2
①	Xlock C	
	$C=10$	
	$C=C*2$	
	写回 $C=20$	
②		Slock C
		等待
③	ROLLBACK	等待
	（C 恢复为 10）	等待
	Unlock C	等待
④		获得 Slock C
		读 $C=20$
⑤		Commit C
		Unlock C

	T_1	T_2
①	Slock A	
	Slock B	
	读 $A=50$	
	读 $B=100$	
	求和=150	
②		Xlock B
		等待
		等待
	读 $A=50$	等待
	读 $B=100$	等待
	求和=150	等待
	Commit	等待
	Unlock A	等待
	Unlock B	等待
④		获得 Xlock B
		B
		读 $B=100$
		$B \leftarrow B*2$
⑤		写回 $B=200$
		Commit
		Unlock B

图 7-9　使用二级封锁协议解决读"脏"数据问题　　图 7-10　使用三级封锁协议解决不可重复读问题

3. 封锁粒度（lock granularity）

封锁对象的大小称为封锁粒度。根据对数据的不同处理，封锁的对象可以是一些逻辑单元，如字段、数据库等，也可以是一些物理单元，如页（数据页或索引页）、物理块等。封锁粒度与系统的并发度和并发控制的开销密切相关。

封锁粒度越小，系统中能够被封锁的对象就越多，并发度就越高，但封锁机构越复杂，系统开销也就越大。封锁粒度越大，系统中能够被封锁的对象就越少，并发度就越小，封锁机构越简单，相应系统开销也就越小。

如果在一个系统中同时支持多种封锁粒度供不同的事务选择是比较理想的，这种封锁方法称为多粒度封锁（multiple granularity locking）。选择封锁粒度时应该同时考虑封锁开销和并发度两个因素，适当选择封锁粒度以求得最优的效果。一般说来，需要处理大量元组的事务可以以关系为封锁粒度；需要处理多个关系的大量元组的事务可以以数据库为封锁粒度；而对于一个处理少量元组的用户事务，以元组为封锁粒度就比较合适了。

因此，在实际应用中，选择封锁粒度时应同时考虑封锁机制和并发度两个因素，对系统开销与并发度进行权衡，以求得最优的效果。

7.3.4　活锁和死锁

封锁技术可以有效地解决并发操作的一致性问题，但也会带来一些新的问题。和操作系统一样，封锁的方法也可能引起活锁和死锁。

1. 活锁

在多个事务并发执行的过程中，可能会存在某个总有机会获得锁的事务却永远也没有得到锁，而使这个事务一直处于等待状态，这种现象称为活锁。

比如，事务 T_1 封锁了数据 R；事务 T_2 又请求封锁 R，于是 T_2 等待；T_3 也请求封锁 R，当 T_1 释放了 R 上的封锁之后系统首先批准了 T_3 的请求，T_2 仍然等待；T_4 又请求封锁 R，当 T_3 释放了 R 上的封锁之后系统又批准了 T_4 的请求，等等，T_2 有可能永远等待，这就是活锁的情形，如图 7-11 所示。

T_1	T_2	T_3	T_4	T_1	T_2
lock R			⋮	lock R_1	
⋮	lock R				lock R_2
Unlock	等待	lock R			⋮
⋮	等待	等待			
	等待	lock R	lock R	lock R_2	
	等待	等待	等待		
	等待	等待	等待	等待	lock R_1
	等待	Unlock	等待	等待	等待
	等待	lock R	等待	等待	等待
	等待				

a）活锁　　　　　　　　　　　　b）死锁

图 7-11　死锁与活锁示例

避免活锁的简单方法是采用先来先服务的策略。按照请求封锁的次序对事务排队，一旦记录上的锁释放，就使申请队列中的第一个事务获得锁。有关活锁的问题不再详细讨论，因为死锁的问题较为常见，这里主要讨论有关死锁的问题。

2. 死锁

如果事务 T_1 封锁了数据 R_1，T_2 封锁了数据 R_2，然后 T_1 又请求封锁 R_2，因 T_2 已封锁了 R_2，于是 T_1 等待 T_2 释放 R_2 上的锁。接着 T_2 又申请封锁 R_1，因 T_1 已封锁了 R_1，T_2 也只能等待 T_1 释放 R_1 上的锁。这样就出现了 T_1 在等待 T_2，而 T_2 又在等待 T_1 的局面，T_1 和 T_2 两个事务永远不能结束，形成死锁，如图 7-11 所示。

数据库中解决死锁问题主要有两类方法：一类是采取一定措施来预防死锁的发生；另一类是允许发生死锁，采用一定死锁检测方法定期诊断系统中有无死锁，若有则解除它。

（1）死锁的预防

在数据库中，产生死锁的原因是两个或多个事务都已封锁了一些数据对象，然后又都请求对已为其他事务封锁的数据对象加锁，从而出现死等待。防止死锁的发生其实就是要破坏产生死锁的条件。

死锁一旦发生，系统效率将会大大下降，因而要尽量避免死锁的发生。在操作系统的多道程序运行中，由于多个进程的并行执行需要分别占用不同资源时，也会发生死锁。要想预防死锁的产生，就得破坏形成死锁的条件。同操作系统中预防死锁的方法类似，在数据库环境下，常用的预防死锁的方法有以下两种：

1）一次封锁法：每个事务必须将所有要使用的数据对象全部依次加锁，并要求加锁成功，只要一个加锁不成功，则本次加锁失败，并应该立即释放所有已加锁成功的数据对象。

一次封锁法虽然可以有效地防止死锁的发生，但也存在问题：第一，一次就将以后要用到的全部数据加锁，扩大了封锁的范围，从而降低了系统的并发度；第二，数据库中数据是不断变化的，原来不要求封锁的数据，在执行过程中可能会变成封锁对象，所以很难事先精确地确定每个事务所要封锁的数据对象，这样只能扩大封锁范围，将可能要封锁的数据全部加锁，这就进一步降低了并发度，影响了系统的运行效率。

2）顺序加锁法：预先对所有可加锁的数据对象规定一个加锁顺序，每个事务都需要按此顺序加锁，在释放时，按逆序进行。

顺序加锁法同一次加锁法一样，也存在一些问题：第一，数据库系统中封锁的数据库对象极多，并且随着数据的插入、删除等操作而不断地变化，要维护这样的资源的封锁顺序非常困难，成本很高；第二，因为事务的封锁请求可以随着事务的执行而动态地决定，所以很难事先确定封锁对象，从而更难确定封锁顺序，即使确定了封锁顺序，随着数据操作的不断变化，维护这些数据的封锁顺序也需要很大的系统开销。

可见，在操作系统中广为采用的预防死锁的策略并不太适合数据库的特点，因此 DBMS 在解决死锁的问题上普遍采用的是诊断并解除死锁的方法。

(2) 死锁的诊断与解除

数据库系统中诊断死锁的方法与操作系统中类似，一般使用超时法或事务等待图法。

1）超时法。

如果一个事务的等待时间超过了规定的时限，就认为发生了死锁。超时法实现简单，但其不足也很明显：一是有可能误判死锁，事务因为其他原因使等待时间超过时限，系统会误认为发生了死锁；二是时限若设置得太长，死锁发生后就不能及时发现。

2）事物等待图法。

事务等待图是一个有向图 $G = (T, U)$。T 为节点的集合，每个节点表示正在运行的事务；U 为边的集合，每条边表示事务的等待情况。若 T_1 等待 T_2，则在 T_1 和 T_2 之间画一条有向边，从 T_2 指向 T_2。事务等待图动态地反映了所有事务的等待情况。并发控制子系统周期性地（比如每隔 1 秒）检测事务等待图，如果发现图中存在回路，则表示系统中出现了死锁。

DBMS 的并发控制子系统一旦检测到系统中存在死锁，就要设法解除。通常采用的方法是选择一个处理死锁代价最小的事务，将其撤销，释放此事务持有的所有的锁，使其他事务得以继续运行下去。当然，对撤销的事务所执行的数据修改操作必须加以恢复。

7.3.5 SQL Server 中的并发控制技术

前面讨论了并发控制的一般原则，本节将简单介绍 SQL Server 数据库中的并发控制机制。

1. SQL Server 中的锁

SQL Server 2008 具有多粒度锁定能力，允许一个事务锁定不同类型的资源。为了使锁定的成本减至最低，SQL Server 2008 自动将资源锁定在适合任务的级别。锁定在较小的粒度（例如行）可以增加并发但需要较大的开销，因为如果锁定了许多行，则需要控制更多的锁。锁定在较大的粒度（例如表）就并发而言是相当昂贵的，因为锁定整个表限制了其他事务对表中任意部分进行访问，但要求的开销较低，因为需要维护的锁较少。

SQL Server 可以锁定的资源如表 7-3 所示。

表 7-3　资源加锁粒度表

资　源	说　明
RID	用于锁定堆中的单个行的行标识符
KEY	索引中用于保护可序列化事务中的键范围的行锁
PAGE	数据库中的数据页或索引页
TABLE	包括所有数据和索引的整个表
FILE	数据库文件
APPLICATION	应用程序专用的资源
METADATA	元数据锁
ALLOCATION_UNIT	分配单元
DATABASE	整个数据库

虽然 SQL Server 2008 自动强制锁定，但可以通过了解锁定并在应用程序中自定义锁定来设计更有效的并发控制应用程序。

SQL Server 2008 提供如下八种锁类型：共享锁（S）、更新锁（U）、排他锁（X）、意向共享锁（IS）、意向排他锁（IX）、与意向排他共享锁（SIX）、架构锁（Sch）、大容量更新锁（BU）等，只有兼容的锁类型才可以放置在已锁定的资源上。

SQL Server 使用的主要锁类型描述如下：

1）共享锁。共享锁允许并发事务读取（SELECT）一个资源。资源上存在共享锁时，任何其他事务都不能修改数据。一旦已经读取数据，便立即释放资源上的共享锁，除非将事务隔离级别设置为可重复读或更高级别，或者在事务生存周期内用锁定提示保留共享锁。

2）更新锁。更新锁可以防止通常形式的死锁。一般更新模式由一个事务组成，此事务读取记录，获取资源（页或行）的共享锁，然后修改行，此操作要求锁转换为排他锁。如果两个事务获得了资源上的共享模式锁，然后试图同时更新数据，则一个事务尝试将锁转换为排他锁。共享模式到排他锁的转换必须等待一段时间，因为一个事务的排他锁与其他事务的共享模式锁不兼容，发生锁等待。第二个事务试图获取排他锁以进行更新。由于两个事务都要转换为排他锁，并且每个事务都等待另一个事务释放共享模式锁，因此发生死锁。若要避免这种潜在的死锁问题，可以使用更新锁。一次只有一个事务可以获得资源的更新锁。如果事务修改资源，则更新锁转换为排他锁。否则，更新锁转换为共享锁。

3）排他锁。排他锁用于数据修改操作例如 INSERT、UPDATE 或 DELETE。加排他锁后其他事务不能读取或修改排他锁锁定的数据，确保不会同时对同一资源进行多重更新。

4）意向锁。意向锁表示 SQL Server 需要在层次结构中的某些底层资源上获取共享锁或排他锁。例如，放置在表级的共享意向锁表示事务打算在表中的页或行上放置共享锁。在表级设置意向锁可防止另一个事务随后在包含这一页的表上获取排他锁，意向锁可以提高性能，因为 SQL Server 仅在表级检查意向锁来确定事务是否可以安全地获取该表上的锁，而无须检查表中的每行或每页上的锁以确定事务是否可以锁定整个表。意向锁又细分为：意向共享锁、意向排他锁以及与意向排他共享锁。

5）架构锁。执行表的数据定义语言（DDL）操作（例如添加列或除去表）时使用架构修改（Sch-M）锁。当编译查询时，使用架构稳定性（Sch-S）锁。架构稳定性锁不阻塞任何事务锁，包括排他锁。因此在编译查询时，其他事务（包括在表上有排他锁的事务）都能继续运行，但不能在表上执行 DDL 操作。

6）大容量更新锁。当将数据大容量复制到表，且指定了 TABLOCK 提示或者使用 sp_tableoption 设置了 table lock on bulk 表选项时，将使用大容量更新锁。大容量更新锁允许进程将数据并发地大容量复制到同一表，同时防止其他不进行大容量复制数据的进程访问该表。

2. T-SQL 语句中加锁

在 T-SQL 语句的使用中有如下默认加锁规则：

1）SELECT 查询默认时请求获得共享锁（页级或表级）。

2）INSERT 语句总是请求独占的页级锁。

3）UPDATE 和 DELETE 通常获得某种类型的独占锁以进行数据修改；如果当前将被修改的页上存在读锁，则 DELETE 或 UPDATE 语句首先会得到修改锁，当读过程结束以后，修改锁自动改变为独占锁。

4）可以使用 SELECT、INSERT、UPDATE 和 DELETE 语句指定表级锁定提示的范围，以引导 SQL Server 2008 使用所需的锁类型。

5）当需要对对象所获得的锁类型进行更精确的控制时，可以使用手工锁定提示如：holdlock、nolock、paglock、readpast、rowlock、tablock、tablockx、updlock、xlock 等，这些锁定提示取代了会话的当前事务隔离级别指定的锁。

例如查询时，可强制设定加独占锁，命令为：

```
select sno from student with (tablockx) where dept = 'CS'
```

3. SQL Server 中的隔离级别

隔离级别是一个事务必须与其他事务进行隔离的程度。较低的隔离级别可以增加并发，但代价是降低数据的正确性。相反，较高的隔离级别可以确保数据的正确性，但可能对并发产生负面影响。应用程序要求的隔离级别确定了 SQL Server 2008 使用的锁定行为。

SQL Server 2008 支持的四种隔离级别如下：

1）未提交读（read uncommitted）。执行脏读或 0 级隔离锁定，这表示事务中不发出共享锁，也不接受排他锁。当设置该隔离级别时，允许用户读未提交的数据。在事务结束前可以更改数据内的数值，行也可以出现在数据集中或从数据集中消失。该隔离级别的作用与在事务内所有语句中的所有表上设置 nolock 的作用相同。它是四个隔离级别中限制最小的级别。

2）提交读（read committed）。此隔离级别是 SQL Server 的默认级别，它不允许应用程序读一些未提交的数据，因此不会出现读脏数据的情况，但数据可在事务结束前更改，从而产生不可重复读取或幻影数据。该隔离级别是 SQL Server 的默认值。

3）可重复读（repeatable read）。锁定查询中使用的所有数据以防止其他用户更新数据，但是其他用户可以将新的幻影行插入数据集，且幻影行包括在当前事务的后续读取中。

4）可串行读（serializable）。在数据集上放置一个范围锁，以防止其他用户在事务完成之前更新数据集或将行插入数据集内。这是四个隔离级别中限制最大的级别。因为并发级别较低，所以应只在必要时才使用该隔离级别。该隔离级别的作用与在事务内所有 SELECT 语句中的所有表上设置 holdlock 的作用相同。

默认情况下，SQL Server 2008 在 read committed 隔离级别上操作。但是应用程序可能必须运行于不同的隔离级别。若要在应用程序中使用更严格或较宽松的隔离级别，可以使用 Transact-SQL（简称为 T-SQL）或通过数据库 API 来设置事务隔离级别，自定义整个会话的锁定。如使用 set transaction isolation level repeatable read 将隔离级别设置为可重复读。

7.4　数据库的备份及恢复

7.4.1　数据库恢复概述

数据库恢复是指 DBMS 必须具备把数据库从错误状态恢复到某一已知的正确状态（也称为一致状态或者完整状态）的功能。

虽然数据库系统中已采取一定的措施，来防止数据库的安全性和完整性被破坏，保证并发事务的正确执行，但数据库中的数据仍然无法保证绝对不遭受破坏。比如计算机系统中硬件的故障、软件的错误、操作员的失误、恶意的破坏等都有可能发生，这些故障的发生会影响数据库中数据的正确性，甚至可能会破坏数据库，使数据库中的数据全部或部分丢失。

因此，系统必须具有检测故障并把数据从错误状态中恢复到某一正确状态的功能，这就是数据库的恢复。恢复子系统是数据库管理系统的一个重要组成部分，而且其规模还相当庞大，常常占整个系统代码的百分之十以上，是衡量系统性能优劣的重要指标。

7.4.2　数据库恢复的基本原理及其实现技术

数据库恢复的基本原理十分简单，就是数据的冗余。数据库中任何一部分被破坏的或不正确的数据都可以利用存储在系统其他地方的冗余数据来修复。

因此恢复机制的两个关键问题是：第一，如何建立冗余数据；第二，如何利用这些冗余数据实施数据库恢复。

生成冗余数据最常用的技术是数据转储和登记日志文件。在实际应用中，这两种方法常常结合起来一起使用。

1. 数据转储

数据转储是指定期地将整个数据库复制到多个存储设备如磁带、磁盘上保存起来的过程，它是数据库恢复中采用的基本手段。

转储的数据文本称为后备副本或后援副本，当数据库遭到破坏后就可利用后援副本把数据库有效地加以恢复。

当数据库遭到破坏后可以将后备副本重新装入，但重装后备副本只能将数据库恢复到转储时的状态，要想恢复到故障发生时的状态，必须重新运行自转储以后的所有更新事务。

下面举一个数报转储与恢复的例子。

在图 7-12 中，系统在 T_a 时刻停止运行事务进行数据库转储，在 T_b 时刻转储完毕，得到 T_b 时刻数据库一致性副本。系统运行到 T_f 时刻发生故障。为恢复数据库，首先由 DBA

重装数据库后备副本，将数据库恢复到 T_b 时刻的状态，然后重新运行自 $T_b \sim T_f$ 时刻的所有更新事务，这样就把数据库恢复到故障发生前的一致状态。

图 7-12   转储与恢复

转储是十分耗费时间和资源的，不能频繁进行。DBA 应该根据数据库使用情况确定一个适当的转储周期。转储周期可以是几小时、几天，也可以是几周、几个月。

2. 数据转储分类

按照转储时的状态划分，转储可分为静态转储和动态转储。

静态转储是在系统中无运行事务时进行的转储操作，即转储操作开始的时刻，数据库处于一致性状态，而转储期间不允许对数据库有任何存取、修改活动。显然，静态转储得到的一定是一个数据一致性的副本。

静态转储虽然简单，但转储必须等待正在运行的用户事务结束才能进行。同样，新的事务必须等待转储结束才能执行。显然，这会降低数据库的可用性。

动态转储是指转储期间允许对数据库进行存取或修改，即转储和用户事务可以并发执行。

动态转储可以克服静态转储的缺点，它不用等待正在运行的用户事务结束，也不会影响新事务的运行。但转储结束时后援副本上的数据并不能保证正确有效。例如，在转储期间的某个时刻 T_c，系统把数据 $A = 200$ 转储到磁带上，而在下一时刻 T_d，某一事务将 A 改为 300，转储结束后，后备副本上的 A 已是过时的数据了。

为此，必须把转储期间各事务对数据库的修改活动登记下来，建立日志文件。这样，后备副本加上日志文件就能把数据库恢复到某一时刻的正确状态。

按照转储方式划分，转储还可以分为海量转储和增量转储。

海量转储指每次转储全部数据库。

增量转储则指每次只转储上一次转储后更新过的数据。

从恢复角度来看，一般说来，用海量转储得到的后备副本进行恢复会更方便。但如果数据量很大，事务处理又十分频繁，则增量转储方式更实用、更有效。

数据转储的这两种方式，可以分别在两种状态下进行，因此数据转储方法可以分为四类：动态海量转储、动态增量转储、静态海量转储和静态增量转储，如表 7-4 所示。

表 7-4   数据转储分类

		转储状态	
		动态转储	静态转储
转储方式	海量转储	动态海量转储	静态海量转储
	增量转储	动态增量转储	静态增量转储

3. 日志文件分类

日志文件是用来记录事务对数据库的更新操作的文件。概括起来讲，日志文件主要有两种格式：以记录为单位的日志文件和以数据块为单位的日志文件。

1）以记录为单位的日志文件中需要登记的内容包括：

- 各个事务的开始（BEGIN TRANSACTION）标记。
- 各个事务的结束（COMMIT 或 ROLLBACK）标记。
- 各个事务的所有更新操作。

这里各个事务的开始标记、各个事务的结束标记和各个事务的更新操作均作为日志文件中的一个日志记录（log record）。

2）以数据块为单位的日志文件，包括：

- 事务标识（标明是哪个事务）。
- 操作的类型（插入、删除或修改）。
- 操作对象（记录内部标识）。
- 更新前数据的旧值（对插入操作而言，此项为空值）。
- 更新后数据的新值（对删除操作而言，此项为空值）。

以数据块为单位的日志文件中，日志记录的内容包括事务标识和被更新的数据块。由于将更新前的整个块和更新后的整个块都放入日志文件中，操作的类型和操作对象等信息就不必放入日志记录中。

4. 日志文件的作用

日志文件在数据库恢复中起着非常重要的作用。它可以用来进行事务故障恢复和系统故障恢复，并协助后备副本进行介质故障恢复。其具体的作用范围如下：

1）事务故障恢复和系统故障恢复必须用日志文件。

2）在动态转储方式中必须建立日志文件，后备副本和日志文件综合起来才能有效地恢复数据库。

3）在静态转储方式中，也可以建立日志文件。当数据库毁坏后可重新装入后援副本把数据库恢复到转储结束时刻的正确状态，然后利用日志文件，把已完成的事务进行重做处理，对故障发生时尚未完成的事务进行撤销处理。这样不必重新运行那些已完成的事务程序就可把数据库恢复到故障前某一时刻的正确状态，如图 7-13 所示。

5. 登记日志文件（logging）

为保证数据库是可恢复的，登记日志文件时必须遵循两条原则：

1）登记的次序严格按并发事务执行的时间次序。

2）必须先写日志文件，后写数据库。

把对数据的修改写到数据库中和把表示这个修改的日志记录写到

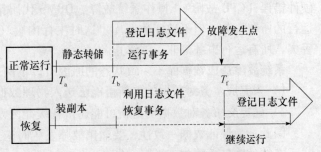

图 7-13　利用日志文件恢复

日志文件中是两个不同的操作。有可能在这两个操作之间发生故障，即这两个写操作只完成了一个。如果先写了数据库修改，而在运行记录中没有登记下这个修改，则以后就无法恢复这个修改了。如果先写日志，但没有修改数据库，按日志文件恢复时只不过是多执行一次不必要的 UNDO 操作，并不会影响数据库的正确性。所以为了安全，一定要先写日志文件，即首先把日志记录写到日志文件中，然后再进行数据库的修改。这就是"先写日志文件"的原则。

7.4.3 数据库的故障及恢复策略

数据库系统中可能发生各种各样的故障，大致可以分为四类：事务故障、系统故障、介质故障及计算机病毒。针对这些故障，数据库恢复的基本方法有：定期备份数据库、建立日志文件、针对不同故障类型分别恢复等。

1. 事务故障及其恢复

事务故障是指事务在运行至正常结束点前被终止。事务故障有的是可预期的，即应用程序可以发现并让事务回滚，撤销已作的修改，将数据库恢复到正确状态，有的是非预期的，即不能由事务程序来处理。

事务内部较多的故障是非预期的，是不能由应用程序处理的。如运算溢出、并发事务发生死锁而被选中撤销、违反了某些完整性限制、超时、申请资源过多等。本书后面的内容中，事务故障仅指这类非预期的故障。

事务故障意味着事务没有达到预期的终点（COMMIT 或者显式的 ROLLBACK），因此，数据库可能处于不正确状态。恢复程序要在不影响其他事务运行的情况下，强行回滚（ROLLBACK）该事务，即撤销该事务已经作出的任何对数据库的修改，使得该事务好像根本没有启动一样。这类恢复操作称为事务撤销（UNDO）。

恢复子系统利用日志文件撤销此事务已对数据库进行的修改。此事务故障的恢复是由系统自动完成的，对用户是透明的。

系统的恢复步骤是：

1）反向扫描文件日志（即从后向前扫描日志文件），查找该事务的更新操作。

2）对该事务的更新操作执行逆操作。

3）继续反向扫描日志文件，查找该事务的其他更新操作，并做同样处理。

4）如此处理下去，直至读到此事务的开始标记，事务故障恢复就完成了。

2. 系统故障及其恢复

系统故障是指造成系统停止运转的任何事件，使得系统要重新启动。例如，特定类型的硬件错误（CPU 故障）、操作系统故障、DBMS 代码错误、突然停电等。这类故障影响正在运行的所有事务，但不破坏数据库。这时主存内容（尤其是数据库缓冲区中的内容）都被丢失，所有运行事务都非正常终止。

系统故障造成数据库不一致状态的原因有以下两个：

1）未完成事务对数据的更新可能已送入物理数据库。

2）已提交事务对数据的更新可能还留在缓冲区没来得及写入数据库。

因此，为保证数据一致性，要撤销故障发生时未完成的事务，重做已完成的事务。

系统的恢复步骤如下：

1）扫描日志文件（即从头扫描日志文件），找出在故障发生前已经提交的事务（这些事务既有 BEGIN TRANSACTION 记录，也有 COMMIT 记录），将其事务标识记入重做（REDO）队列，同时找出故障发生时尚未完成的事务（这些事务只有 BEGIN TRANSACTION 记录，无相应的 COMMIT 记录），将其事务标识记入撤销（UNDO）队列。

2）对撤销队列中的各个事务进行撤销处理。

进行撤销处理的方法是，反向扫描日志文件，对每个事务的更新操作执行逆操作，即将日志记录中"更新前的值"写入数据库。

3）对重做队列中的各个事务进行重做处理。

进行重做处理的方法是：正向扫描日志文件，对每个重做事务重新执行日志文件登记的操作，即将日志记录中"更新后的值"写入数据库。

3. 介质故障及其恢复

介质故障常称为硬故障（hard crash）。硬故障指外存故障，如磁盘损坏、磁头碰撞、瞬时强磁场干扰等。这类故障将破坏存储在介质上的数据库或部分数据库，并影响正在存取这部分数据的所有事务。这类故障比前两类故障发生的可能性小得多，但破坏性最大。

发生介质故障后，磁盘上的物理数据和日志文件被破坏，这是最严重的一种故障。其恢复方法是重装数据库，然后重做已完成的事务。

介质故障的恢复需要 DBA 介入。但 DBA 只需要重装最近转储的数据库副本和有关的各日志文件副本，然后执行系统提供的恢复命令即可，具体的恢复操作仍由 DBMS 完成。

计算机病毒是具有破坏性、可以自我复制的计算机程序。计算机病毒已成为计算机系统的主要威胁，自然也是数据库系统的主要威胁。因此数据库一旦被破坏就要用恢复技术对数据库加以恢复，一般按介质故障处理。

4. 数据库镜像技术

所谓镜像就是在不同的设备上同时存有两份数据库，我们把其中的一个设备称为主设备，把另一个称为镜像设备。主设备与镜像设备互为镜像关系。每当主数据库更新时，DBMS 自动把更新后的数据复制到另一个镜像设备上，保证主设备上的数据库与镜像设备上的数据库一致（如图 7-14a 所示）。这样，一旦出现介质故障，就可由镜像磁盘继续提供使用，同时 DBMS 自动利用镜像磁盘数据进行数据库的恢复，不需要关闭系统和重装数据库副本（如图 7-14b 所示）。

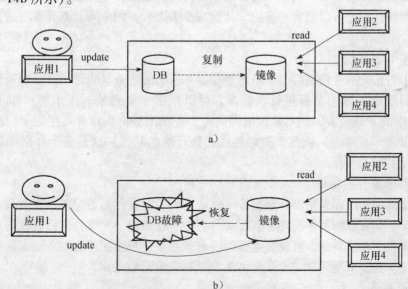

图 7-14　数据库镜像

在没有出现故障时，数据库镜像还可以用于并发操作，即当一个用户对数据加排他锁修改数据时，其他用户可以读镜像数据库上的数据，而不必等待该用户释放锁。由于数据库镜像是通过复制数据实现的，频繁地复制数据自然会降低系统运行的效率，因此在实际应用中用户往往只选择对关键数据和日志文件镜像，而不是对整个数据库进行镜像。主数据库主要用于修改，镜像数据库主要用于查询。

7.4.4　SQL Server 数据库备份与恢复技术

1. SQL Server 数据库备份概述

数据库的备份和还原是维护数据库的安全性和完整性的重要组成部分。通过备份数据库，可以防止因为各种原因而造成的数据破坏和丢失。还原是指在造成数据丢失和破坏以后利用备份来恢复数据的操作。

数据备份是指对 SQL Server 数据库或事务日志进行复制，数据库备份记录了在进行备份操作时，数据库中所有数据的状态。一旦系统崩溃或出现其他数据丢失的问题，可以通过数据恢复功能将数据恢复到最近备份的状态。

SQL Server 2008 提供了四种主要的备份方式：

- 完全数据库备份。
- 差异备份。
- 事务日志备份。
- 文件和文件组备份。

（1）完全数据库备份

完全数据库备份是完整地对数据库进行备份，包含用户表、系统表、索引、视图和存储过程等所有数据库对象。所以，完全备份需要花费更多的时间和空间。完全数据库备份适用于备份容量较小或数据库中数据的修改较少的数据库。

（2）差异备份

差异备份是只备份最后一次全库备份以来被修改的数据。差异备份比完全数据库备份小而且备份速度快，因此可以经常地备份，从而减少丢失数据的危险。差异备份适合于修改频繁的数据库。

（3）事务日志备份

事务日志备份是只备份最后一次日志备份以来所有的事务日志记录，备份所用的时间和空间更少。利用事务日志备份进行恢复时，可以指定恢复到某一个事务。如用户正在对XSCJ 数据库中的"成绩表"进行修改时因病毒干扰而无法再次打开某些记录，此时可利用事务日志备份将"成绩表"恢复到破坏性操作执行前的状态。这是完全数据库备份和差异备份所不能做到的。

（4）文件和文件组备份

文件和文件组备份即备份某个数据库文件或文件组。这种备份应该与事务日志备份结合起来才有意义。如某数据库中有两个数据文件，一次仅备份一个文件，而且在每个数据文件备份后，都要进行日志备份。在恢复数据时，可使用事务日志使所有的数据文件恢复到同一个时间点。文件备份只适用于完全恢复和大容量日志恢复数据库。

2. 备份数据库

在备份一个数据库之前，需要先创建一个备份设备，比如磁带、硬盘等，然后再去复制有备份的数据库、事务日志、文件/文件组。

SQL Server 2008 可以将本地主机或者远端主机上的硬盘作为备份设备，数据备份在硬盘上是以文件的方式存储的。SQL Server 2008 只支持将数据备份到本地磁带机，无法将数据备份到网络上的磁带机。

对数据库进行备份时，备份设备可以采用物理设备名称和逻辑设备名称两种方式。

- 物理设备名称：操作系统文件名，直接采用备份文件在磁盘上以文件方式存储的完整路径名，例如 "D：\ backup \ data_ full. bak"。
- 逻辑设备名称：为物理备份设备指定的可选的逻辑别名。使用逻辑设备名称可以简化备份路径。逻辑设备名称永久性地存储在 SQL Server 内的系统表中。

(1) 创建逻辑备份设备

创建逻辑备份设备的具体过程为：

1) 打开 "对象资源管理器"，在 "服务器对象" 节点下找到 "备份设备" 节点，单击鼠标右键，弹出右键菜单。

2) 选择 "新建备份设备" 菜单，弹出新建备份设备窗口。

3) 输入备份设备逻辑名称，并指定备份设备的物理路径，单击 "确定" 按钮即可。

(2) 备份数据库

在 SQL Server 2008 中无论是数据库备份，还是事务日志备份、差异备份、文件和文件组备份都执行相似的步骤。使用对象资源管理器进行备份的步骤如下：

1) 在 "对象资源管理器" 中，单击服务器名称以展开服务器树。找到 "数据库" 节点并将其展开，选择要备份的系统数据库或用户数据库（如 XSCJ），单击鼠标右键，在弹出的快捷菜单中选择 "任务" → "备份" 命令。

2) 单击 "备份" 命令后，出现 "备份数据库" 对话框。

3) 在 "数据库" 下拉列表中将出现刚才选择的数据库名，也可以从列表中选择其他数据库备份。

4) 在 "恢复模式" 下拉列表中选择恢复模式。

5) 在 "备份类型" 下拉列表中选择备份类型：完整、差异或事务日志。在 "备份组件" 选项中选择 "数据库" 或 "文件和文件组"，每种组件都支持三种备份类型。如果选择备份 "文件和文件组"，则出现 "选择文件和文件组" 对话框，从中选择要备份的文件或文件组即可。

6) 在 "名称" 文本框中输入备份集的名称，也可以接受系统默认的备份集名称。在 "说明" 文本框中输入备份集的说明。

7) 在 "备份集过期时间" 选项中指定备份集在特定天数后过期或在特定日期过期。

8) 在 "目标" 中选择 "磁盘" 或 "磁带"，同时添加相应的备份设备到 "目标" 列表框中。

9) 在 "选择页" 窗格中，单击 "选项"，可以打开数据库备份的高级选项。

10) 以上的设置完成之后，单击 "确定" 按钮，系统将按照所选的设置对数据库进行备份，如果没有发生错误，将出现备份成功的对话框。

3. 恢复数据库

恢复（还原）数据库是加载备份并应用事务日志重建数据库的过程。在数据库的恢复过程中，用户不能进入数据库，即数据库是不能使用的。一般而言，总是设置该数据库中

"单用户"选项为真来限制用户访问要恢复的数据库。

SQL Server 提供了三种恢复类型:简单恢复、完全恢复和大容量日志记录恢复,用来简化恢复过程,每种类型都可以满足不同的性能、磁盘和磁带空间以及保护数据丢失的需要。

1)简单恢复。简单恢复指通过完整数据库备份或差异备份,将数据库恢复到上一次备份的状态,不使用事务日志备份。由于不使用事务日志,不能将数据库恢复到故障点状态。简单恢复的策略是:首先进行数据库完全备份,然后进行差异备份。

2)完全恢复。完全恢复指通过使用数据库备份和事务日志备份将数据库恢复到故障点时刻的状态。为保证这种恢复程度,所有数据库操作都需要被完整地记入事务日志。完全恢复的策略是:首先进行完全数据库备份,然后进行差异数据库备份,最后进行事务日志备份,直到故障点时刻为止。

3)大容量日志记录恢复。大容量日志记录恢复主要是为了提高恢复性能和降低日志空间损耗。大容量日志恢复策略与完全恢复基本相同。

实际应用中,备份和恢复策略之间是互相联系的。三种恢复策略的比较如表7-5所示。

表7-5 三种恢复类型比较

恢复类型	优点	工作损失	能否恢复到故障点
简单恢复	允许高性能大容量复制操作,不分配日志空间,以使空间要求最低	重做最新数据库或差异备份后所发生的更改	恢复到最近备份的时刻,后续操作需重做
完全恢复	数据文件损坏或丢失不会导致工作损失,可以恢复到任意即时点	无,但如果日志损坏,则需重做最近的日志备份后发生的更改	可以恢复到任何时刻
大容量日志记录恢复	允许高性能、大容量复制操作,大容量操作使用最少的日志空间	如果日志损坏或最近的日志备份后发生了大容量操作,则必须重做自上次备份后所做的更改	恢复到最近备份的时刻,后续操作需重做

在 SQL Server 2008 中使用对象资源管理器可以很方便地实现对数据库的还原操作,具体步骤如下:

1)在"对象资源管理器"中单击服务器名称以展开服务器节点。

2)用鼠标右键单击要恢复的数据库,在弹出的快捷菜单中选择"任务"→"还原"→"数据库"命令。

3)单击菜单命令之后将打开"还原数据库"对话框。

4)在"常规"选项卡上,要恢复的数据库的名称将显示在"目标数据库"下拉列表框中。如果要将备份还原成新的数据库,可以在"目标数据库"中输入要创建的数据库名称。

5)在"目标时间点"文本框中,可以使用默认值"最近状态",也可以单击右边的"浏览"按钮打开"时点还原"对话框,选择具体的日期和时间。

6)在"选择用于还原的备份集"表格中,选择用于还原的备份。默认情况下,系统会推荐一个恢复计划。如果修改系统建议的恢复计划,可以在表格中更改选择。

7)如果要查看或选择高级选项,可以单击"选择页"中的"选项",将切换到"选项"选项卡。

8)"将数据库文件还原为"表格中列出了原始数据库文件名称,可以更改到要还原到的任意文件的路径和名称。

9）以上的设置完成之后，单击"确定"按钮，系统将按照所选的设置对数据库进行还原。如果没有发生错误，将出现还原成功的对话框。

4. 数据库的分离与附加

在 SQL Server 中创建、维护与管理一个数据库文件时，用户常常需要将数据和事务日志文件从一台计算机、服务器或磁盘移动到另一台计算机、服务器或磁盘上，并且需要保持被移动的数据和事务日志文件完好无损，此时可通过 SQL Server 提供的分离与附加数据库功能来完成。用此方法也可以对数据库进行备份。

下面的步骤可以将数据库（假定数据库名称为 XSCJ）进行分离，然后将其附加到 SQL Server 中。

（1）分离数据库

分离数据库的具体步骤为：

1）在"对象资源管理器"中单击服务器名称以展开服务器节点。

2）右击 XSCJ 数据库，在弹出的快捷菜单中选择"任务"→"分离"命令。

3）单击菜单命令之后将打开"分离数据库"对话框，在其中选中要分离的数据库。

4）单击"确定"按钮即可完成分离操作。

（2）附加数据库

在附加数据库之前，必须将与数据库关联的 .MDF（主数据）文件和 .LDF（事务日志）文件复制到目标服务器上，或同一服务器的不同文件目录下。这里将分离后的数据库文件复制到目标机器上，如目标机器 C：\ XSCJ \ 文件夹中。附加数据库的步骤如下：

1）在"对象资源管理器"中单击服务器名称以展开服务器节点。

2）右击"数据库"文件夹，在弹出的快捷菜单中选择"附加"命令，出现"附加数据库"对话框。

3）单击"添加"按钮，选择要附加的数据库的 MDF 文件及所在路径。单击"确定"按钮，返回附加数据库对话框。

4）单击"确定"按钮，即可将数据库附加到相应的 SQL Server 服务器中。

7.5　小结

数据库的重要特征是它能为多个用户提供数据共享。在多个用户使用同一数据库系统时，要保证整个系统的正常运转，DBMS 必须具备一整套完整而有效的安全保护措施。本章从安全性控制、完整性控制、并发性控制和数据库恢复四个方面讨论了数据库的安全保护功能，并以 SQL Server 2008 数据库管理系统为例，介绍了 SQL Server 2008 在这四个方面的具体实现方法。

数据库的安全性是指保护数据库，以防止因非法使用数据库所造成的数据泄漏、更改或破坏。实现数据库系统安全性的方法有用户标识和鉴定、存取控制、视图定义、数据加密和审计等多种，其中，最重要的是存取控制技术和审计技术。

数据库的完整性是指保护数据库中数据的正确性、有效性和相容性。完整性和安全性是两个不同的概念，安全性措施的防范对象是非法用户和非法操作，完整性措施的防范对象是合法用户的不合语义的数据。

并发控制是为了防止多个用户同时存取同一数据，造成数据库的不一致性。事务是数据库的逻辑工作单位，并发操作中只有保证系统中一切事务的原子性、一致性、隔离性和持久性，才能保证数据库处于一致状态。并发操作导致的数据库不一致性主要有丢失修改、不可重复读、读"脏"数据三种。实现并发控制的方法主要是封锁技术。基本的封锁类型有排他锁和共享锁两种。三个级别的封锁协议可以有效解决并发操作的一致性问题。对数据对象施加封锁，会带来活锁和死锁问题。并发控制机制可以通过采取一次加锁法或顺序加锁法预防死锁的产生。一旦发生死锁，可以选择一个处理死锁代价最小的事务将其撤销。

数据库的恢复是指系统发生故障后，把数据从错误状态中恢复到某一正确状态的功能。对于事务故障、系统故障和介质故障三种不同的故障类型，DBMS 有不同的恢复方法。登记日志文件和数据转储是恢复中常用的技术，恢复的基本原理是利用存储在日志文件和数据库后备副本中的冗余数据来重建数据库。

习题

1. 简述数据库保护的主要内容。
2. 什么是数据库的安全性？简述 DBMS 提供的安全性控制功能包括哪些内容。
3. 什么是数据库的完整性？DBMS 提供哪些完整性规则？简述其内容。
4. 数据库的安全性保护和完整性保护有何主要区别？
5. 什么是事务？简述事务的 ACID 特性。事务的提交和回滚是什么意思？
6. 数据库管理系统中为什么要有并发控制机制？
7. 在数据库操作中的并发操作会带来什么样的后果？如何解决？
8. 什么是封锁？封锁的基本类型有哪几种？含义是什么？
9. 简述共享锁和排他锁的基本使用方法。
10. 什么是死锁？消除死锁的常用方法有哪些？请简述之。
11. 简述常见的死锁检测方法。
12. 数据库运行过程中可能产生的故障有哪几类？各类故障如何恢复？

第二部分
数据库应用

第8章 SQL Server 2008数据库系统基础

第9章 SQL Server 2008高级应用

第10章 SQL Server数据库访问技术

第11章 SQL Server数据库应用系统开发

第 8 章 Chapter

SQL Server 2008数据库系统基础

SQL Server 数据库管理系统是关系型数据库管理系统，它和 Sybase 数据库管理系统、Oracle 数据库管理系统一样，是全球最重要的数据库管理系统之一。

SQL Server 最初是由 Microsoft、Sybase 和 Ashton-Tate 三家公司共同开发的关系数据库管理系统（RDBMS），并于 1988 年推出了基于 OS/2 系统的版本。在 Windows NT 推出后，Microsoft 和 Sybase 在 SQL Server 的开发上就分道扬镳，Microsoft 专注于 SQL Server 的 Windows NT 版本，而 Sybase 则专门开发 SQL Server 的 UNIX 版本。Microsoft 于 1996 年推出 SQL Server 6.5 版本，1998 年推出 SQL Server 7.0 版本，2000 年推出 SQL Server 2000 版本，2008 年推出 SQL Server 2008 版本。SQL Server 2008 是目前 SQL Server 的最新产品版本，它在 SQL Server 2000 的基础上推出了许多新的特性和关键的改进，使得它成为至今为止的最强大和最全面的 SQL Server 版本。

本章主要介绍 SQL Server 2008 的不同版本、体系结构、管理工具和基本数据库操作等内容。

8.1 SQL Server 2008 版本分类及安装要求

8.1.1 SQL Server 2008 的不同版本

SQL Server 2008 是一个具有多种版本的大家族，数据库设计者可以根据具体应用程序及开发环境的需要，依照数据库用户的不同应用需求，如产品性能、运行时长以及价格等多方面的要求，选择 SQL Server 2008 的适当的版本。SQL Server 2008 提供了五种新的产品版本，包括企业版（enterprise）、标准版（standard）、工作组版（workgroup）、学习版（express）和移动版（compact）。

1. SQL Server 2008 企业版

SQL Server 2008 企业版可以支持超大型企业进行联机事务处理、高度复杂的数据分析、数据仓库系统和网站所需的性能水平。企业版具有全面商业智能和分析能力及高可用性功能（如故障转移群集），能够处理大多数关键业务的企业工作负荷。企业版是功能最为全面的 SQL Server 版本，适用于超大型企业的工作场合，能够满足最复杂的要求。

2. SQL Server 2008 标准版

SQL Server 2008 标准版是适合中小型企业的数据管理和分析平台。它包括电子商务、数据仓库和业务流解决方案所需的基本功能。SQL Server 2008 标准版能够为中小型企业实现较好的数据管理和分析平台功能。

3. SQL Server 2008 工作组版

SQL Server 2008 工作组版主要用于需要在大小和用户数量上没有限制的数据库的小型企业，具有可靠、功能强大且易于管理的特点。它可以充当前端 Web 服务器，也可以用于部门或分支机构的运营。它包括 SQL Server 产品系列的核心数据库功能。SQL Server 2008 工作组版可以升级到 SQL Server 2008 标准版或 SQL Server 2008 企业版。

4. SQL Server 2008 精简版

SQL Server 2008 精简版简化了功能丰富、存储安全且部署快速的数据驱动应用程序的开发过程。它也可用于替换 Microsoft Desktop Engine（MSDE）。SQL Server Express 与 Visual Studio 集成，可以帮助开发人员轻松开发功能丰富、存储安全且部署快速的数据驱动应用程序。

5. SQL Server 2008 移动版

SQL Server 2008 移动版是一个免费的嵌入式 SQL Server 数据库，是生成用于基于各种 Windows 平台的移动设备、桌面和 Web 客户端的独立和偶尔连接的应用程序的嵌入式数据库的理想选择。

8.1.2 SQL Server 2008 的安装要求

SQL Server 2008 作为微软新一代数据库管理系统，在技术和架构方面都进行了较大的调整。根据不同版本以及不同的运行平台，SQL Server 2008 对于系统需求也略有不同，通常包括：

1）软件要求。SQL Server 包括服务器组件和客户端组件，基本要求如下：

- 32 位或 64 位操作系统。
- Microsoft Windows Installer 3.1 或更新。
- Microsoft 数据访问组件（MDAC）2.8 SP1 或更高版本。
- IE 6.0 SP1 或更新版本。

2）硬件要求。硬件配置的高低直接影响软件的运行速度，在 32 位平台上和在 64 位平台上安装和运行 SQL Server 2008 的硬件要求也稍有不同，基本要求如下：

- SQL Server 2008 图形工具需要 VGA 或更高分辨率，分辨率至少为 1024×768 像素。
- CPU：1.6GHZ。
- 内存：512M（推荐 1G 或者更高）。
- 硬盘：350MB 或者更大磁盘空间。

8.2 SQL Server 2008 体系结构

SQL Server 2008 是一个非常优秀的数据库软件和数据分析平台，为用户提供了一个更安全可靠和更高效的数据库平台，为 IT 专家和信息工作者带来了强大的、熟悉的工具，同时降低了在从移动设备到企业数据系统的多平台上创建、部署、管理和使用企业数据和分析应用程序的复杂性。通过全面的功能集、与现有系统的互操作性以及对日常任务的自动化管理能力，SQL Server 2008 为不同规模的企业提供了完整的数据解决方案。

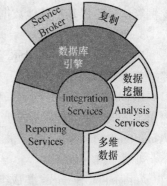

SQL Server 2008 本身由关系数据库、复制服务、数据转化服务、通知服务、分析服务和报告服务等有层次地构成一个整体，通过管理工具集成管理。SQL Server 2008 的体系结构图如图 8-1 所示。

从 SQL Server 2008 体系结构图可以看出，SQL Server 2008

图 8-1 SQL Server 2008 体系结构图

以 Integration Services 集成服务为核心，扩展了数据库引擎、Reporting Services 报表服务和 Analysis Services 分析服务三大服务和功能。数据库引擎是 SQL Server 2008 关系型数据库的主要功能。为了更好地管理和组织数据库的数据，SQL Server 2008 在数据库引擎上增加了服务代理者、复制服务、全文检索和通知服务。

除此之外，SQL Server 2008 还引入了一些 Studio 帮助实现开发和管理任务，如 SQL Server Management Studio 和 Business Intelligence Development Studio。

在 SQL Server Management Studio 中，用户可以开发和管理 SQL Server 数据库引擎与通知解决方案，管理已部署的分析服务解决方案，管理和运行 Integration Services 包，以及管理报表服务器和报表服务的报表与报表模型。

在 Business Intelligence Development Studio 中，用户可以使用以下项目来开发商业智能解决方案：使用 Analysis Services 项目开发多维数据集、实现数据挖掘；使用 Reporting Services 项目创建报表；使用报表模型项目定义报表的模型；使用 Integration Services 项目创建包。

在 Management Studio 中，SQL Server 2008 提供了设计、开发、部署和管理关系数据库、分析对象、数据转换包、复制拓扑、报表服务器和报表以及通知服务器所需的图形工具。

下面分别介绍各部分的服务及组件。

1. 数据库引擎组件

数据库引擎是用于存储、处理和保护数据的核心服务。利用数据库引擎可控制访问权限并快速处理事务，从而满足企业内大多数需要处理大量数据的应用程序的要求。

使用数据库引擎创建用于联机事务处理或联机分析处理数据的关系数据库。这包括创建用于存储数据的表和用于查看、管理和保护数据安全的数据库对象（如索引、视图和存储过程）。可以使用 SQL Server Management Studio 管理数据库对象，使用 SQL Server Profiler 捕获服务器事件。

2. 分析服务组件

SQL Server 2008 提供了 Analysis Services（SSAS）分析服务组件为商业智能应用程序提供联机分析处理（OLAP）和数据挖掘功能。Analysis Services 允许设计、创建和管理包含从其他数据源（如关系数据库）聚合的数据的多维结构，以实现对 OLAP 的支持。对于数据挖掘应用程序，分析服务可以设计、创建和可视化数据挖掘模型。通过使用多种行业标准数据挖掘算法，可以基于其他数据源构造这些挖掘模型。

3. 报表服务组件

Reporting Services（SSRS）报表服务组件提供了各种现成可用的工具和服务，用于创建、部署和管理单位的报表，并提供了能扩展和自定义报表功能的编程功能。

Reporting Services 包含一整套可用于创建、管理和传送报表的工具以及允许开发人员在自定义应用程序中集成或扩展数据和报表处理的 API。Reporting Services 工具在 Microsoft Visual Studio 环境中工作，并与 SQL Server 工具和组件完全集成。

4. 集成服务组件

Integration Services 集成组件服务是用于生成企业级数据集成和数据转换解决方案的平台。使用 Integration Services 可解决复杂的业务问题，具体表现为：复制或下载文件，发送电子邮件以响应事件，更新数据仓库，清除和挖掘数据以及管理 SQL Server 对象和数据。这些包可以独立使用，也可以与其他包一起使用以满足复杂的业务需求。Integration Services 可以提取和转换来自多种源（如 XML 数据文件、平面文件和关系数据源）的数据，然后将这些数据加载到一个或多个目标上。

Integration Services 包含一组丰富的内置任务和转换、用于构造包的工具以及用于运行和管理包的 Integration Services 服务。可以使用 Integration Services 图形工具来创建解决方案，而无需编写一行代码；也可以对各种 Integration Services 对象模型进行编程，通过编程方式创建包并编写自定义任务以及其他包对象的代码。

5. 其他组件

除了以上四种核心服务组件外，SQL Server 2008 还提供了其他一些辅助服务，比如服务代理、复制服务、全文检索和通知服务等。

8.3　SQL Server 2008 主要管理工具

本节对 SQL Server 2008 最核心的七个管理工具进行介绍。这些管理工具分别是：SQL Server 集成管理器、SQL Server，配置管理器、分析服务数据库引擎优化顾问、业务智能开发工具、事件探查器、SQL Server 文档和教程。

8.3.1　SQL Server 集成管理器

SQL Server Management Studio SSMS 工具是 SQL Server 2008 数据库产品中最重要的组件，可称为 SQL Server 集成管理器，是 SQL Server 2008 的集成可视化管理环境，用于访问、配置和管理所有 SQL Server 组件。SQL Server Management Studio 组合了大量图形工具和丰富的脚本编辑器，使各种技术水平的开发人员和管理员都能访问 SQL Server。

SQL Server Management Studio 将早期版本的 SQL Server 中包括的企业管理器和查询分析器的各种功能，组合到一个单一环境中。此外，SQL Server Management Studio 还提供了一种环境，用于管理 Analysis Services、Integration Services、Reporting Services 和 XQuery。此环境为开发者提供了一个熟悉的体验，为数据库管理人员提供了一个单一的实用工具，使他们能够通过易用的图形工具和丰富的脚本完成任务。

SQL Server Management Studio 是一个功能强大且灵活的工具。下面介绍 SQL Server Management Studio 的基本使用方法。

1. 启动 SQL Server Management Studio

在任务栏中，单击"开始"菜单，选择"所有程序"→"Microsoft SQL Server 2008"→"SQL Server Management Studio"，打开"连接到服务器"对话框，如图 8-2 所示。在对话框中指定连接的服务器类型、服务器名称和服务器的身份验证模式（默认设置），然后单击"连接"按钮，即可打开 SQL Server Management Studio 管理工具，如图 8-3 所示。

图 8-2　连接到服务器

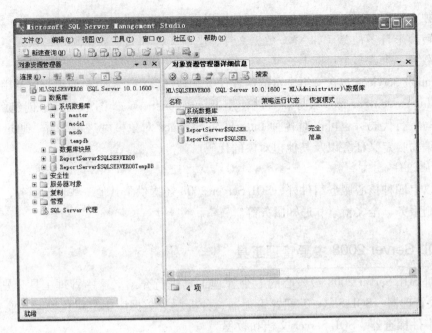

图 8-3　SQL Server Management Studio

2. SQL Server Management Studio 中的工具组件

SQL Server Management Studio 的工具组件包括已注册的服务器、对象资源管理器、解决方案资源管理器、模板资源管理器、对象资源管理器详细信息页和文档窗口。

SQL Server Management Studio 为所有开发和管理阶段提供了相应的工具组件窗口。若要显示某个工具，请在"视图"菜单上单击该工具的名称。

1）对象资源管理器：浏览服务器、创建和定位对象、管理数据源以及查看日志。

2）已注册的服务器：存储经常访问的服务器的连接信息。

3）解决方案资源管理器：在称为 SQL Server 脚本的项目中存储并组织脚本及相关连接信息。可以将几个 SQL Server 脚本存储为解决方案，并使用源代码管理工具管理随时间演进的脚本。

4）SQL Server Management Studio 模板：基于现有模板创建查询，还可以创建自定义查询，或者改变现有模板以使它满足自己的需要。

5）动态帮助：单击组件或类型代码时，显示相关帮助主题的列表。

因此，通过 SQL Server Management Studio，可以实现以下功能：

1）注册服务器。

2）连接到数据库引擎、SSAS、SSRS、SSIS 或 SQL Server Compact 3.5 SP1 的一个实例。

3）配置服务器属性。

4）管理数据库和 SSAS 对象（如多维数据集、维度和程序集等）。

5）创建对象，如数据库、表、多维数据集、数据库用户和登录名等。

6）管理文件和文件组。

7）附加或分离数据库。

8）启动脚本编写工具。

9）管理安全性。

10）查看系统日志。

11）监视当前活动。

12）配置复制。

13）管理全文索引。

8.3.2　SQL Server 配置管理器

SQL Server 配置管理器（SQL Server Configuration Manager，SSCM）主要用于管理与 SQL Server 相关联的服务，配置 SQL Server 使用的网络协议及从 SQL Server 客户端计算机管理网络连接配置。

1. 启动配置管理器

在任务栏中单击"开始"菜单，选择"所有程序"→"Microsoft SQL Server 2008"→"配置工具"→"SQL Server 配置管理器"，打开配置管理器对话框，如图 8-4 所示。

2. 配置管理器的主要功能

SQL Server 配置管理器集成了 SQL Server 2000 工具的以下功能：服务器网络实用工具、客户端网络实用工具和服务管理器。

SQL Server 配置管理器和 SQL Server Management Studio 使用 Windows Management Instrumentation（WMI）来查看和更改某些服务器设置。WMI 提供了一种统一的方式，用于与管理

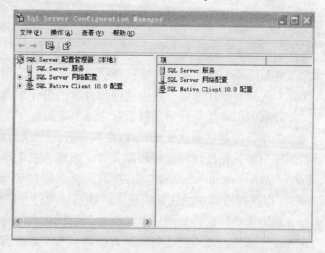

图 8-4　SQL Server 配置管理器

SQL Server 工具所请求注册表操作的 API 调用进行连接，并可对 SQL Server 配置管理器管理单元组件选定的 SQL 服务提供增强的控制和操作。其主要功能包括以下几个方面：

1）可以启动、暂停、恢复或停止服务，还可以查看或更改服务属性。使用 SQL Server 2008 提供的相关工具能够实现灵活的服务管理。

2）可以配置服务器和客户端网络协议以及连接选项。使用外围应用配置器工具启用正确协议后，通常不需要更改服务器网络连接。但是，如果用户需要重新配置服务器连接，使 SQL Server 能够侦听特定的网络协议、端口或管道，则可以使用 SQL Server 配置管理器。

3）可以管理服务器和客户端网络协议，其中包括强制协议加密、查看别名属性或启用/禁用协议等功能。

4）可以创建或删除别名，更改使用协议的顺序或查看服务器别名的属性，其中包括：服务器别名、协议及网络连接参数。

5）虽然某些操作（例如启动和停止服务）应使用群集管理器，但使用 SQL Server 配置管理器也可以查看有关故障转移群集实例的信息。

8.3.3　分析服务

分析服务 Analysis Services，能够为商业智能解决方案提供 OLAP 和数据挖掘功能，是设计商业智能解决方案的主要工具和组件。

Analysis Services 工具允许用户设计、创建和管理来自数据仓库的多维数据集和数据挖掘模型，以实现对 OLAP 的支持。

Analysis Services 通过允许开发人员在一个或多个物理数据源中定义一个称为统一维度模型的数据模型，从而很好地组合了传统的基于 OLAP 分析和基于关系报表的各个最佳方面。基于 OLAP、报表以及自定义 BI 应用程序的所有最终用户查询都将通过统一维度模型（可提供一个此关系数据的业务视图）访问基础数据源中的数据。

Analysis Services 提供了一组丰富的数据挖掘算法，用户可使用这组算法挖掘其数据以查找特定的模式和走向。这些数据挖掘算法可用于通过统一维度模型或直接基于物理数据存储区对数据进行分析。

在任务栏中单击"开始"菜单，选择"所有程序"→"Microsoft SQL Server 2008"→"Analysis Services"→"Development Wizard"，即可启动 Development Wizard 部署向导。

8.3.4　数据库引擎优化顾问

SQL Server 2008 提供了数据库引擎优化顾问，用户可以使用它对数据库进行较好的性能优化，选择和创建索引、索引视图和分区的最佳集合。

数据库引擎优化顾问是分析一个或多个数据库上工作负荷的性能效果的工具。

工作负荷是对要优化的一个或多个数据库执行的一组 T-SQL 语句。在优化数据库时，数据库引擎优化顾问将使用跟踪文件、跟踪表或 T-SQL 脚本作为工作负荷输入。可以在 SQL Server Management Studio 中使用查询编辑器创建 T-SQL 脚本工作负荷。可以通过使用 SQL Server 事件探查器中的优化模板来创建跟踪文件和跟踪表工作负荷。

对工作负荷进行分析后，数据库引擎优化顾问会建议用户添加、删除或修改数据库中的物理设计结构。此顾问还可以针对收集哪些统计信息来备份物理设计结构提出建议。物理设计结构包括聚集索引、非聚集索引、索引视图和分区。数据库引擎优化顾问会推荐一组物理设计结构，以降低工作负荷的开销（由查询优化器估计）。

在任务栏中单击"开始"菜单，选择"所有程序"→"Microsoft SQL Server SQL Server 2008"→"性能工具"→"数据库引擎优化顾问"，即可启动数据库引擎优化顾问。

8.3.5　业务智能开发工具

业务智能开发工具（Business Intelligence Development Studio）是专门为商务智能系统开发人员设计的集成开发环境。Business Intelligence Development Studio 构建于 Visual Studio 2005 技术之上，它为 BI 系统开发人员提供了一个丰富、完整的专业开发平台。调试、源代码控制以及脚本和代码的开发均可用于所有的 BI 应用程序组件。

Business Intelligence Development Studio 包含一些项目模板，这些模板可以提供开发特定构造的上下文。在进行项目开发时，用户可以将其作为某个解决方案的一部分进行开发，而该解决方案独立于具体的服务器。

在任务栏中单击"开始"菜单，选择"所有程序"→"Microsoft SQL Server 2008"→"Business Intelligence Development Studio"，即可启动 Business Intelligence Development Studio。

8.3.6　事件探查器

SQL Server Profiler（事件探查器）是用于从服务器上捕获 SQL Server 2008 事件的工具。

事件保存在一个跟踪文件中，可在以后对该文件进行分析，也可以在试图诊断某个问题时，用它来重播某一系列的步骤。

SQL Server Profiler 事件探查器用于下列情况：

1）逐步分析有问题的查询以找到问题的原因。

2）查找并诊断运行速度慢的查询。

3）捕获导致某个问题的一系列 T-SQL 语句，然后用所保存的跟踪在某台测试服务器上复制此问题，接着在该测试服务器上诊断问题。

4）监视 SQL Server 的性能以优化工作负荷。有关为数据库工作负荷而优化物理数据库设计的信息，请参阅数据库引擎优化顾问。

5）使性能计数器与诊断问题关联。

另外，SQL Server Profiler 事件探查器还支持对 SQL Server 实例上执行的操作进行审核。审核将记录与安全相关的操作，供安全管理员以后复查。

在任务栏中单击"开始"菜单，选择"所有程序"→"Microsoft SQL Server 2008"→"性能工具"→"SQL Server Profiler"，即可启动事件探查器。

8.3.7　SQL Server 文档和教程

SQL Server 2008 提供了完整、方便的联机文档和相关教程，用户只需要安装相应的软件包即可获得全面的帮助和文档系统。

SQL Server 2008 的文档系统包括 SQL Server 2008 联机丛书和 SQL Server 2008 教程。

使用 SQL Server 2008 联机丛书可以帮助用户了解 SQL Server 2008 以及如何实现数据管理和商业智能项目。

SQL Server 2008 提供的教程可以帮助用户从相关项目入手了解 SQL Server 技术。

用户如果要获得这些详尽的帮助文档，可以在 SQL Server 2008 中直接点击"F1"，或者在"文档和教程"菜单中进行手动选择。

8.4　SQL Server 2008 数据库管理

8.4.1　SQL Server 2008 的系统数据库

SQL Server 数据库可分为系统数据库和用户数据库两种。其中系统数据库就是 SQL Server 自己使用的数据库，存储有关数据库系统的信息；而用户数据库是由用户自己建立的数据库，存储用户使用的数据信息。系统数据库是在 SQL Server 安装好时就被建立的。

SQL Server 2008 有 5 个系统数据库，分别为 master、model、msdb、tempdb 和 resource。

1. master 数据库

master 数据库记录 SQL Server 2008 的所有系统级信息。这些系统信息主要有：

1）所有的登录信息。

2）系统设置信息。

3）SQL Server 初始化信息。

4）系统中其他系统数据库和用户数据库的相关信息，包括其主文件的存放位置等。

因此，如果 master 数据库不可用，则 SQL Server 将无法启动。在 SQL Server 2008 中，系统对象不再存储在 master 数据库中，而是存储在 resource 数据库中。

2. model 数据库

model 数据库是所有用户数据库和 tempdb 数据库的创建模板。当创建数据库时，系统会将 model 数据库中的内容复制到新建的数据库中去。当发出 CREATE DATABASE 命令时，将通过复制 model 数据库中的内容来创建数据库的第一个部分，然后用空页填充新数据库的剩余部分。

如果修改 model 数据库，之后创建的所有数据库都将继承这些修改。例如，可以设置权限、数据库选项或者添加对象如表、函数或存储过程。

3. msdb 数据库

SQL Server 代理使用 msdb 数据库来执行安排工作和警报记录操作者等操作。

4. tempdb 数据库

tempdb 数据库用作系统的临时存储空间。其主要作用有：

1）存储用户建立的临时表和临时存储过程。

2）存储用户说明的全局变量值。

3）为数据排序创建临时表。

4）存储用户利用游标说明所筛选出来的数据。

在 tempdb 数据库中所做的存储不会被记录，因而在 tempdb 数据库中的表上进行数据操作比在其他数据库中要快得多。

5. resource 数据库

resource 数据库是只读数据库，它包含了 SQL Server 2008 中的所有系统对象。SQL Server 系统对象在物理上持续存在于 resource 数据库中，但在逻辑上，它们出现在每个数据库的 sys 架构中。resource 数据库不包含用户数据或用户元数据。

8.4.2 示例数据库

在 SQL Server 2008 中，对应于 OLTP、数据仓库和 Analysis Services 解决方案，提供了 AdventureWorks、AdventureWorksDW、AdventureWorksAS 3 个示例数据库，可以作为学习 SQL Server 的工具。示例数据基于一个虚拟的 Adventure Works Cycles 公司，此公司及其业务方案、雇员和产品是示例数据库的基础。

默认情况下，SQL Server 2008 不安装示例数据库，可以在微软网站上下载安装。

8.4.3 数据库的文件与文件组

1. 数据库文件

每个 SQL Server 数据库至少具有两个操作系统文件：一个数据文件和一个日志文件。数据文件包含数据和对象，例如表、索引、存储过程和视图。日志文件包含恢复数据库中的所有事务所需的信息。为了便于分配和管理，可以将数据文件集合起来，放到文件组中。

SQL Server 2008 数据库具有三种类型的文件，如表 8-1 所示。

表 8-1 数据库文件类型

文件	说明
主数据文件	主数据文件包含数据库的启动信息，并指向数据库中的其他文件。用户数据和对象可存储在此文件中，也可以存储在次数据文件中。每个数据库都有一个主要数据文件。主要数据文件的建议文件扩展名是 .mdf
次数据文件	次数据文件是可选的，由用户定义并存储用户数据。通过将每个文件放在不同的磁盘驱动器上，次数据文件可用于将数据分散到多个磁盘上。另外，如果数据库超过了单个 Windows 文件的最大大小，可以使用次要数据文件，这样数据库就能继续增长。次数据文件的建议文件扩展名是 .ndf
日志文件	事务日志文件保存用于恢复数据库的日志信息。每个数据库必须至少有一个日志文件。事务日志的建议文件扩展名是 .ldf

2. 数据库文件组

为了有助于数据布局和管理任务，用户可以在 SQL Server 中将多个文件划分为一个文件集合，并用一个名称表示这一文件集合，这就是文件组。文件组分为主要文件组、用户定义文件组、默认文件组 3 种类型。

（1）主文件组

主文件组包含主数据文件和任何没有明确分配给其他文件组的其他文件。系统表的所有页均分配在主文件组中。

（2）用户定义文件组

用户定义文件组包含用户首次创建数据库或以后修改数据库时明确创建的任何文件组，是通过在 CREATE DATABASE 或 ALTER DATABASE 语句中使用 FILEGROUP 关键字指定的任何文件组。

（3）默认文件组

如果在数据库中创建对象时没有指定对象所属的文件组，对象将被分配给默认文件组。不管何时，只能将一个文件组指定为默认文件组。默认文件组中的文件必须足够大，能够容纳未分配给其他文件组的所有新对象。PRIMARY 文件组是默认文件组。可以使用 ALTER DATABASE 语句更改默认文件组。但系统对象和表仍然分配给 PRIMARY 文件组，而不是新的默认文件组。

3. 事务日志文件

在 SQL Server 2008 中，每个数据库至少拥有一个自己的日志文件（也可以拥有多个日志文件）。日志文件的大小最少是 1MB，用来记录数据库的事务日志，即记录所有事务以及每个事务对数据库所做的修改。

事务日志支持以下操作：恢复个别的事务；在 SQL Server 启动时恢复所有未完成的事务；将还原的数据库、文件、文件组或页前滚至故障点；支持事务性复制；支持备份服务器解决方案。

8.4.4　数据库操作

在 SQL Server 2008 中，所有的数据库管理操作都包括两种方法：一种是使用 SQL Server Management Studio 的对象资源管理器，以图形化的方式完成对数据库的管理；另一种是使用 T-SQL 语句或系统存储过程，以命令方式完成对数据库的管理。

1. 创建数据库

（1）使用 SQL Server Management Studio 创建数据库

在 SQL Server Management Studio 中，利用图形化的方法可以非常方便地创建数据库。下面给出创建数据库的步骤：

1）启动 "Microsoft SQL Server Management Studio"，在 Management Studio 的 "对象资源管理器" 中展开已连接数据库引擎的节点。

2）在 "数据库" 节点或某用户数据库节点上单击鼠标右键。然后从弹出的快捷菜单中选择 "新建数据库"，弹出如图 8-5 所示的对话框。

3）在右边的 "常规" 页框中，要求用户确定数据库名称、所有者、是否使用全文索引、数据库文件信息等。数据库文件信息包括分别对数据文件与日志文件的逻辑名称、文件类型、文件组、初始大小、自动增长要求、文件所在路径等的交互指定。当需要更多数据库文件时，可以按下面的"添加"按钮。实际上对于初学者，只要输入数据库名称就行了，因为输入后，其他需指定内容都有默认值。

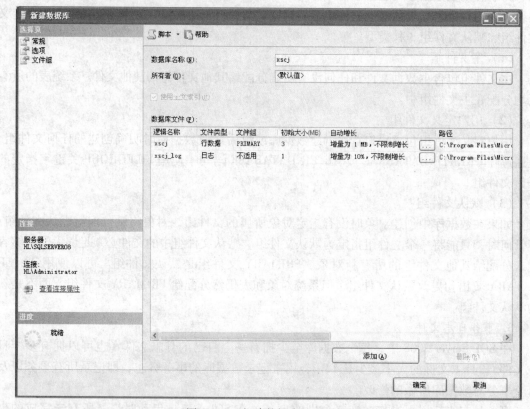

图 8-5   "新建数据库"对话框

4）完成"常规"页信息指定后，在图 8-5 左边的选择页中选择"选项"页，在出现的"选项"页中可按需指定排序规则、恢复模式、兼容级别、其他选项等选项值。

5）点击"文件组"页可以对数据库的文件组信息进行指定，以及添加新的"文件组"页以备数据库使用。

6）在图 8-5 最上端有"脚本"下拉列表框与"帮助"按钮两个选项。使用"脚本"下拉列表框能把新建数据库对话框中已指定的创建数据库信息以脚本（或命令）的形式保存到"新建查询"窗口、文件、剪贴板或作业中。产生的脚本能保存起来，以备以后修改使用。

7）完成所有设定后，单击"确定"按钮，完成新数据库的创建。

注意   数据库的名称最长为 128 个字符，且不区分大小写；一个服务器在理论上可以管理 32 767 个数据库。

（2）使用 T-SQL 命令创建数据库

创建数据库的 T-SQL 命令是 CREATE DATABASE。掌握该命令的语法结构后，就可直接写出数据库创建命令。

下面首先介绍 CREATE DATABASE 语句的语法，接着利用 CREATE DATABASE 语句创建 XSCJ 数据库。

CREATE DATABASE 语句的语法格式如下：

```
CREATE DATABASE database_name
ON
```

```
{ [ PRIMARY ] ( NAME = logical_file_name ,
FILENAME = 'os_file_name'
[ , SIZE = size]
[ , MAXSIZE = { max_size | UNLIMITED } ]
[ , FILEGROWTH = growth_increment ])
} [ ,...n ]
LOG ON
{ [ PRIMARY ] ( NAME = logical_file_name ,
FILENAME = 'os_file_name'
[ , SIZE = size]
[ , MAXSIZE = { max_size | UNLIMITED } ]
[ , FILEGROWTH = growth_increment ])
} [ ,...n ]
```

参数说明如下：

- database_name：新数据库的名称。
- ON：指定显式定义用来存储数据库数据部分的磁盘文件（数据文件）。
- PRIMARY：在主文件组中指定文件。
- LOG ON：指定用来存储数据库日志的磁盘文件（日志文件）。
- NAME：指定文件的逻辑名称。
- FILENAME：指定操作系统（物理）文件名称。
- os_file_name：创建文件时由操作系统使用的路径和文件名。
- SIZE：指定文件的大小。
- MAXSIZE：指定文件可增大到的最大大小。
- UNLIMITED：指定文件将增长到整个磁盘。
- FILEGROWTH：指定文件的自动增量。

下面使用 CREATE DATABASE 语句创建 XSCJ 数据库，具体步骤如下：

1）启动 "Microsoft SQL Server Management Studio"，并用 "Windows 身份验证" 登录。

2）单击标准工具栏中的 "新建查询" 按钮，打开查询编辑窗口。

3）在查询编辑窗口中输入如下的 T-SQL 语句：

```
CREATE DATABASE[xscj]
ON  PRIMARY
( NAME ='xscj_data',
FILENAME ='D:\xscj.mdf',SIZE = 3072KB,MAXSIZE = UNLIMITED,FILEGROWTH = 1024KB)
 LOG ON
( NAME ='xscj_log',
FILENAME ='D:\xscj_log.ldf',SIZE = 1024KB,MAXSIZE = 2048GB,FILEGROWTH = 10%)
GO
```

4）单击工具栏上的 "执行" 按钮，执行上面输入的 SQL 语句。

5）在查询执行后，查询结果窗口中会返回查询执行的结果，如图 8-6 所示。

2. 修改数据库

创建数据库之后，还可以使用 SQL Server Management Studio 和 T-SQL 语句来查看和修改数据库的配置信息。

（1）使用对象资源管理器修改数据库

如果想要查看或修改数据库的配置信息，打开 SQL Server Management Studio，在 "对象资源管理器" 窗口中展开数据库实例下的 "数据库" 节点，接着选中需要查看或配置的数据库（如 XSCJ）并单击鼠标右键，从弹出的快捷菜单中选择 "属性" 命令，弹出 "数据库属性"对话框如图 8-7 所示。

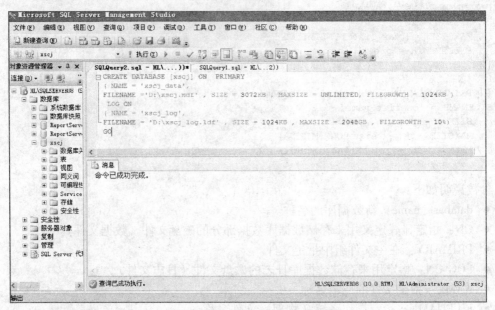

图 8-6　用 T-SQL 语句创建数据库

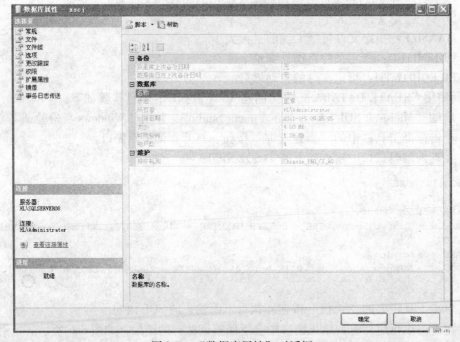

图 8-7　"数据库属性"对话框

在"数据库属性"对话框中，单击左上角的"选项"页，能直观地查看到分类的属性，并能对一些属性直接设置。这也是修改数据库的最方便的一种方法。当选择或指定相应选项值后，单击"确定"按钮即可完成修改数据库的操作。

(2) 使用 T-SQL 命令修改数据库

还可以用 ALTER DATABASE 命令来修改数据库，ALTER DATABASE 命令既可以增加或删除数据库中的文件，也可以修改文件的属性。应注意的是只有数据库管理员或具有 CREATE

DATABASE 权限的数据库所有者才有权执行此命令。ALTER DATABASE 命令的语法如下：

```
ALTER DATABASE database_name
{ ADD FILE < filespec >[,...n][ TO FILEGROUP{filegroup_name}]
 |ADD LOG FILE < filespec >[,...n]
 |REMOVE FILE logical_file_name
 |MODIFY FILE < filespec >
 |ADD FILEGROUP filegroup_name
 |REMOVE FILEGROUP filegroup_name
 | MODIFY FILEGROUP filegroup_name{filegroup_property |NAME = new_filegroup_name}
```

参数说明如下：

- ADD FILE：向数据库文件组添加新的数据文件。
- ADD LOG FILE：向数据库添加事务日志文件。
- REMOVE FILE：从 SQL Server 的实例中删除逻辑文件说明并删除物理文件。
- MODIFY FILE：修改某一文件的属性。
- ADD FILEGROUP：向数据库添加文件组。
- REMOVE FILEGROUP：从实例中删除文件组。
- MODIFY FILEGROUP：修改某一文件组的属性。

【例 1】　修改 XSCJ 数据库中的 SXCJ 文件的增容方式为一次增加 2MB。

```
ALTER DATABASE  XSCJ
MODIFY FILE
( NAME = XSCJ,
FILEGROWTH = 2MB)
```

3. 删除数据库

当不再需要用户定义的数据库，或者已将其移到其他数据库或服务器上时，即可删除该数据库。数据库删除之后，文件及其数据都从服务器上的磁盘中删除。一旦删除数据库，它即被永久删除。

（1）利用对象资源管理器删除数据库

打开 SQL Server Management Studio，选择 "数据库"，右击要删除的数据库，在弹出的快捷菜单中选择 "删除" 命令，在随后出现的 "删除对象" 对话框中单击 "确定" 按钮，即可完成指定数据库的删除操作。

删除数据库一定要慎重，因为删除数据库后，与此数据库有关联的数据库文件和事务日志文件都会被删除，存储在系统数据库中的关于该数据库的所有信息也会被删除。

（2）用 T-SQL 命令删除数据库

使用 T-SQL 的 DROP DATABASE 语句也可以删除用户数据库，其语法格式如下：

```
DROP DATABASE database_name
```

其中，database_name 为指定要删除的数据库的名称。

【例 2】　删除数据库 XSCJ。

```
DROP DATABASE XSCJ
```

8.4.5　数据表操作

在 SQL Server 2008 中，数据表是数据库最主要的组成部分，是包含数据库中所有数据的数据库对象，通常简称为表。数据在表中的组织方式与在电子表格中相似，均是按照行、列的格式组织的。每一行代表一条唯一的记录，每一列代表记录中的一个字段。

SQL Server 2008 中对数据表的操作可以采用两种方式，即 SQL 语句方式和使用对象资源管理器方式。

关于对数据表操作的标准 SQL 语句，在第 4 章中已经做了详细介绍。SQL Server 2008 对标准 SQL 语句都是支持的，读者可以在 SQL Server Management Studio 的查询编辑窗口中直接输入 SQL 语句，执行并查看操作结果。这里主要介绍使用对象资源管理器操作数据表。

1. 创建数据表

下面给出使用对象资源管理器创建学生基本信息表 S 的步骤。

1）启动 SQL Server Management Studio，连接到 SQL Server 2008 数据库实例。

2）在 Management Studio 的对象资源管理器中，展开"数据库"节点，再展开"XSCJ"数据库节点，选中"表"节点，点击鼠标右键，从弹出的快捷菜单中选择"新建表"菜单项，就会出现新建表对话框，如图 8-8 所示。

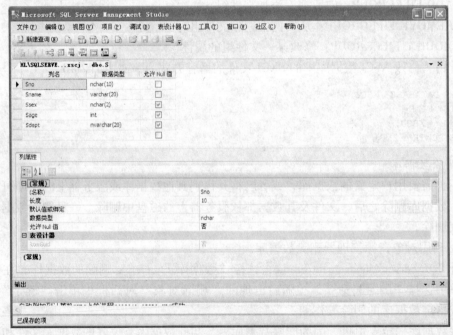

图 8-8　新建表对话框

3）在新建表对话框中，可以定义列名称、列类型、长度、精度、小数位数、是否允许为空、缺省值、标识列、标识列的初始值、标识列的增量值等。

4）当完成新建表的各个列的属性设置后，单击工具栏上的"保存"按钮，弹出"选择名称"对话框，输入新建表的名称 S，SQL Server 数据库引擎会根据用户的设置完成新表的创建。

2. 修改数据表

创建表之后，可以更改最初创建表时定义的许多选项。这些选项包括：

- 添加、修改或删除列。
- 添加或删除 PRIMARY KEY 约束和 FOREIGN KEY 约束。
- 添加或删除 UNIQUE 约束和 CHECK 约束以及 DEFAULT 定义和对象。
- 使用 IDENTITY 属性或 ROWGUIDCOL 属性添加或删除标识符列。
- 表及表中所选定的列注册为全文索引。

修改数据表的步骤为：

1）启动 SQL Server Management Studio，连接到 SQL Server 2008 数据库实例。

2）在 Management Studio 的对象资源管理器中，依次选择"数据库"→"XSCJ"→"表"→"S"，然后从弹出的快捷菜单中选择"设计"命令。

3）在打开的"表设计器"窗口中，可以新增列、删除列和修改列的名称、数据类型、长度、是否允许为空等属性。

4）当完成修改表的操作后，单击工具栏上的"保存"按钮。

3. 删除数据表

删除数据表的步骤如下：

1）启动 SQL Server Management Studio，连接到 SQL Server 2008 数据库实例。

2）展开"数据库"节点，再展开"表"节点，右击要删除的表。

3）在弹出的快捷菜单中选择"删除"命令，在随后出现的"删除对象"对话框中单击"确定"按钮，即可完成指定表的删除操作。

8.4.6　数据操纵

所谓数据操纵是指对数据进行的增加、修改和删除等操作。在 SQL Server 2008 中，数据操纵既可以通过对象资源管理器来操作，也可以利用 SQL 语句来实现。这里主要介绍使用对象资源管理器操纵数据。

1. 添加数据

使用对象资源管理器添加数据的具体步骤为：

1）启动 SQL Server Management Studio，连接到 SQL Server 2008 数据库实例。

2）在 Management Studio 的对象资源管理器中，依次展开"数据库"节点"XSCJ"数据库节点、"表"节点、、选中要添加数据的表（比如 S），单击鼠标右键，然后从弹出的快捷菜单中选择"编辑前 200 行"命令，如图 8-9 所示，打开表窗口。

3）在表窗口中，显示出当前表中的数据，单击表格中的最后一行，填写相应数据信息，如图 8-10 所示。

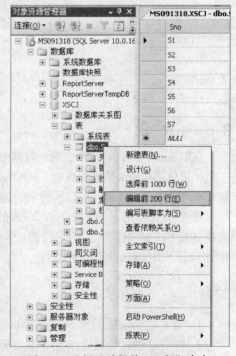

图 8-9　选择"编辑前 200 行"命令

2. 修改数据

修改数据的操作与添加数据类似。在 SQL Server Management Studio 中，选择相应的表，右击鼠标后，在弹出的快捷菜单中选择"编辑前 200 行"命令，出现表数据窗口。在该窗口中，选择要更新的行，把光标定位在要修改的数据上面即可修改数据。

3. 删除数据

在 SQL Server Management Studio 中，选择相应的表，右击鼠标后，在弹出的快捷菜单中选择"编辑前 200 行"命令，出现表数据窗口。在该窗口中，选中某条记录，也可以用鼠标在记录左侧的区域内上下拖动来选择多个记录，如图 8-11 所示。

此时按下 Delete 键，系统会出现提示用户是否要删除记录的对话框。如果用户单击"是"按钮，则记录被删除，如果用户单击"否"按钮，则记录将不被删除。

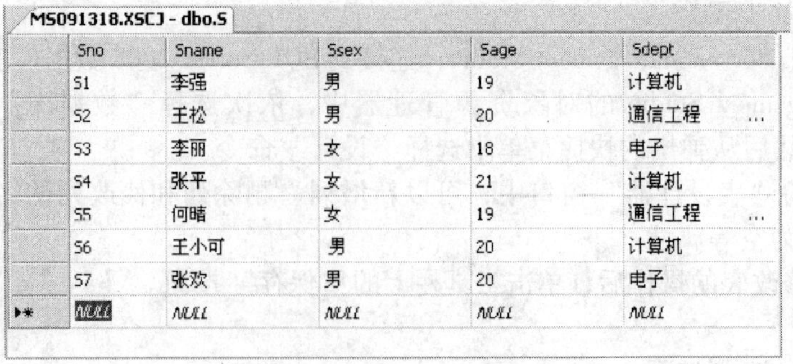

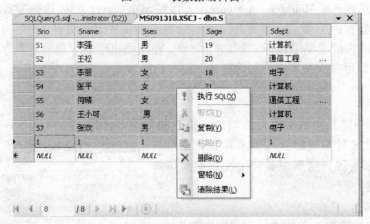

Sno	Sname	Ssex	Sage	Sdept
S1	李强	男	19	计算机
S2	王松	男	20	通信工程 …
S3	李丽	女	18	电子
S4	张平	女	21	计算机
S5	何晴	女	19	通信工程 …
S6	王小可	男	20	计算机
S7	张欢	男	20	电子
NULL	NULL	NULL	NULL	NULL

图 8-10　表数据编辑窗口

Sno	Sname	Ssex	Sage	Sdept
S1	李强	男	19	计算机
S2	王松	男	20	通信工程 …
S3	李丽	女	18	电子
S4	张平	女	21	计算机
S5	何晴	女		通信工程 …
S6	王小可	男		计算机
S7	张欢	男		电子
1	1	1		1
NULL	NULL	NULL		NULL

图 8-11　删除数据

8.5　小结

SQL Server 2008 是一个全面的数据库平台，使用集成的商业智能（Business Intelligence，BI）工具，提供了企业级的数据管理。SQL Server 2008 数据库引擎为关系型数据和结构化数据提供了更安全可靠的存储功能，可以构建和管理用于业务的高可用性和高性能的数据应用程序。

本章重点介绍了 SQL Server 2008 的不同版本、管理工具以及基本的数据库的使用和对数据的操作。希望读者在学习过程中与第 4 章中用 SQL 操作数据的内容结合起来，在实践中加深对 SQL 语句的理解和掌握。

习题

1. 为了成功安装 SQL Server 2008，在计算机上需要安装哪些软件组件？
2. 在自己的计算机上安装 SQL Server 2008 的某个版本。
3. 试着安装 SQL Server 2008 的示例数据库。
4. SQL Server 2008 常用的管理工具有哪些？
5. 简述 SQL Server 2008 中各个系统数据库的用途。
6. 简述组成 SQL Server 2008 数据库的 3 种类型的文件。
7. 在 SQL Server 中如何编写 SQL 脚本？如何使用模板创建脚本？请具体操作。
8. 如何使用 SQL Server Management Studio 创建数据库？如何创建表？
9. 给出在 SQL Server 2008 中创建视图的步骤。

SQL Server 2008高级应用

SQL Server 2008 在支持标准 SQL 语言的同时，对其进行了扩充，引入了 T-SQL。T-SQL 是使用 SQL Server 的核心，通过它，可以定义变量、使用流控制语句、自定义函数、自定义存储过程等，极大地扩展了 SQL Server 的功能。在扩展功能的同时，T-SQL 也考虑到数据库程序的移植性。T-SQL 中只含有较少的非标准语法，能够方便地将 T-SQL 编写的程序应用于不同的数据库平台。用户如果想要利用 SQL Server 进行相关的编程和开发，就必须使用 T-SQL。

在 SQL Server 数据库管理系统中，存储过程和触发器具有重要的作用。存储过程和触发器都是 SQL 语句和流程控制语句的集合。从本质上说，触发器是一种特殊类型的存储过程，它在特定语言事件发生时自动执行，而存储过程只有在被调用时才能执行。存储过程在运算时生成执行代码，执行效率很高。SQL Server 不仅提供了用户自定义存储过程的功能，而且也提供了许多可作为工具使用的系统存储过程。

本章主要介绍 T-SQL 基本语法、运算符和表达式、流程控制基本语句和函数的使用，以及存储过程和触发器的概念及使用方法。

9.1 T-SQL 语言基础

T-SQL 是使用 SQL Server 的核心，与 SQL Server 实例通信的所有应用程序都是通过将 T-SQL 语句发送到服务器运行（不考虑应用程序的用户界面）来实现使用 SQL Server 及其数据的，应该说认真学习好 T-SQL 是深入掌握 SQL Server 的必经之路。表 9-1 反映出构成 T-SQL 的主要内容。

表 9-1　T-SQL 的主要构成

SQL 元素	说明
标识符	表、视图、列、数据库和服务器等对象的名称
数据类型	定义数据对象（如列、变量和参数）所包含的数据的类型。大多数 T-SQL 语句并不显式引用数据类型，但它们的结果受语句中所引用对象的数据类型之间的交互操作影响
函数	语法元素，可以接受零个、一个或多个输入值，并返回一个标量值或表格形式的一组值。比如 SUM 函数、DATEDIFF 函数、@@SERVERNAME 函数等
表达式	SQL Server 可以解析为单个值的语法单位，包括常量、返回单值的函数、列或变量的引用
表达式中的运算符	与一个或多个简单表达式一起使用，构造一个更为复杂的表达式
注释	插入到 T-SQL 语句或脚本中、用于解释语句作用的文本段。SQL Server 不执行注释
保留关键字	保留下来供 SQL Server 使用的词，不能用作数据库中的对象名

9.1.1 T-SQL 语法约定

T-SQL 参考的语法关系中使用的约定如表 9-2 所示。

表 9-2　T-SQL 语言参考的语法关系中的约定

规范	用途
大写	T-SQL 关键字（保留字）
斜体	T-SQL 语法中用户提供的参数
｜（竖线）	分隔括号或大括号内的语法选项，只能选择一个选项
[ ]（方括号）	可选语法项目，不必键入方括号
{}（大括号）	必选语法项，不必键入大括号
[,... n]	表示前面的项可重复 n 次，每一项由逗号分隔
[... n]	表示前面的项可重复 n 次，每一项由空格分隔
加粗	数据库名、表名、列名、索引名、存储过程、实用工具、数据类型名以及必须按所显示的原样键入的文本
<标签>::=	语法块的名称。此规则用于对可在语句中的多个位置使用的过长语法或语法单元部分进行分组和标记，适合使用语法块的每个位置由括在尖括号内的标签表示：<标签>

除非另外指定，否则被 T-SQL 引用的所有的数据库对象名都由四部分组成，格式如下：

```
[server_name.[database_name].[owner_name].
    |database_name.[owner_name].
|owner_name.
]
object_name
```

相关元素的含义如下所述：

- server_ name 指定链接服务器名称或远程服务器名称。
- 当对象驻留在 SQL Server 数据库中时，database_name 指定该 SQL Server 数据库的名称；当对象在链接服务器中时，则指定 OLEDB 目录。
- 当对象在 SQL Server 数据库中时，owner_name 指定拥有该对象的用户；当对象在链接服务器中时，owner_name 则指定 OLEDB 架构名称。
- object_name 是引用对象的名称。

当引用某个特定对象时，不必总是为 SQL Server 指定标识该对象的服务器、数据库和所有者，可以省略中间级节点，而使用句点表示这些位置。对象名的有效格式如下：

```
server.database.owner.object
server.database..object
server..owner.object
server...object
database.owner.object
database..object
object
```

9.1.2　T-SQL 数据类型

在 SQL Server 2008 中，每个列、局部变量、表达式和参数都具有一个相关的数据类型。数据类型是一种属性，用于指定对象可保存的数据类型。SQL Server 2008 提供的数据类型主要有六大类，即精确数据类型、近似数据类型、日期和时间数据类型、字符串数据类型、Unicode 字符串数据类型、二进制字符串数据类型。

　1. 精确数据类型

精确数据类型包括 bigint、int、smallint、tinyint、decimal、numeric、money、smallmoney、 bit，可划分为下面四种类型：

1）整型数据。整型数据包括 bigint、int、smallint 和 tinyint 四种类型，相关数据范围及占用的存储空间如表 9-3 所示。

在 SQL Server 2008 中，int 数据类型是主要的整数数据类型。bigint 用于某些特殊的情况，当整数值超出 int 数据类型所能表示的范围后，可以使用 bigint。

表 9-3　整数数据类型介绍

数据类型	范围	存储空间
bigint	$-2E63 \sim 2E63-1$	8 字节
int	$-2E31 \sim 2E31-1$	4 字节
smallint	$-32\,768 \sim 32\,767$	2 字节
tinyint	$0 \sim 255$	1 字节

2）浮点数据。decimal 和 numeric 是带固定精度和小数位数的数值数据类型。

3）货币类型。money 与 smallmoney 是货币或货币值的数据类型，其中 money 类型的数据占用 8 字节，smallmoney 类型的数据占用 4 字节。

4）逻辑数据类型。bit 是逻辑数据类型，只占用 1 字节的存储空间，其值为"0"和"1"。只要输入的值为非"0"，系统都会当做"1"处理。

2. 近似数据类型

近似数据类型用于表示浮点数值数据的大致数值。因为浮点数据为近似值，所以并非数据类型范围内的所有值都能精确地表示。近似数据类型包括 float 和 real 两种。

float 类型的数据的格式为 $\text{float}[(n)]$，其中 n 为用于存储 float 数值尾数的位数，以科学记数法表示，因此可以确定精度和存储大小。如果指定了 n，则它必须是介于 1 和 53 之间的某个值，n 的默认值为 53。

real 类型的数据占用的存储空间为 4 字节。

3. 日期和时间数据类型

datetime 和 smalldatetime 是用于表示某天的日期和时间的数据类型。SQL Server 2008 数据库引擎用两个 4 字节的整数内部存储 datetime 数据类型的值。第 1 个 4 字节存储"基础日期"（即 1900 年 1 月 1 日）之前或之后的天数。基础日期是系统参照日期。第 2 个 4 字节存储天的时间，以午夜后经过的 1/300 秒数表示。smalldatetime 数据类型存储天的日期和时间，但精确度低于 datetime。数据库引擎将 smalldatetime 值存储为两个 2 字节的整数，第 1 个 2 字节存储 1900 年 1 月 1 日后的天数，第 2 个 2 字节存储午夜后经过的分钟数。

4. 字符串数据类型

SQL Server 2008 的字符串类型主要包括 char、varchar 和 text 三种类型。

1）char 类型：格式为 $\text{char}[(n)]$，是一种固定长度的字符数据类型。其存储大小为 n 个字节，n 的取值范围为 $1 \sim 8000$。char 是 SQL Server 2008 中使用最多的数据类型，可以用来存储各种字母、数字符号等。

2）varchar 类型：格式为 $\text{varchar}[(n\,|\,\max)]$，是一种可变长度的字符数据类型。其中 n 的取值范围为 $1 \sim 8000$，max 代表最大存储大小是 $2E31-1$ 个字节。其存储大小是输入数据的实际长度加 2 字节。所输入数据的长度可以为 0 个字符。

3）text 类型：一种服务器代码页中长度可变的非 Unicode 数据，最大长度为 $2E31-1$ 个字符。

5. Unicode 字符串数据类型

Unicode 字符串数据类型包括 ntext、nchar 和 nvarchar 三种类型。ntext 是长度可变的 Unicode 字符串数据类型，存储大小是所输入字符个数的两倍（以字节为单位）。nchar 是长度固定的 Unicode 字符串数据类型，格式为 $\text{nchar}[(n)]$，其中的 n 值必须在 $1 \sim 4000$ 之间

（包括 1 和 4000），存储大小为两倍 n 字节。nvarchar 是长度可变的 Unicode 字符串数据类型，格式为 nvarchar[(n | max)]，其中的 n 值在 1 到 4000 之间（包括 1 和 4000），max 指示最大存储大小为 2E31 − 1 个字节，存储大小是所输入字符个数的两倍加 2 字节。

6. 二进制字符串数据类型

Unicode 二进制数据类型包括 binary、image 和 varbinary 三种类型。binary 是固定长度的二进制数据，varbinary 是可变长度的二进制数据，这两种数据类型都可用来存储二进制数。image 是长度可变的二进制数据，用来存储图像数据。

7. 其他数据类型

SQL Server 2008 还提供了其他的数据类型，如 cursor，timestamp，sql_ variant，uniquei-dentifier，table 和 xml。它们主要用于存储一些特殊类型的数据，例如时间戳、游标等。

9.1.3　变量

在程序设计语言中，变量是必不可少的组成部分，它是在程序执行过程中可以改变数值的量，主要用于存储数据。T-SQL 允许使用两种变量，一种是系统提供的全局变量，另一种是用户自己定义的局部变量。

1. 全局变量

全局变量是 SQL Server 系统内部使用的变量，其作用范围并不局限于某一程序，而是任何程序均可随时调用。全局变量通常存储一些 SQL Server 的配置设定值和效能统计数据。用户可在程序中用全局变量来测试系统的设定值或 T-SQL 命令执行后的状态值。

全局变量不是由用户的程序定义的，而是由系统定义和维护的，只能使用预先说明及定义的全局变量。引用全局变量时必须以 "@@" 开头。局部变量的名称不能与全局变量的名称相同，否则会在应用中出错。

2. 局部变量

局部变量是用户可自定义的变量，它的作用范围仅在程序内部。局部变量在程序中通常用来存储从表中查询到的数据，或者当做程序执行过程中的暂存变量。局部变量必须以 @ 开头，而且必须先用 DECLARE 命令声明后才可使用。其声明形式如下：

```
DECLARE @变量名 变量类型[,@变量名 变量类型…]
```

其中变量类型可以是 SQL Server 2008 支持的所有数据类型。

在 T-SQL 中不能像在一般的程序语言中一样使用 "变量 = 变量值" 来给变量赋值，而必须使用 SELECT 或 SET 命令来设定变量的值。其语法格式如下：

```
SELECT @局部变量 = 变量值
SET @局部变量 = 变量值
```

例如，声明一个长度为 8 个字符的变量 id，并赋值，用语句表示为：

```
DECLARE @id char(8)
SELECT @id = '10010001'
```

3. 注释符

在 T-SQL 中可使用两类注释符：

1）ANSI 标准的注释符 "--" 用于单行注释。

2）与 C 语言相同的程序注释符号，即 "/*……*/"，"/*" 用于注释文字的开头，"*/"

用于注释文字的结尾，可在程序中标识多行文字为注释。

9.1.4 运算符

运算符是一种符号，用来指定要在一个或多个表达式中执行的操作。Microsoft SQL Server 2008 提供了算术运算符、赋值运算符、字符串串联运算符、比较运算符、逻辑运算符、按位运算符和一元运算符。

1. 算术运算符

算术运算符用于两个表达式执行数学运算，这两个表达式均为数值数据类型。相关运算符及含义如表 9-4 所示。

加（+）和减（−）运算符也可用于对 datetime、smalldatetime、money 和 smallmoney 值执行算术运算。

表 9-4 算术运算符

运算符	含义
+	加
−	减
*	乘
/	除
%	取余

2. 赋值运算符

等号（=）是唯一的 T-SQL 赋值运算符。在以下示例中，将创建一个 @MyCounter 变量，然后赋值运算符将 @MyCounter 设置为表达式返回的值。

```
DECLARE @MyCounter INT;
SET @MyCounter =1;
```

3. 字符串串联运算符

加号（+）是字符串串联运算符，可以用于将字符串串联起来。其他所有字符串操作都是使用字符串函数进行处理的。例如'good' + ' ' + 'morning'的结果是'good morning'。

4. 比较运算符

比较运算符用来比较两个表达式值之间的大小关系，可以用于除了 text、ntext 或 image 数据类型之外的所有数据类型。其运算的结果为 True 或 False，通常用来构造条件表达式。表 9-5 列出了 T-SQL 的比较运算符。

表 9-5 比较运算符

运算符	含义	运算符	含义
=	等于	<>	不等于
>	大于	!=	不等于（非 SQL-92 标准）
<	小于	!<	不小于（非 SQL-92 标准）
>=	大于等于	!>	不大于（非 SQL-92 标准）
<=	小于等于		

5. 逻辑运算符

逻辑运算符用来对多个条件进行运算，运算的结果为 True 或 False，通常用来表示复杂的条件表达式。表 9-6 列出了 T-SQL 的逻辑运算符。

表 9-6 T-SQL 的逻辑运算符

运算符	含义
ALL	如果一组表达式的比较结果都为 True，那么结果就为 True
AND 或 &&	如果两个布尔表达式都为 True，那么结果就为 True
ANY 或 SOME	如果一组表达式的比较结果中任何一个为 True，那么结果就为 True
BETWEEN	如果操作数在某个范围之内，那么结果就为 True

（续）

运算符	含义
EXISTS	如果子查询包含一些行，那么结果就为 True
IN	如果操作数等于表达式列表中的一个，那么结果就为 True
LIKE	如果操作数与一种模式相匹配，那么结果就为 True
NOT 或 !	对任何其他布尔运算符的值取反
OR 或 ∣∣	如果两个布尔表达式中的一个为 True，那么结果就为 True

6. 按位运算符

按位运算符对两个二进制数据或整数数据进行位操作，但是两个操作数不能同时为二进制数据，必须有一个为整数数据。SQL Server 2008 提供的按位运算符如表 9-7 所示。

7. 一元运算符

一元运算符只对一个表达式进行运算。SQL Server 2008 提供的一元运算符如表 9-8 所示。

<table>
<tr><td colspan="2">表 9-7 按位运算符</td><td colspan="2">表 9-8 一元运算符</td></tr>
<tr><td>运算符</td><td>含义</td><td>运算符</td><td>含义</td></tr>
<tr><td>&</td><td>按位与</td><td>+</td><td>数值为正</td></tr>
<tr><td>∣</td><td>按位或</td><td>−</td><td>数值为负</td></tr>
<tr><td>^</td><td>按位异或</td><td>~</td><td>按位取反</td></tr>
</table>

8. 运算符优先级和结合性

表达式计算器支持的运算符集中的每个运算符在优先级层次结构中都有指定的优先级，并包含一个计算方向。运算符的计算方向就是运算符结合性。具有高优先级的运算符先于低优先级的运算符进行计算。如果复杂的表达式有多个运算符，则运算符优先级将确定执行操作的顺序。执行顺序可能对结果值有明显的影响。某些运算符具有相等的优先级。如果表达式包含多个具有相等的优先级的运算符，则按照从左到右或从右到左的方向进行运算。

SQL Server 2008 中运算符的优先级顺序如下：

- ~ （按位取反）
- * （乘）、/ （除）、% （取余）
- + （正）、− （负）、+ （加）、（ +字符串串联）、− （减）、& （按位与）、^ （按位异或）、∣ （按位或）
- =、>、<、>=、<=、<>、!=、!>、!< （比较运算符）
- NOT
- AND
- AII、ANY、BETWEEN、IN、LIKE、OR、SOME
- = （赋值）

9.1.5 批处理

批处理是包含一个或多个 T-SQL 语句的组，在批处理中的所有语句都被整合成一个执行计划。一个批处理内的所有语句要么被放在一起通过解析，要么没有一句能够执行。

批处理是使用 GO 语句将多条 SQL 语句进行分隔，其中每两个 GO 之间的 SQL 语句就是一个批处理单元。批处理的结束符为"GO"。

如果在编译过程中出现语法错误，那么批处理中所有的语句均无法正常执行。如果在运行阶段出现错误，一般都会中断当前以及其后语句的执行，只有在少数情况下，如违反约束时，仅中断当前出错的语句而继续执行其他语句。

例如，假定批处理中有 10 条语句，如果第五条语句有一个语法错误，则不执行批处理中的任何语句。如果批处理经过编译，并且第二条语句在运行时失败，则第一条语句的结果不会受到影响，因为已执行了该语句。例如：

```
CREATE TABLE dbo.T3(a int);
INSERT INTO dbo.T3 VALUES(1);
INSERT INTO dbo.T3 VALUES(1,1);
INSERT INTO dbo.T3 VALUES(3);
GO
SELECT * FROM dbo.T3;
```

首先，对批处理进行编译。对 CREATE TABLE 语句进行编译，但由于表 dbo.T3 尚不存在，因此，未编译 INSERT 语句。

然后，批处理开始执行。表已创建，编译第一条 INSERT，然后立即执行。表 T3 现在具有一个行。然后，编译第二条 INSERT 语句。编译失败，批处理终止。SELECT 语句返回一个行。

【例1】　执行批处理程序，依次查询学生选课表 SC 中的学生选课成绩、学生基本信息表中学生的总人数。

```
USE XSCJ
GO
SELECT * FROM SC
SELECT COUNT(*)FROM S
GO
```

批处理有多种用途，但常被用在某些事情不得不放在前面发生，或者不得不和其他事情分开的脚本中。以下是批处理的使用规则：

- CREATE DEFAULT、CREATE FUNCTION、CREATE PROCEDURE、CREATE RULE、CREATE SCHEMA、CREATE TRIGGER 和 CREATE VIEW 语句不能在批处理中与其他语句组合使用。批处理必须以 CREATE 语句开始。所有跟在该批处理后的其他语句将被解释为第一个 CREATE 语句定义的一部分。
- 不能在同一个批处理中更改表，然后引用新列。
- 如果 EXECUTE 语句是批处理中的第一条语句，则不需要 EXECUTE 关键字。如果 EXECUTE 语句不是批处理中的第一条语句，则需要 EXECUTE 关键字。

9.1.6　流程控制语句

流程控制语句采用了与程序设计语言相似的机制，使其能够产生控制程序执行及流程分支的作用。通过使用流程控制语句，用户可以完成功能较为复杂的操作，并且使得程序获得更好的逻辑性和结构性。

T-SQL 语言使用的流程控制语句与常见的程序设计语言类似，主要有以下几种控制语句。

1. BEGIN…END 语句

BEGIN…END 语句的语法格式如下：

```
BEGIN
<命令行或程序块>
END
```

BEGIN…END 用来设定一个程序块，将在 BEGIN…END 内的所有程序视为一个单元执行。

说明 1）BEGIN…END 语句块中至少要包含一条 SQL 语句。

2）关键字 BEGIN 和 END 必须成对出现，不能单独使用。

3）BEGIN…END 语句块常用在 IF 条件语句和 WHILE 循环语句中。

4）BEGIN…END 语句允许嵌套。

【例2】 在 IF 语句中应用 BEGIN…END 语句。

```
DECLARE @ErrorSaveVariable int
IF(@@ERROR <>0)
BEGIN
   SET @ErrorSaveVariable = @@ERROR
   PRINT  'Error encountered,' + CAST(@ErrorSaveVariable AS VARCHAR(10))
END
ELSE
PRINT  '正确'
```

2. IF…ELSE 语句

IF…ELSE 语句的语法格式如下：

```
IF <条件表达式>
<命令行或程序块>
[ELSE[条件表达式]
<命令行或程序块>]
```

其中，<条件表达式>可以是各种表达式的组合，但表达式的值必须是逻辑值"真"或"假"。ELSE 子句是可选的，最简单的 IF 语句没有 ELSE 子句部分。IF…ELSE 用来判断当某一条件成立时执行某段程序，条件不成立时执行另一段程序。如果不使用程序块，IF 或 ELSE 只能执行一条命令。IF…ELSE 可以进行嵌套，在 T-SQL 中最多可嵌套 32 级。

【例3】 在学生情况表 S 中，查找学号为'S2'的学生记录，如果有，显示此记录，如果无，则显示"此学生不存在！"。

```
IF    EXISTS(SELECT * FROM s WHERE sno = 'S2')
      SELECT * FROM S WHERE sno = 'S2'
ELSE
      PRINT  '此学生不存在!'
```

3. CASE 语句

CASE 语句用于计算多个条件并为每个条件返回单个值，以简化 SQL 语句格式。CASE 语句不同于其他 SQL 语句，不能作为独立的语句来执行，而是需要作为其他语句的一部分来执行。

CASE 命令有两种语句格式。

● 格式1：

```
CASE 表达式
WHEN  条件1  THEN  结果表达式1
［WHEN  条件2  THEN  结果表达式2
［…]]
［ELSE 结果表达式 n]
END
```

该语句的执行过程是：将表达式与每一个条件依次进行比较，如果遇到表达式与条件相匹配时，停止比较，并且返回满足条件的 WHEN 子句所对应的结果表达式。如果表达式与所有的条件都不匹配时，则返回 ELSE 子句中的结果表达式，如果不存在 ELSE 子句，则返回 NULL 值。

如果表达式与多个条件匹配时，CASE 函数返回第一次满足条件时的 WHEN 子句所对应的结果表达式。

【例4】　从学生表 S 中，选取 SNO，SEX，如果 SEX 为 "男" 则输出 "M"，如果为 "女" 则输出 "F"。

```
SELECT SNO,
    SEX =
    CASE sex
    WHEN '男' THEN 'M'
    WHEN '女' THEN 'F'
    END
FROM S
```

- 格式2：

```
CASE
  WHEN <条件表达式1 > THEN <结果表达式1 >
  …
  WHEN <条件表达式2 > THEN <结果表达式2 >
［ELSE <结果表达式 n >]
END
```

该语句的执行过程是：首先测试 WHEN 后的条件表达式的值，如果其值为真，则返回 THEN 后面的结果表达式的值；否则测试下一个 WHEN 子句中的表达式的值。如果所有 WHEN 子句后的表达式的值都为假，则返回 ELSE 后的表达式的值。如果在 CASE 语句中没有 ELSE 子句，则 CASE 表达式返回 NULL。

注意　CASE 命令可以嵌套到 SQL 命令中。

【例5】　从 SC 表中查询所有同学选课成绩情况，凡成绩为空者输出 "未考"、小于60分的输出 "不及格"、60 分 ~ 70 分的输出 "及格"、70 分 ~ 90 分的输出 "良好"、大于或等于 90 分的输出 "优秀"。

```
SELECT SNO,CNO,
    SCORE =
    CASE
    WHEN SCORE IS NULL THEN '未考'
    WHEN SCORE < 60 THEN '不及格'
    WHEN SCORE >= 60 AND SCORE < 70 THEN '及格'
    WHEN SCORE >= 70 AND SCORE < 90 THEN '良好'
    WHEN SCORE >= 90 THEN '优秀'
    END
FROM SC
```

4. WHILE 语句

WHILE 语句的语法格式如下：

```
WHILE <条件表达式>
BEGIN
    <命令行或程序块>
    [BREAK]
    [CONTINUE]
    [命令行或程序块]
END
```

WHILE 命令在设定的条件成立时会重复执行命令行或程序块。CONTINUE 命令可以让程序跳过 CONTINUE 命令之后的语句，回到 WHILE 循环的第一行，继续进行下一次循环。BREAK 命令则让程序完全跳出循环，结束 WHILE 命令的执行。WHILE 语句也可以嵌套。

【例6】 以下程序计算 1~100 范围内所有能被 3 整除的数的个数及总和。

```
DECLARE @S SMALLINT, @I SMALLINT, @NUMS SMALLINT
SET @S = 0
SET @I = 1
SET @NUMS = 0
WHILE(@I <= 100)
    BEGIN
        IF(@I%3 = 0)
            BEGIN
                SET @S = @S + @I
                SET @NUMS = @NUMS + 1
            END
        SET @I = @I + 1
    END
PRINT @S
PRINT @NUMS
```

5. WAITFOR 语句

WAITFOR 语句的语法格式如下：

```
WAITFOR{DELAY < '时间' > |TIME < '时间' >
                  |ERROREXIT | PROCESSEXIT | MIRROREXIT}
```

WAITFOR 命令用来暂时停止程序执行，直到所设定的等待时间已过或所设定的时间已到才继续往下执行。其中'时间'必须为 datetime 类型的数据，但不能包括日期。

各关键字含义如下：

1）DELAY：用来设定等待的时间，最多 24 小时。

2）TIME：用来设定等待结束的时间点。

3）ERROREXIT：直到处理非正常中断。

4）PROCESSEXIT：直到处理正常或非正常中断。

5）MIRROREXIT：直到镜像设备失败。

【例7】 等待 1 小时 2 分零 3 秒后才执行 SELECT 语句。

```
WAITFOR DELAY'01:02:03'
SELECT * FROM SC
```

6. GOTO 语句

GOTO 语句的语法格式如下：

```
GOTO 标识符
```

GOTO 命令用来改变程序执行的流程，使程序跳到标有标识符的指定的程序行再继续往下执行。作为跳转目标的标识符可为数字与字符的组合，但必须以"："结尾。在 GOTO 命令行，标识符后不必跟"："。

【例 8】　求 $1 + 2 + 3 + \cdots + 10$ 的总和。

```
DECLARE @S SMALLINT,@I SMALLINT
SET @I =1
SET @S =0
BEG:
IF(@I <=10)
    BEGIN
        SET @S = @S + @I
        SET @I = @I +1
        GOTO BEG
    END
PRINT @S
```

7. RETURN 语句

RETURN 语句的语法格式如下：

```
RETURN([整数值])
```

RETURN 命令用于结束当前程序的执行，返回到上一个调用它的程序或其他程序。在括号内可指定一个返回值。如果没有指定返回值，SQL Server 系统会根据程序执行的结果返回一个内定值，如：

- 0 　：程序执行成功。
- −1：找不到对象。
- −2：数据类型错误。
- −3：死锁。
- −4：违反权限原则。
- −5：语法错误。
- −6：用户造成的一般错误。
- −7：资源错误。
- −8：非致命的内部错误。
- −9：已达到系统的极限。
- −10，−11：致命的内部不一致性错误。
- −12：表或指针破坏。
- −13：数据库破坏。
- −14：硬件错误。

如果运行过程中产生了多个错误，SQL Server 系统将返回绝对值最大的数值；如果此时用户定义了返回值，则返回用户定义的值。RETURN 语句不能返回 NULL 值。

9.1.7　函数

函数是能够完成特定功能并返回处理结果的一组 T- SQL 语句，处理结果称为"返回值"，处理过程称为"函数体"。函数可以用来构造表达式，可以出现在 SELECT 语句的选择列表中，也可以出现在 WHERE 子句的条件中。SQL Server 提供了许多系统内置函数，同时也允许用户根据需要自己定义函数。

SQL Server 提供的常用的内置函数主要有以下几类：聚合函数、算术函数、字符串函数、日期时间函数、数据类型转换函数、用户自定义函数等。

1. 聚合函数

聚合函数也称为统计函数，它对一组值进行计算并返回一个数值。聚合函数经常与 SE-LECT 语句一起使用。常用聚合函数如表 9-9 所示。

表 9-9　SQL Server 聚合函数及其功能

聚合函数	功能描述
SUM([ALL |DISTINCT]表达式)	计算一组数据的和
MIN([ALL |DISTINCT]表达式)	给出一组数据的最小值
MAX([ALL |DISTINCT]表达式)	给出一组数据的最大值
COUNT({[ALL |DISTINCT]表达式} |*)	计算总行数
CHECKSUM(*|表达式[,…n])	对一组数据的和进行校验，可探测表的变化
BINARY CHECKSUM(*|表达式[,…n])	对二进制的和进行校验，可探测行的变化
AVG([ALL |DISTINCT]表达式)	计算一组值的平均值

除此之外，SQL Server 还提供了以下统计函数：

1）STDEV 函数。STDEV 函数的语法格式如下：

```
STDEV( < expression > )
```

STDEV 函数返回表达式中所有数据的标准差。其表达式通常为表中某一数据类型为 numeric 的列，或者近似 NUMERIC 类型的列，如 money 类型，但 bit 类型除外，表达式中的 NULL 值将被忽略。其返回值为 float 类型。

2）STDEVP 函数。STDEVP 函数的语法格式如下：

```
STDEVP( < expression > )
```

STDEVP 函数返回总体标准差。其表达式及返回值类型同 STDEV 函数。

3）VAR 函数。VAR 函数的语法格式如下：

```
VAR( < expression > )
```

VAR 函数返回表达式中所有值的统计变异数。其表达式及返回值类型同 STDEV 函数。

4）VARP 函数。VARP 函数的语法格式如下：

```
VARP( < expression > )
```

VARP 函数返回总体变异数。其表达式及返回值类型同 STDEV 函数。

2. 算术函数

算术函数可对数据类型为整型、浮点型、实型、货币型的列进行操作。它的返回值是 6 位小数，如果使用出错，则返回 NULL 值，并显示警告信息。可以在 SELECT 语句的 SELECT 和 WHERE 子句以及表达式中使用算术函数。T-SQL 中的算术函数如表 9-10 所示。

3. 字符串函数

字符串函数对二进制数据、字符串和表达式执行不同的运算。此类函数作用于 char、varchar、binary 和 varbinary 数据类型以及可以隐式转换为 char 或 varchar 的数据类型。可以在 SELECT 语句的 SELECT 和 WHERE 子句以及表达式中使用字符串函数。常用的字符串函数包括：

ASCII、CHAR、CHARINDEX、DIFFERENCE、LEFT、LEN、LOWER、LTRIM、NCHAR、PATINDEX、REPLACE、QUOTENAME、REPLICATE、REVERSE、RIGHT、RTRIM、SOUNDEX、SPACE、STR、STUFF、SUBSTRING、UNICODE、UPPER。

4. 日期时间函数

日期时间函数可以对日期时间类型的参数进行运算、处理，并返回一个字符串、数字或日期和时间类型的值。SQL Server 中提供的日期时间函数包括：

DATEADD、DATEDIFF、DATENAME、DATEPART、DAY、GETDATE、GETUTCDATE、MONTH、YEAR。

【例 9】 获取系统时间信息，显示出系统时间中的年份、月份以及日期。

表 9-10　T-SQL 中的算术函数

函数	功能
三角函数	
SIN	返回以弧度表示的角的正弦
COS	返回以弧度表示的角的余弦
TAN	返回以弧度表示的角的正切
COT	返回以弧度表示的角的余切
反三角函数	
ASIN	返回正弦是 FLOAT 值的以弧度表示的角
ACOS	返回余弦是 FLOAT 值的以弧度表示的角
ATAN	返回正切是 FLOAT 值的以弧度表示的角
角度弧度转换	
DEGREES	把弧度转换为角度
RADIANS	把角度转换为弧度
幂函数	
EXP	返回表达式的指数值
LOG	返回表达式的自然对数值
LOG10	返回表达式的以 10 为底的对数值
SQRT	返回表达式的平方根
取近似值函数	
CEILING	返回大于等于表达式的最小整数
FLOOR	返回小于等于表达式的最大整数
ROUND	取整数，小数的第一位四舍五入
符号函数	
ABS	返回表达式的绝对值
SIGN	测试参数的正负号，返回 0、1 或 −1
其他函数	
PI	返回值为 π，即 3. 141 592 653 589 793 6
RAND	返回 0 到 1 之间的随机浮点数

提示　GETDATE 函数用于返回当前的系统时间，YEAR、MONTH、DAY 函数可以取得时间中的年、月、日的数值。

在查询编辑窗口中运行如下命令：

```
DECLARE @xtsj DATETIME
SET @xtsj = GETDATE()
SELECT YEAR(@xtsj)
SELECT MONTH(@xtsj)
SELECT DAY(@xtsj)
```

5. 数据类型转换函数

在一般情况下，SQL Server 会自动完成数据类型的转换，例如：可以直接将字符数据类型或表达式与 datatime 数据类型或表达式比较；当表达式中用了 int，smallint 或 tinyint 时，SQL Server 也可将 int 数据类型或表达式转换为 smallint 数据类型或表达式，这称为隐式转换。如果不能确定 SQL Server 是否能完成隐式转换或者使用了不能隐式转换的其他数据类型，就需要使用数据类型转换函数做显式转换了。此类函数有两种：

1）CAST（表达式 AS 数据类型及长度）

2）CONVERT（数据类型及长度，表达式，[日期/字符串格式样式]）

其中，日期/字符串格式样式为可选，用于确定将参数转化为字符串之后的样式，包括将 datetime 或 smalldatetime 数据转换为字符数据（char、varchar、nchar 或 nvarchar 数据类型）。

【例 10】 查询学生基本信息表 S 中的学号、姓名、年龄，并且将这三个字段通过"+"运算符连接显示在查询结果中。

提示： 由于计算学生年龄的结果为整数，而学号、姓名均为字符串类型的值，因而在运算之前，需要将年龄的计算结果转化为字符串，即 CAST（Sage AS CHAR（2））。

在查询分析器中运行如下命令：

```
SELECT SNO + Sname + CAST(Sage AS CHAR(2))
FROM S
```

6. 用户自定义函数

从 SQL Server 2000 开始，用户可以自定义函数。在 SQL Server 2008 中用户自定义函数作为一个数据库对象来管理，可以在集成管理器查询窗口中利用 T-SQL 命令来创建（CREATE FUNCTION）、修改（ALTER FUNCTION）和删除（DROP FUNCTION）它。

根据函数返回值的类型，可以把 SQL Server 用户自定义函数分为标量值函数（数值函数）和表值函数（内联表值函数和多语句表值函数）。数值函数返回结果为单个数据值，表值函数返回结果集（table 数据类型）。

（1）创建标量值函数

标量值函数的函数体由一条或多条 T-SQL 语句组成，这些语句以 BEGIN 开始，以 END 结束。创建标量值函数的语法为：

```
CREATE FUNCTION function_name
([{@parameter_name[As]parameter_data_type[ =default][Readonly]}
[,...n]
]
)
RETURNS return_data_type
 [With Encryption]
[AS]
BEGIN
function_body
RETURN scalar_expression
END
```

说明 1）function_name：函数名。

2）@ parameter_name：参数名，必须以@ 开头，可以定义多个参数，中间以逗号分开。

3）parameter_data_type：参数的数据类型。

4）[=default]：参数的默认值。如果定义了 default 值，则无需指定此参数的值即可执行函数。

5）Readonly：指示函数定义中不能更新或修改参数。如果参数类型为用户定义的表类型，则应指定 Readonly。

6）return_data_type：函数返回值的类型，不能是 text、ntext、image 和 timestamp 等类型。

7）With Encryption：函数选型，当使用 Encryption 选项时，函数被加密，函数定义的文本将以不可读的形式存储在 Syscomments 表中，任何人都不能查看该函数的定义，包括函数的创建者和系统管理员在内。

8）BEGIN…END 语句块之间的语句是函数体，其中必须有一条 RETURN 语句返回函数值。

【例 11】　标量值函数示例。

```
CREATE FUNCTION dbo.Fun1()
RETURNS int
AS
BEGIN
    declare @n int
    select @n=3
    return @n
END
```

（2）创建内联表值函数

创建内联表值函数的语法如下：

```
CREATE FUNCTION function_name
([{@parameter_name[As]parameter_data_type[=default][Readonly]}
  [,...n]
]
)
RETURNS Table
[With Encryption]
[AS]
RETURN(select_statement)
```

说明　1）内联表值函数没有函数体。

2）RETURN Table 子句指明该用户自定义函数的返回值是一个表。

3）RETURN 子句中的 SELECT 语句决定了返回表中的数据。

【例 12】　内嵌表值函数示例。

```
CREATE FUNCTION dbo.Fun2()
RETURNS TABLE
AS
RETURN SELECT Sno,Sname FROM S
```

（3）多语句表值函数

与内联表值函数不同的是，多语句表值函数在返回语句之前还有其他的 T-SQL 语句，具体的语法如下：

```
CREATE FUNCTION function_name
([{@parameter_name[As]parameter_data_type[=default][Readonly]}
  [,...n]
]
)
RETURNS @return_variable Table<table_type_definition>
[With Encryption]
[AS]
BEGIN
function_body
RETURN
END
```

说明　1）RETURNS@ return_variable 子句指明该函数的返回值是一个局部变量，该变量的数据类型是 table，而且在该子句中还需要对返回的表进行表结构的定义。

2）BEGIN…END 语句块之间的语句是函数体，该函数体中必须包括一条不带参数的 RETURN 语句用于返回表，在函数体中可以通过 INSERT 语句向表中添加记录。

【例 13】 创建返回 table 的函数，通过学号作为实参调用该函数，显示该学生不及格的课程名及成绩。

```
CREATE FUNCTION score_table
(@student_id char(6))
RETURNS @T_score table
(Cname varchar(20),
Grade int
)
AS
BEGIN
    INSERT into @T_score
    SELECT Cname,Score
    FROM SC,C
    WHERE SC.C#=C.C# and SC.SNO=@student_id
          and Score<60
    RETURN
END
/* 多语句表值函数的调用*/
SELECT * FROM score_table('S3')
```

9.2　存储过程

存储过程是独立存在于数据表之外的数据库对象，存储过程可以由用户调用，也可以由另一个过程或触发器调用。存储过程的参数可以被传递和返回，代码出错也可以被检验。

9.2.1　存储过程概述

存储过程（stored procedure）是一组完成特定功能的 SQL 语句集，经编译后存储在数据库中。用户通过指定存储过程的名字并给出参数（如果存储过程中使用了参数）来执行存储过程。

在 SQL Server 2008 中创建应用程序时，T-SQL 编程语言是用户应用程序和 SQL Server 数据库之间的主要编程界面。当使用 T-SQL 程序时，有两种方法可以存储和执行程序。一种方法是将程序存储在本地，并创建将这些命令发送给 SQL Server 和处理结果的应用程序。另一种方法是将程序在 SQL Server 中保存为存储过程，并创建执行此存储过程和处理结果的应用程序。

SQL Server 中的存储过程与其他编程语言中的过程类似，具有以下特点：

1）接收输入参数并以输出参数的形式为调用过程或批处理返回多个值。

2）包含执行数据库操作的编程语句，包括调用其他过程。

3）为调用过程或批处理返回一个状态值，以表示成功或失败（及失败原因）。

可以使用 T-SQL 的 EXECUTE 语句执行存储过程。存储过程不同于函数，存储过程不能直接用于表达式中。

在 SQL Server 中使用存储过程具有如下优点：

1）存储过程已在服务器注册。

2）存储过程具有安全特性（例如权限）和所有权链接，以及可以附加到它们的证书。

用户可以被授予权限来执行存储过程而不必直接对存储过程中引用的对象具有权限。

3）存储过程可以强制应用程序的安全性。参数化存储过程有助于保护应用程序不受 SQL Injection（SQL 注入）攻击。

4）存储过程允许模块化程序设计。存储过程一旦创建，以后即可在程序中调用任意多次。这可以改进应用程序的可维护性，并允许应用程序统一访问数据库。

5）存储过程可以减少网络通信流量。一个需要数百行 T-SQL 代码的操作可以通过一条执行过程代码的语句来执行，而不需要在网络中发送数百行代码。

9.2.2　存储过程的分类

在 SQL Server 中有多种可用的存储过程，主要有用户自定义存储过程、系统存储过程、扩展存储过程。

1. 用户自定义存储过程

用户自定义存储过程是由用户创建并完成某一特定功能的存储过程，是封装了可重用代码的 T-SQL 语句模块。用户自定义存储过程可以接受输入参数，向客户端返回表格或标量结果和消息，调用数据定义语言和数据操纵语言语句，以及返回输出参数。

在 SQL Server 中，用户自定义的存储过程有两种类型：T-SQL 存储过程或公共语言运行时（Common Language Runtime，CLR）存储过程。本书提到的用户自定义存储过程主要指 T-SQL 存储过程。CLR 存储过程中包含对 Microsoft. NET Framework 公共语言运行方法的引用，这些引用在 . NET Framework 程序集中是作为类的公共静态方法实现的。

2. 系统存储过程

在 SQL Server 2008 中，许多管理活动都是通过一种特殊的存储过程执行的，这种存储过程称为系统存储过程。系统存储过程主要存储在 master 数据库中，并以 sp_为前缀。系统存储过程从系统表中获取信息，从而为数据库系统管理员管理 SQL Server 提供支持。从物理上讲，系统存储过程存储在源数据库中，并且带有 sp_前缀；从逻辑上讲，系统存储过程出现在每个系统定义数据库和用户定义数据库的 sys 架构中。在 SQL Server 中，可将 GRANT、DENY 和 REVOKE 权限应用于系统存储过程。

在 SQL Server Management Studio 中可以查看系统存储过程。启动 SQL Server Management Studio 后，在"对象资源管理器"中依次展开数据库、"XSCJ"节点、"可编程性"节点、"存储过程"节点、"系统存储过程"节点，在"系统存储过程"下可以看到所有系统存储过程的列表。

3. 扩展存储过程

扩展存储过程是指 Microsoft SQL Server 的实例可以动态加载和运行的 DLL，是由用户使用编程语言（例如 C）创建的自己的外部例程，扩展存储过程一般使用_xp 前缀。

9.2.3　创建存储过程

在 SQL Server 2008 中，既可以通过对象资源管理器，也可以通过使用 CREATE PROCE-DRUE 语句的方式来创建存储过程。

1. 利用 CREATE PROCEDURE 语句创建

CREATE PROCEDURE 语句的语法格式为：

```
CREATE{Proc |PROCEDURE}procedure_name[;number]
```

```
[ {@parameter data_type}
[Varying][ =default][Out |Output][Readonly]
][,...n]
[With Encryption |Recompile]
[For Replication]
AS{ < sql_statement >[;][...n]}
[;]
```

各参数的含义如下：

- procedure_name：存储过程名。过程名称必须遵循有关标识符的规则，并且在架构中必须唯一。可在 procedure_name 前面使用一个数字符号（#）（#procedure_name）来创建局部临时过程，使用两个数字符号（##procedure_name）来创建全局临时过程。存储过程或全局临时存储过程的完整名称（包括##）不能超过 128 个字符。局部临时存储过程的完整名称（包括#）不能超过 116 个字符。

- ; number：可选整数，用于对同名的过程分组。使用一个 DROP PROCEDURE 语句可将这些分组过程一起删除。

- @ parameter：过程中的参数。通过将@ 用作第一个字符来指定参数名称。参数名称必须符合有关标识符的规则。每个过程的参数仅用于该过程本身；其他过程中可以使用相同的参数名称。在 CREATE PROCEDURE 语句中可以声明一个或多个参数。除非定义了参数的默认值或者将参数设置为等于另一个参数，否则用户必须在调用过程中为每个声明的参数提供值。存储过程最多可以有 2100 个参数。如果指定了 For Replication，则无法声明参数。

- data_type：参数的数据类型。所有数据类型都可以用作 T-SQL 存储过程的参数。可以使用用户定义表类型来声明表值参数作为 T-SQL 存储过程的参数。只能将表值参数指定为输入参数，这些参数必须带有 Readonly 关键字。cursor 数据类型只能用于 Output 参数。如果指定了 cursor 数据类型，则还必须指定 Varying 和 Output 关键字。可以为 cursor 数据类型指定多个输出参数。

- Varying：指定作为输出参数支持的结果集。该参数由存储过程动态构造，其内容可能发生改变。仅适用于 cursor 参数。

- default：参数的默认值。如果定义了 default 值，则无需指定此参数的值即可执行过程。默认值必须是常量或 NULL。如果过程使用带 LIKE 关键字的参数，则可包含通配符%、_、[ ] 和 [^]。

- Output：指示参数是输出参数。此选项的值可以返回给调用 Execute 的语句。使用 Output 参数将值返回给过程的调用方。

- Readonly：指示不能在过程的主体中更新或修改参数。如果参数类型为用户定义的表类型，则必须指定 Readonly。

- Encryption：指示 SQL Server 将 CREATE PROCEDURE 语句的原始文本转换为模糊格式。模糊代码的输出在 SQL Server 的任何目录视图中都不能直接显示。对系统表或数据库文件没有访问权限的用户不能检索模糊文本。使用此选项创建的过程不能在 SQL Server 复制过程中发布。

- Recompile：指示数据库引擎不缓存该过程的计划，该过程在运行时编译。如果指定了 For Replication，则不能使用此选项。

- For Replication：指定不能在订阅服务器上执行为复制创建的存储过程。使用 For

Replication 选项创建的存储过程可用作存储过程筛选器，且只能在复制过程中执行。如果指定了 For Replication，则无法声明参数。

- sql_statement：要包含在过程中的一个或多个 T-SQL 语句。

另外，一个存储过程的最大尺寸为 128MB，用户定义的存储过程必须创建在当前数据库中。

【例 14】　在 XSCJ 数据库中，创建一个名称为 myproc 的存储过程，该存储过程的功能是从选课表 SC 中查询不及格课程超过 3 门的学生的基本信息。

```
USE XSCJ
GO
CREATE PROCEDURE myrpoc AS
SELECT*
FROM S
WHERE SNO in( SELECT SNO
        FROM SC
        WHERE Score < 60
        GROUP BY SNO
        Having count (*) > 3);
GO
```

【例 15】　定义具有参数的存储过程。在 XSCJ 数据库中，创建一个名称为 InsertRecord 的存储过程，该存储过程的功能是向 S 数据表中插入一条记录，新记录的值由参数提供。

```
USE XSCJ
GO
CREATE PROCEDURE InsertRecord
(
@Sno char (6),
@Sname char (20),
@Sage numeric (5),
@Ssex char (2),
@Sdept char (10)
)
AS
INSERT INTO S VALUES (@Sno,@Sname,@Sage,@Ssex,@Sdept)
GO
```

【例 16】　定义带返回值的存储过程。在 XSCJ 数据库中，创建一个名称为 Query_Student 的存储过程。该存储过程的功能是从数据表 S 中根据学号查询某一同学的姓名和系别。

```
USE XSCJ
GO
CREATE PROCEDURE Query_Student
(
@sno char (6),
@sn char (20) OUTPUT,
@dept char (10) OUTPUT
)
AS
SELECT @sn = Sname,@dept = Sdept
FROM S
WHERE SNO = @sno
GO
```

2. 利用对象资源管理器创建

利用对象资源管理器创建存储过程的具体步骤为：

1）在选定的数据库（如 XSCJ）下展开"可编程性"节点。

2）找到"存储过程"节点，单击鼠标右键，在弹出的快捷菜单中选择"新建存储过程"。

3）在新建的查询窗口中可以看到关于创建存储过程的语句模板，在其中添加相应的内容，单击工具栏上的"执行"命令即可，如图 9-1 所示。

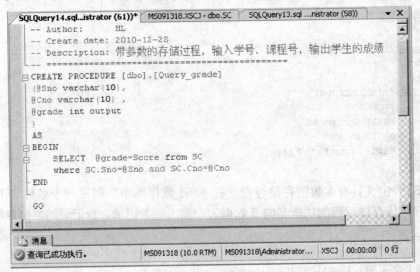

图 9-1　新建存储过程窗口

9.2.4　查看存储过程

存储过程被创建以后，它的名字存储在系统表 sysobjects 中，它的源代码存放在系统表 syscomments 中。可以通过 SQL Server 提供的系统存储过程 sp_helptext 来查看关于用户创建的存储过程信息。其命令格式如下：

sp_helptext 存储过程名称

【例 17】　查看数据库 XSCJ 中存储过程 Query_Student 的源代码。

```
USE XSCJ;
go
sp_helptext query_Student
```

如果在创建存储过程时使用了 WITH ENCRYPTION 选项，那么无论是使用对象资源管理器还是使用系统存储过程 sp_helptext 都无法查看到存储过程的源代码。

9.2.5　删除存储过程

1. 利用对象资源管理器删除存储过程

利用对象资源管理器删除存储过程的具体步骤为：

1）在对象资源管理器窗口中，找到需要删除的存储过程节点，在其上单击鼠标右键，弹出快捷菜单。

2) 在快捷菜单中，单击"删除"菜单，弹出确认删除窗口，单击"确定"按钮即可删除。

2. 使用 DROP PROCEDURE 语句删除存储过程

使用 DROP PROCEDURE 语句可以从当前数据库中删除一个或多个存储过程或过程组，具体的语法形式如下：

```
DROP{Proc |PROCEDURE}{[schema_name.]procedure}[,...n]
```

【例 18】　将存储过程 query_grade 从数据库 XSCJ 中删除。

```
USE XSCJ;
GO
DROP PROCEDURE query_grade
```

9.2.6　执行存储过程

执行已创建的存储过程可使用 EXECUTE 命令，其语法格式如下：

```
EXEC |EXECUTE
{[@return_status =]
{procedure_name[;number] |@procedure_name_var}
[[@parameter =]{value |@variable[OUTPUT] |[DEFAULT][,...n]
[WITH RECOMPILE]}
```

各参数的含义如下：

- @ return_status 是可选的整型变量，用来存储存储过程向调用者返回的值。
- @ procedure_name_var 是一个变量名，用来代表存储过程的名字。

其他参数和保留字的含义与 CREATE PROCEDURE 语句中介绍的一样。

【例 19】　执行数据库 XSCJ 中的存储过程 myproc。

```
EXECUTE myproc
```

【例 20】　执行数据库 XSCJ 中带参数的存储过程 InsertRecord。

```
EXECUTE InsertRecord @Sno = 'S8',@Sname = '王军',@Sage =18,@Ssex ='男',
@Sdept = '计算机系'
```

【例 21】　执行数据库 XSCJ 中带返回值参数的存储过程 Query_Student。

```
DECLARE @sn char(20)
DECLARE @dept char(10)
EXECUTE Query_Student 'S1',@sn OUTPUT,@dept OUTPUT
SELECT '姓名' =@sn,'系别' =@dept
```

9.2.7　修改存储过程

1. 利用对象资源管理器修改存储过程

在 SQL Server Management Studio 中使用对象资源管理器可修改 T-SQL 存储过程，而不需要重新编写。具体步骤为：

1) 在对象资源管理器窗口中，找到需要修改的存储过程节点，在其上单击鼠标右键，弹出快捷菜单。

2) 在快捷菜单中，单击"修改"菜单，弹出修改窗口，如图 9-2 所示。可以在现有存储过程定义的基础上进行修改。

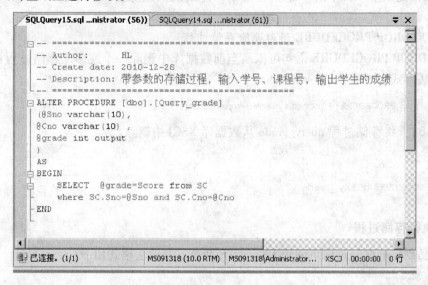

图 9-2　存储过程的修改窗口

3）修改完成后，单击工具栏上的"执行"按钮，即可完成存储过程的修改。

2. 利用 ALTER PROCEDURE 语句修改

ALTER PROCEDURE 语句的语法格式如下：

```
ALTER{PROC|PROCEDURE}[schema_name.]procedure_name[;number]
 [{@parameter[type_schema_name.]data_type}
 [Varying][=default][[Out[Put]
][,...n]
[With Encryption|Recompile]
[For Replication]
AS{<sql_statement>[;][...n]}
[;]
```

其中各参数的具体含义请参看 CREATE PROCEDURE 命令。

9.3　触发器

9.3.1　触发器概述

1. 触发器的概念及作用

触发器（trigger）是 SQL Server 提供的除约束之外的另一种保证数据完整性的方法，它可以实现约束所不能实现的更复杂的完整性要求。

触发器属于一种特殊的存储过程，可以在其中包含复杂的 SQL 语句。触发器与存储过程的区别在于触发器能够自动执行并且不含有参数。通常可以在触发器内编写一段自动执行的程序，用于保证数据操作的完整性，从而扩展了对默认值、约束和规则的完整性检查。对表进行包括添加数据、删除数据、更新数据中的一种或多种操作时，触发器就会自动执行。

使用触发器主要有以下优点：

1）触发器是自动执行的，在数据库中定义了某个对象，或对表中的数据做了某种修改之后立即被激活。

2）触发器可以实现比约束更为复杂的完整性要求，比如 CHECK 约束中不能引用其他表中的列，而触发器中可以引用；CHECK 约束只是由逻辑符号连接的条件表达式，不能完成复杂的逻辑判断功能。

3）触发器可以根据表数据修改前后的状态差异采取相应的措施。

4）触发器可以防止恶意的或错误的 INSERT、UPDATE 和 DELETE 操作。

2. 使用触发器应遵守的规则

在创建和使用触发器时，需要遵循下列规则：

1）CREATE TRIGGER 语句必须是批处理中的第一个语句，且该批处理中随后出现的其他所有语句都将被解释为 CREATE TRIGGER 语句定义的一部分。

2）每一个触发器都是一个数据对象，因此其名称必须遵循标识符的命名规则。

3）在默认情况下，创建触发器的权限将分配给数据表的所有者，且不可以将该权限转给其他用户。

4）虽然触发器可引用当前数据库以外的对象，但只能在当前数据库中创建触发器。

5）虽然不能在临时数据表上创建触发器，但是触发器可以引用临时数据表。

6）既不能在系统数据表中创建触发器，也不可以引用系统数据表。

7）在包含使用 DELETE 或 UPDATE 操作所定义的外码的表中，不能定义 INSTEAD OF 和 INSTEAD OF UPDATE 触发器。

8）下面的语句不可以用于创建触发器：ALTER DATABASE、CREATE DATABASE、DISK INIT、DISK RESIZE、DROP DATABASE、LOAD DATABASE、LOAD LOG、RECONFIGURE、RESTORE DATABASE、RESTORE LOG。

3. 触发器的种类

SQL Server 2008 提供了三种类型的触发器：DML 触发器、DDL 触发器和登录触发器。

（1）DML 触发器

DML 触发器在用户对表中的数据进行插入（insert）、修改（update）和删除（delete）时自动运行。根据触发器代码执行的时机，DML 触发器可以分为两种：After 触发器和 Instead of 触发器。After 触发器在执行了 INSERT、UPDATE 或 DELETE 语句操作之后执行，只能在表上定义，不能在视图上定义。而 Instead of 触发器则代替激活触发器的 DML 操作执行，即 INSERT、UPDATE 和 DELETE 操作不再执行，取而代之的是 Instead of 触发器中的代码。Instead of 触发器可以定义在表上和视图上，通常使用 Instead of 触发器扩展视图支持的可更新类型。

（2）DDL 触发器

与 DML 触发器不同的是，DDL 触发器不会被针对表或视图的 UPDATE、INSERT 或 DELETE 语句触发。相反，它们将为了响应各种数据定义语言（DDL）事件而激活，这些事件主要与以关键字 CREATE、ALTER 和 DROP 开头的 T-SQL 语句对应。

（3）登录触发器

登录触发器将是由登录（login）事件而激活的触发器，与 SQL Server 实例建立用户会话时将引发此事件。登录触发器将在登录的身份验证阶段完成之后且用户会话实际建立之前激发。

9.3.2　触发器的工作原理

从以上的介绍中我们可以看出触发器具有强大的功能，那么 SQL Server 是如何用触发器来完成这些任务的呢？下面我们将对其工作原理及实现做详细介绍。

每个触发器有两个特殊的表：插入表（inserted）和删除表（deleted）。这两个表实际上是在线生成的临时表，是由系统管理的逻辑表，动态驻留在内存中，主要保存因用户操作而被影响到的原数据值或新数据值。这两个表都不允许用户直接对其修改，触发器工作完成后系统自动删除这两个表。

如果表定义了插入类型触发器，插入表用来存储向原表插入的内容；如果表定义了删除类型触发器，删除表用来存储所有的删除行；如果表定义了更新操作，更新操作包括删除更新内容、插入新值两步操作，因此对于定义了更新类型触发器的表来讲，当执行更新操作时，不仅在删除表中存放旧值，还在插入表中存放新值。

1. INSERT 触发器的工作原理

INSERT 触发器的工作过程如图 9-3 所示。

图 9-3 INSERT 触发器的工作过程

INSERT 表中包含 INSERT 语句的日志记录的动作，它还允许引用启动 INSERT 语句的记录数据。触发器可以检查 INSERT 表，确定是否执行触发器动作和如何执行。INSERT 表中的行是触发器表中的一行或多行的重复。当 INSERT 触发器被激发时，新的数据行被添加到创建触发器的表和 INSERT 表中。INSERT 表是一个临时的逻辑表，含有插入行的副本。

2. DELETE 触发器的工作原理。

DELETE 触发器的工作过程如图 9-4 所示。

图 9-4 DELETE 触发器的工作过程

当试图删除触发器保护的表中的一行或多行时，DELETE 触发器被激活。当 DELETE 触发器被激发时，系统从被影响的表中将删除的行放入一个特殊的 deleted 表中。deleted 表是一个临时的逻辑表，含有删除行的副本，允许引用启动 deleted 语句的记录数据。

3. UPDATE 触发器的工作原理。

UPDATE 触发器的工作过程如图 9-5 所示。

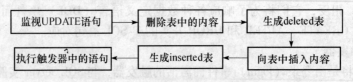

图 9-5 UPDATE 触发器的工作过程

当试图更新定义 UPDATE 触发器的表中的数据时，触发器被激活。UPDATE 触发器将原始行移入 deleted 表中，把更新行插入 inserted 表中。UPDATE 语句可以看成两步，即截获数据前映像的 DELETE 语句和截获数据后映像的 INSERT 语句。触发器将检查 deleted 表和 inserted 表以及被更新的表，确定是否更新多行及如何执行触发器动作。

9.3.3　创建触发器

上面介绍了有关触发器的概念、作用及其工作原理，下面将介绍在 SQL Server 2008 中如何使用 T-SQL 语句和对象资源管理器创建触发器。

1. 创建 DML 触发器

（1）使用 CREATE TRIGGER 创建 DML 触发器

使用 CREATE TRIGGER 创建 DML 触发器的语法格式为：

```
CREATE TRIGGER trigger_name
ON{table |view}
[With Encryption]
{For |After |Instead Of}
{[Insert][,][Update][,][Delete]}
As sql_statement[;]
```

参数说明如下：

- trigger_name：触发器名称，必须遵守标识符命名规则，并且不能以#或##开头。
- table | view：对其执行触发器的表或视图，视图上不能定义 For 和 After 触发器，只能定义 Instead of 触发器。
- With Encryption：指定对触发器进行加密处理。
- For | After：指定触发器中在相应的 DML 操作（INSERT、UPDATE、DELETE）成功执行后才触发。
- Instead Of：指定执行 DML 触发器而不是 INSERT、UPDATE 或 DELETE 语句。在使用了 With Check Option 语句的视图上不能定义 Instead of 触发器。
- ［Insert］［,］［Update］［,］［Delete］：指定能够激活触发器的操作，必须至少指定一个操作。
- sql_statement：触发器代码，根据数据修改或定义语句来检查或更改数据，通常包含流程控制语句，一般不应向应用程序返回结果。

【例 22】　在数据库 XSCJ 中设计一个触发器，该触发器的作用为：当在学生表 S 中删除某一个学生时，在学生选课表 SC 中该学生的成绩记录也全部被删除。

提示　在此例中，由于涉及学生表的删除操作，因而需要设计一个 DELETE 类型的触发器。

在新建的查询窗口中输入如下语句：

```
USE XSCJ
GO
CREATE TRIGGER del_S ON S
AFTER DELETE
AS
    DELETE FROM SC
    WHERE SC.Sno
    IN(SELECT Sno FROM DELETED)
GO
```

该触发器建立完毕后，当执行如下操作时，将会连带删除 SC 表中 S1 学生的选课记录。

```
DELETE FROM S WHERE Sno = 'S1'
```

【例23】 在数据库 XSCJ 中设计一个触发器，该触发器能够保证在学生选课表 *SC* 表中添加新的记录时，新学生的学号已经存在于学生基本信息表 *S* 中。

提示 设计该触发器有助于实现选课信息的完整性。在此例中由于涉及学生选课表中的添加操作，因而需要设计一个 INSERT 类型的触发器。

在新建的查询窗口中输入如下语句：

```
USE XSCJ
GO
CREATE TRIGGER insert_sc ON SC
AFTER INSERT
AS
  IF EXISTS
    ( SELECT * FROM INSERTED WHERE Sno IN(SELECT Sno FROM S)
    )
    PRINT'添加成功！'
  ELSE
    BEGIN
    PRINT '学生表 S 中没有该学生的基本信息。拒绝插入！'
    ROLLBACK TRANSACTION
END
```

该触发器建立完毕后，当在 *SC* 表中插入一条在 *S* 表中并不存在的学生的选课记录时，将给出提示信息。运行结果如图 9-6 所示。

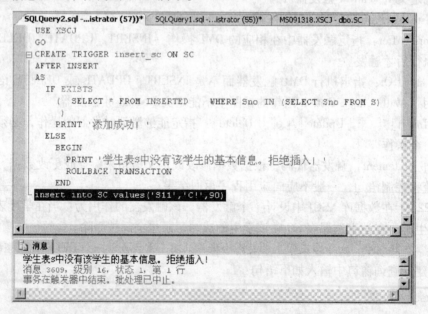

图 9-6　添加操作被取消

（2）使用对象资源管理器创建 DML 触发器

使用对象资源管理器创建 DML 触发器的具体步骤为：

1）打开对象资源管理器，找到希望创建 DML 触发器的表，并将其展开。

2）找到"触发器"节点，单击鼠标右键，在弹出的右键菜单中选择"新建触发器"，如图 9-7 所示。

3）在新建的查询窗口中可以看到关于创建 DML 触发器的语句模板，在其中添加相应的内容，单击工具栏上的"执行"即可。

2. 创建 DDL 触发器

创建 DDL 触发器的 CREATE TRIGGER 语句的语法格式为：

```
CREATE TRIGGER trigger_name
ON{All Server |Database}
[With Encryption]
{For |After}{Event type |event_group}[,...n]
AS sql_statement[;]
```

参数说明如下：

* trigger_name：触发器名称，必须符合标识符命名规则。
* All Server：指定 DDL 触发器的作用域为当前服务器。如果指定了此参数，则只要当前服务器中的任何位置上出现 event_type 或 event_group，就会激活该触发器。
* Database：指定 DDL 触发器的作用域为当前数据库。如果指定了此参数，则只要当前数据库中的任何位置上出现 event_type 或 event_group，就会激活该触发器。

图 9-7　"新建触发器"快捷菜单

* With Encryption：指定将触发器的定义文本进行加密处理。
* For | After：指定 DDL 触发器仅在触发 SQL 语句中指定的所有操作都已成功执行时才被触发。
* event_type：将激活 DDL 触发器的 T-SQL 语言事件的名称。
* event_group：预定义的 T-SQL 语言事件分组的名称。执行任何属于 event_group 的 T-SQL 语言事件之后，都将激活 DDL 触发器。
* sql_statement：触发器代码。

【例 24】　创建一个 DDL 触发器，禁止修改和删除当前数据库中的任何表。

```
USE JXGL;
CREATE TRIGGER safety
ON DATABASE
FOR DROP_TABLE,ALTER_TABLE
AS PRINT '不能删除或修改数据库表!';
ROLLBACK;
```

这样，每当数据库中发生 DROP TABLE 事件或 ALTER TABLE 事件，都将触发 DDL 触发器 safety：

```
SELECT * INTO TS FROM S              --产生一个临时表 TS
drop table TS                        --删除表 TS 失败
go
disable trigger safety ON DATABASE
drop table TS                        --成功删除表 TS
```

9.3.4　查看触发器

1. 查看表中的触发器

执行系统存储过程查看表中的触发器的语法格式如下：

```
EXEC sp_helptrigger 'table'[,'type']
```

其中 table 是触发器所在的表名，type 指定列出操作类型的触发器，若不指定则列出所有的触发器。

2. 查看触发器的定义文本

触发器的定义文本存储在系统表 syscomments 中，查看它的语法格式为：

```
EXEC sp_helptext 'trigger_name'
```

3. 查看触发器的所有者和创建时间

系统存储过程 sp_help 可用于查看触发器的所有者和创建日期，其语法格式如下：

```
EXEC sp_help 'trigger_name'
```

【例25】 查询创建的触发器 del_s 的所有信息。

在查询窗口中输入以下语句：

```
USE XSCJ
GO
EXEC sp_helptrigger 'S'
go
EXEC sp_helptext 'del_s'
go
EXEC sp_helptrigger 'S'
```

运行后的结果如图 9-8 所示。

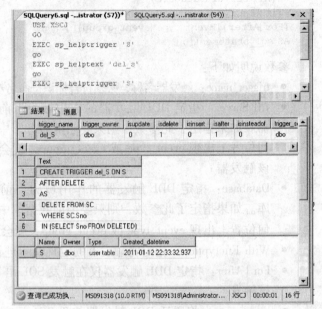

图 9-8　查看触发器的信息

9.3.5　修改触发器

1. 利用对象资源管理器修改触发器

利用对象资源管理器修改触发器，可以在已有的触发器的基础上进行修改，不需要重新编写，具体的步骤为：

1）打开对象资源管理器，找到希望修改 DML 触发器的表，并将其展开。

2）找到"触发器"节点并将其展开，在要修改的触发器节点上单击鼠标右键，在弹出的右键菜单中选择"修改"命令。

3）这时将弹出修改触发器的窗口，可以在原有的基础上进行修改。修改完成后，单击工具栏上的"执行"按钮，即可完成触发器的修改。

2. 利用 ALTER TRIGGER 语句修改触发器

1）修改 DML 触发器的 ALTER TRIGGER 语句的语法格式如下：

```
ALTER TRIGGER schema_name.trigger_name
ON( table |view)
[With Encryption]
{For |After |Instead Of}
{[Delete][,][Insert][,][Update]}
AS sql_statement[;]
```

2）修改 DDL 触发器的 ALTER TRIGGER 语句的语法格式如下：

```
ALTER TRIGGER trigger_name
ON{All Server |Database}
[With Encryption]
{For |After}{event_type |event_group}[,...n]
AS sql_statement[;]
```

相关参数的含义和前面介绍的 CREATE TRIGGER 语句中的参数相同，不再赘述。

3. 使 DML 触发器无效

在有些情况下，用户希望暂停触发器的作用，但并不希望删除它，这时就可以通过 DISABLE TRIGGER 语句使触发器无效，其语法格式如下：

```
DISABLE TRIGGER{[schema.]trigger_name[,...n] |ALL}
ON object_name
```

其中各参数的含义如下：

- schema_name：触发器所属架构的名称。
- trigger_name：要禁用的触发器的名称。
- ALL：指示禁用在 ON 子句作用域中定义的所有触发器。
- object_name：在其上创建 DML 触发器的表或视图的名称。

4. 使 DML 触发器重新有效

要使 DML 触发器重新有效，可使用 ENABLE TRIGGER 语句，其语法格式如下：

```
ENABLE TRIGGER{[schema_name.]trigger_name[,...n] |ALL}
ON object name
```

其中各参数的含义与 DISABLE TRIGGER 语句中各参数的含义相同。

9.3.6　删除触发器

当不再需要某个触发器时，可以将其删除。删除触发器后，它所基于的表和数据不会受到影响。删除表将自动删除其上的所有触发器。

1. 利用对象资源管理器删除触发器

在对象资源管理器中删除 DML 触发器的步骤为：

1）在对象资源管理器中，找到需要删除的 DML 触发器的表节点，并将其展开。

2）找到"触发器"节点并将其展开，在要删除的触发器节点上单击鼠标右键，在弹出的右键菜单中选择"删除"命令。

3）这时将弹出确认删除窗口，单击"确定"按钮即可删除触发器。

2. 使用 DROP TRIGGER 语句删除触发器

使用 DROP TRIGGER 语句可以删除触发器，根据要删除的触发器的类型不同，DROP TRIGGER 语句的语法格式也有所不同。

例如，删除 DML 触发器的 DROP TRIGGER 语句的语法格式为：

```
DROP TRIGGER trigger_name[,...n][;]
```

9.4　小结

本章首先介绍了 SQL Server 2008 的 T-SQL 语言，包括变量、运算符、表达式、流程控制语句。T-SQL 是使用 SQL Server 2008 的核心，如果想要利用 SQL Server 进行相关的编程和开发,就必须使用 T-SQL。本章接着详细介绍了存储过程的特点、定义存储过程和执行存储过程的方法,以及触发器的使用方法。编写有效的存储过程和触发器,可以给用户系统带来更好的一致性和保证数据完整性。通过本章的学习,读者应该掌握以下内容:

1)T-SQL 中流程控制语句的灵活使用。

2)用户自定义存储过程的创建方法和执行存储过程的方法,注意参数的传递和输出参数的使用。

3)触发器的含义以及使用触发器实现数据完整性的方法。

习题

1. 如何在 SQL Server 2008 中定义变量及对变量进行赋值。

2. 使用 T-SQL 流程控制语句编写程序,求两个数的最小公倍数。

3. SQL Server 2008 中常用的函数有哪些?

4. 使用 CASE 函数,判断当前日期是否为闰年。

5. 什么是存储过程,它有哪些优点?

6. 什么是触发器,它与存储过程有什么区别与联系?

7. SQL Server 2008 中的触发器可以分为哪两类?

8. 在 XSCJ 数据库中创建一个存储过程,实现分别按系查询统计男生和女生的人数。

9. 建立一个存储过程级联修改 XSCJ 数据库的 S、SC 两张表,当用户修改 S 表中的 Sno 后,修改 SC 表中对应的数据。

10. 创建一个 INSERT 触发器,该触发器能够在向成绩表中添加数据时,自动判断学号、课程号、成绩是否合法,如果非法则对插入操作进行回滚。

SQL Server数据库访问技术

本章主要介绍数据库的访问技术，首先介绍数据库访问技术的发展过程及现状，然后详细介绍目前主流的几种数据库访问技术的概念和使用方法。了解最新的技术以及该技术的发展变化过程，有助于为当前工作选择合适的技术并对其进行优化。

10.1 数据库访问技术概述

若干年来，数据库应用程序一直占据着应用软件开发的主流地位，数据访问技术也一直在快速地发生着变化。客户端/服务器及多层应用程序结构的出现，使得开发人员不仅需要详细了解正在使用的数据库产品的知识，还必须了解多种数据访问技术。

所谓数据访问其实就是在应用程序中获取数据库或者其他存储设备上的数据，并且可以对数据库或者其他存储设备上的数据进行基本的数据操作，包括查询数据、添加数据、修改数据、删除数据等。

在数据库应用系统开发过程中，数据访问技术可以直接使用数据库引擎，也可以使用通用的数据库接口。在实际设计过程中，往往没有提供数据库引擎，所以在大多数的数据库应用系统开发过程中，主要采用通用数据库接口进行数据库互联。目前，常见的数据库访问技术有 ODBC、OLEDB、ADO、ADO.NET、JDBC 等。在了解最新的技术以及该技术的发展变化后，才能更好地为当前工作选择合适的技术并对其进行优化。

在最基本的数据库设计类型中，应用程序仅依赖于一个数据库，应用程序开发人员可以直接针对数据库系统的接口进行编程。这种方法提供了一种快速而有效的数据访问方式，但这种方法也意味着每个现有的应用程序都必须有不同的版本以支持各个数据库。随着企业的发展、业务的变化发展和合并，应用程序必须访问运行于不同平台的多种数据库。当开发人员需要扩展应用程序时，单数据库的方法就成了阻碍发展的一个大问题。

ODBC 技术为访问异类的 SQL 数据库提供了一个共同的接口。ODBC 使用 SQL 作为访问数据的标准。这一接口提供了最大限度的互操作性：一个应用程序可以通过一组共同的代码访问不同的 SQL 数据库管理系统（DBMS）。因此，开发人员可以构建并分布客户端/服务器应用程序，而无需针对特定的 DBMS。开发人员可以添加数据库驱动程序，将应用程序与用户所选的 DBMS 联系起来。驱动程序管理器提供应用程序与数据库之间的中间链接。ODBC 接口包含一系列功能，由每个 DBMS 的驱动程序实现。当应用程序改变它的 DBMS 时，开发人员只需使用新的 DBMS 驱动程序替代旧的驱动程序，而无需修改代码应用程序仍可以照常运行。

数据访问对象（DAO）访问数据库是一种较高级别的数据访问模式，是建立在 Microsoft Access 的数据库引擎的基础之上的。它通过数据库引擎实现和底层数据库的连接。可以用 DAO 直接访问 Access 数据库，也可以由 DAO 使用 ODBC 连接到不同的数据库，例如 SQL

Server 和 Oracle。DAO 使用 ODBC 连接到不同的数据库时，DAO 专门用来与 Jet 引擎对话，通过数据库引擎解释 DAO 和 ODBC 之间的调用。使用除 Access 之外的数据库时，这种额外的解释步骤导致连接速度较慢。

远程数据对象（Remote Data Object，RDO）是 Microsoft 公司为了克服这样的限制创建的。RDO 以 ODBC 为基础，是位于 ODBC API 之上的一个对象模型，它依赖于 ODBC API 选定的 ODBC 驱动程序以及后端数据库引擎实现大部分的智能和功能。RDO 具备基本的 ODBC 处理方法，可以直接执行大多数 ODBC API 函数。RDO 是从 DAO 派生出来的，但两者很大的不同在于其数据库模式。DAO 是针对记录和字段的，而 RDO 是作为行和列来处理的。此外 DAO 是访问 Access 的 Jet 引擎的接口，而 RDO 则是访问 ODBC 的接口。RDO 的优势在于它完全被集成在 VB 之中，并且可以直接访问 SQL Server 存储过程，完全支持 T-SQL 等。

对象链接和嵌入数据库（OLEDB）是一种新的底层接口，它提供一种统一的数据访问接口。OLEDB 由 3 个组件构成：数据使用者（例如，一个应用程序）、包含并公开数据的数据提供程序以及处理并传输数据的服务组件（例如，查询处理器、游标引擎），这些 COM 接口提供集中的数据库管理服务。使用 OLEDB API，可以编写能够访问符合 OLEDB 标准的任何数据源的应用程序，也可以编写针对某种特定数据存储的查询处理程序和游标引擎。因此 OLEDB 不局限于 ISAM、Jet 甚至关系数据源，它能够处理任何类型的数据，而不用考虑它们的格式和存储方法。在实际应用中，这种多样性意味着可以访问驻留在 Excel 电子数据表、文本文件甚至邮件服务器如 Microsoft Exchange 中的数据。OLEDB 和 ODBC 的主要区别在于 ODBC 标准的对象是基于 SQL 的数据源，而 OLEDB 的对象则是范围更为广泛的任何数据存储。因此，符合 ODBC 标准的数据源是符合 OLEDB 标准的数据存储的子集。符合 OD-BC 标准的数据源要符合 OLEDB 标准，还必须提供相应的 OLEDB 服务程序，正如 SQL Server 要符合 ODBC 标准，必须提供 SQL Server ODBC 驱动程序一样。微软已经为所有的 ODBC 数据源提供了一个统一的 OLEDB 服务程序，即 ODBC OLEDB Provider。

ActiveX 数据对象（ADO）是与语言无关的组件技术。为了使得各种流行的编程语言都可以编写符合 OLEDB 标准的应用程序，微软在 OLEDB API 之上，提供了一种面向对象、与语言无关的应用编程接口，即 ADO。与 DAO、RDO 等类似，ADO 实际上是一种对象模型，只不过这个对象模型相对简单。

ADO.NET 是在微软的 .NET 中创建分布式和数据共享应用程序的应用程序开发接口（API）。它是一组用于和数据源进行交互的面向对象类库，提供与数据源进行交互的相关的公共方法，对于不同的数据源采用一组不同的类库。这些类库称为 Data Provider，并且通常是以与之交互的协议和数据源的类型来命名的。通常情况下，数据源是数据库，但它同样也能够是文本文件、Excel 表格或者 XML 文件。可以将 ADO. NET 当做是一种与数据库的交互方式。

下面的小节中将分别介绍 ODBC、OLEDB、ADO、ADO. NET、JDBC 这几种常见的数据库访问技术。

10.2   ODBC 技术

ODBC（Open DataBase Connectivity，开放数据库互连）是由 Microsoft 开发和定义的一种访问数据库的应用程序接口标准，是一组用于访问不同构造的数据库的驱动程序。在数据库应用程序中，不必关注各类数据库系统的构造细节，只要使用 ODBC 提供的驱动程序发送 SQL 语句，就可以存取各类数据库中的数据。

10.2.1　ODBC 概述

在传统的数据库管理系统中，每个数据库管理系统都有自己的应用程序开发接口（API），应用程序使用数据库系统所提供的专用开发工具（如嵌入式 SQL 语言）进行开发，这样的应用程序只能运行在特定的数据库系统环境下，适应性和可移植性比较差。在用户硬件平台或操作系统发生变化时，应用程序需要重新编写。此外，嵌入式 SQL 语言只能存取某种特定的数据库系统，因此一个应用程序只能连接同类的 DBMS，而无法同时访问多个不同的 DBMS，而在实际应用中通常需要同时访问多个不同的 DBMS。例如，在一个单位中，财务、生产和技术等部门常根据自身专业的特点选择不同的 DBMS，而建立企业级管理信息系统时，需要同时访问各个部门的数据库。这种情况下使用传统的数据库应用程序开发方法就难以实现。为了解决这些问题，Microsoft 公司开发了 ODBC。

ODBC 是 Microsoft 公司开发的一套开放数据库系统应用程序接口规范，目前已成为一种工业标准，它提供了统一的数据库应用编程接口（API），为应用程序提供了一套高层调用接口规范和基于动态连接库的运行支持环境。使用 ODBC 开发数据库应用时，应用程序调用的是标准的 ODBC 函数和 SQL 语句，数据库底层操作由各个数据库的驱动程序完成。因此应用程序有很好的适应性和可移植性，并且具备了同时访问多种数据库管理系统的能力，从而彻底克服了传统数据库应用程序的缺陷。

10.2.2　ODBC 体系结构

ODBC 驱动程序类似于 Windows 下的打印驱动程序，对用户来说，驱动程序屏蔽了不同对象（数据库系统或打印机）间的差异。同样的，ODBC 屏蔽了 DBMS 之间的差异。ODBC 的体系结构分为应用程序、驱动程序管理器、驱动程序和数据源 4 层，如图 10-1 所示。

1. ODBC 数据库应用程序

应用程序是使用 VB、VC、ASP 等语言编写的程序。这些语言一般称为数据库应用系统的宿主语言。在应用程序中，利用宿主语言的开发平台，编制图形用户界面和数据处理的逻辑算法，通过 ODBC 应用程序中的接口，实现对数据库的操作。

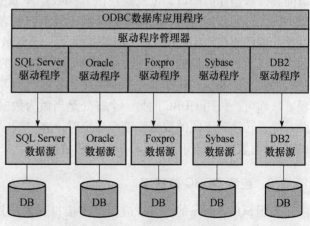

图 10-1　ODBC 的体系结构

2. 驱动程序管理器

驱动程序管理器是 Windows 下的一个应用程序，如果系统安装了 ODBC 驱动程序管理器，在 Windows 操作系统环境下的控制面板中就会有"数据源 ODBC"图标。驱动程序管理器用于在应用程序和各类数据库系统的驱动程序之间传递数据。应用程序不能直接调用各类数据库的驱动程序。驱动管理程序在应用系统运行时，负责加载相应的各类数据库（如 SQL Server、Oracle、Foxpro 等）的驱动程序，并把结果返回给应用程序。

3. DBMS 驱动程序

各种数据库有各自的驱动程序。某种数据库的驱动程序与对应的数据源连接。驱动程序用于实现 SQL 请求，并把操作结果返回给 ODBC 驱动管理程序。驱动程序还负责在访问数据源时，进行数据格式和类型的转换。

4. 数据源

数据源（Data Source Name，DSN）是一组数据的位置，是指任何一种可以通过 ODBC 连接的数据库管理系统，包括要访问的数据库和数据库的运行平台。用于表示驱动程序与某个目标数据集连接的命名表达式，称为数据源名。数据源名掩盖了数据库服务器或数据库文件间的差别，通过定义多个数据源，使每个数据源指向一个服务器名，就可在应用程序中实现同时访问多个 DBMS 的目的。

数据源是驱动程序与 DBS 连接的桥梁，数据源名不是 DBS，而是用于表达一个 ODBC 驱动程序和 DBMS 特殊连接的命名。在连接中，用数据源名来代表用户名、服务器名、所连接的数据库名等，可以将数据源名看成是与一个具体数据库建立的连接。

数据源分为以下三类：

- 用户数据源。用户创建的数据源，称为"用户数据源"。此时只有创建者才能使用数据源，并且只能在所定义的机器上运行它。任何用户都不能使用其他用户创建的用户数据源。
- 系统数据源。所有用户和在 Windows NT 下以服务方式运行的应用程序均可使用系统数据源。
- 文件数据源。文件数据源是 ODBC 3.0 以上版本中增加的一种数据源，可用于企业用户，ODBC 驱动程序也安装在用户的计算机上。

总之，ODBC 提供了在不同数据库环境中为客户端/服务器（简称 C/S）结构的客户端访问异构数据库的接口，也就是在由异构数据库服务器构成的 C/S 结构中，要实现对不同数据库进行的数据访问，就需要一个能连接不同的客户端平台到不同服务器的桥梁，ODBC 就是起这种连接作用的桥梁。ODBC 提供了一个开放的、标准的、能访问从 PC 机、小型机到大型机数据库数据的接口。使用 ODBC 标准接口的应用程序，开发者可以不必深入了解要访问的数据库系统，比如其支持的操作和数据类型等信息，而只需掌握通用的 ODBC API 编程方法即可。使用 ODBC 的另一个好处是当做为数据库源的数据库服务器上的数据库管理系统升级或转换到不同的数据库管理系统时，客户端应用程序不需作任何改变，因此利用 ODBC 开发的数据库应用程序具有很好的移植性。

10.2.3 配置 ODBC 数据源

使用 SQL Server 的 ODBC 应用程序接口开发应用系统，除了需安装 ODBC 驱动程序之外，还需要创建 ODBC 的数据源。创建数据源时，应该打开 ODBC 数据源管理器进行配置。

若操作系统是 Windows 2000 或 Windows XP，可通过单击"开始"→"设置"→"控制面板"→"管理工具"→"数据源（ODBC）"来打开 ODBC 数据源管理器；若系统是 Windows 98，则可以通过单击"开始"→"设置"→"控制面板"→"ODBC 数据源"来打开 ODBC 数据源管理器。下面以建立 SQL Server 数据源为例，介绍 ODBC 数据源配置。

【例1】 使用向导配置 ODBC 数据源。

1）在"控制面板"中的"管理工具"下双击"数据库（ODBC）"图标，打开"ODBC 数据源管理器"，如图 10-2 所示。

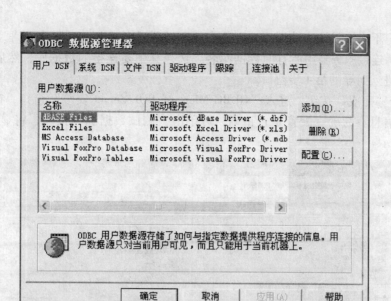

图 10-2　ODBC 数据源管理器

2）在"ODBC 数据库管理器"中可以选择"用户 DSN"、"系统 DSN"、"文件 DSN"。用户创建自己的数据源，可以选择"用户 DSN"选项卡，单击"添加"按钮，进入"创建新数据源"窗口，创建一个新的数据源，如图 10-3 所示。

图 10-3　"创建新数据源"对话框

3）在图 10-3 中选择驱动程序 SQL Server，单击"完成"按钮，进入"建立新的数据源到 SQL Server"窗口。在"名称"、"说明"框中，输入数据源名称和对数据源的描述；在"服务器"下拉列表中，显示 SQL Server 中所有的服务器名。选择其中要连接的服务器，也可以输入"（local）"，表示连接到本地服务器上，然后单击"下一步"按钮，进入向导的第2 步窗口。

4）在"登录"、"密码"框中输入用户名和密码，然后单击"下一步"按钮，进入向导的第 3 步窗口。在"建立新的数据源到 SQL Server"对话框中，默认的连接是 master 数据库。如果用户不连接默认的数据库，则选中"更改默认的数据库为"复选框。这时在下拉列表中，显示连接服务器中所有的数据库名。选择其中要连接的数据库，然后单击"下一步"按钮，进入向导的第4步窗口。

5）单击"完成"按钮，进入"ODBC Microsoft SQL Server 安装"窗口，窗口中显示数据源配置的信息。为确定配置是否正确，可单击"测试数据源"按钮，将显示测试结果，如图10-4所示。

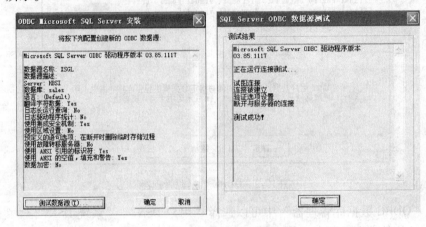

图10-4　数据源测试

6）单击"确定"按钮，返回"ODBC Microsoft SQL Server 安装"窗口。

7）单击"确定"按钮，返回"ODBC 数据源管理器"窗口，这时在列表中可看到新创建的数据源名称和它的驱动程序。如果需对数据源的配置进行修改，可在列表中选择数据源后单击"配置"，进入向导的第1步窗口并在其中进行相应的操作，如前所述。

系统数据源和文件数据的配置操作与用户数据的配置操作相同。

10.3　ADO 和 ADO.NET

10.3.1　OLEDB

OLEDB 是在 ODBC 之后开发的，它提供了对关系数据库的访问，并且扩展了由 ODBC 提供的功能，主要用作所有数据类型的标准接口。OLEDB 是 Microsoft 的通用数据访问的基础。通用数据访问指的是一组通用接口，用来代表来自任何数据源的数据。除了关系数据库的访问外，OLEDB 还提供对各种各样的数据源的访问。OLEDB 的应用程序一般归类为：OLEDB 提供者的驱动程序和 OLEDB 消费者的应用程序。OLEDB 消费者是为使用 OLEDB 接口而编写的应用程序。OLEDB 提供者是访问数据源的驱动程序，并且通过 OLEDB 接口向 OLEDB 消费者提供数据。OLEDB 提供者又可以划分为数据提供者和服务提供者。数据提供者简单地从数据源中提取数据，而服务提供者则传输和处理数据。

OLEDB 是系统级的编程接口，它定义了一组 COM 接口，这组接口封装了各种数据库系统的访问操作，为数据使用者和数据提供者建立了标准。

OLEDB 还提供了一组标准的服务组件，用于提供查询、缓存、数据更新和事务处理等操作，因此，数据提供者只需实现一些简单的数据操作，使用者就可以获得全部的数据控制能力；另外，OLEDB 对所有的文件系统包括关系数据库和非关系数据库都提供了统一的接口。这些特性使得 OLEDB 技术比 ODBC 技术更加优越。

10.3.2　ADO

ActiveX 数据对象（ActiveX Data Object，ADO）是基于 OLEDB 的访问接口，它是面向对象的 OLEDB 技术，继承了 OLEDB 的优点，属于数据库访问的高层接口。ADO 是封装 OLEDB 所提供的功能的高级包裹程序，最初是为 VB 6.0 提供的。ADO 是一个 OLEDB 消费者，将 OLEDB 封装在一个对象模型中，允许不支持低级内存访问和操纵的交互式脚本语言，提供了对 OLEDB 数据源应用程序级的访问功能。

ADO 代表了一种通过数据绑定的 ActiveX 控件和五种特殊类的组合来提供数据库访问方法。这些类按照功能分为两组：数据提供程序和数据集，其中每一种数据提供程序都可以完成数据库连接中的部分工作并具备一定级别的自动化处理能力。由于 ADO 是基于 COM 技术的，所以可以创建对象的脚本语言基本上都能够使用它从数据库中检索数据。通常 ADO 会用在不同类型的脚本语言中。

ADO 对象模型定义了一个可编程的分层对象集合，主要由三个对象成员 Connection、Command 和 Recordset，以及几个集合对象 Errors、Parameters 和 Fields 等所组成，如图 10-5 所示。

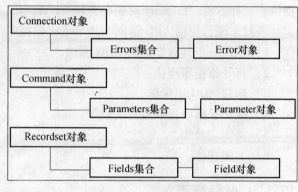

图 10-5　ADO 对象模型

1. Connection 对象

在 ADO 的模型中，Connection 对象是最基本的对象，主要用于提供与数据库的连接。其他的两个对象都是通过它与数据库的连接来完成操作的。只有 Connection 对象才能指定希望使用的 OLEDB 提供者、连接到数据存储的安全细节以及其他任何连接到数据存储特有的细节。

2. Command 对象

Command 对象是对数据存储执行命令的对象。Command 对象是专门为处理命令的各方面问题而创建的。实际上，当从 Connection 对象中运行一条命令时，已经隐含地创建一个 Command 对象。Command 对象主要是向 SQL 语句和存储过程传递参数，依靠 SQL Server 的强大功能来完成数据库的操作。

3. Recordset 对象

Recordset 对象是 ADO 中使用最为普遍的对象，因为它含有从数据存储中提取的数据集。我们经常运行不返回数据的命令，比如那些增加或更新数据的命令，但在大多数情况下很有可能会得到一系列记录。Recordset 对象是拥有这些记录的对象。可以更改（增加、更新和删除）记录集中的记录、上下移动记录、过滤记录并只显示部分内容等。Recordset 对象也包含 Fields 集合，Fields 集合中有记录集中每一个字段（列）的 Field 对象。

4. Error 对象

ADO 会在 Connection 对象中创建一个 Error 对象。对于由 OLEDB 提供程序所产生的错误，Error 对象提供了附加的信息。单个 Error 对象可以包含一个以上的错误信息。每个对象都与一个特定的事件相关联，例如提交事务。

5. Field 对象

Field 对象包含 Recordset 对象中单列数据的信息。可以把 Field 对象想象为表中的一个列，它包含的都是同一种类型的数据，这些数据来自与一个记录集合相关的所有记录中的同一列。

6. Parameter 对象

Parameter 对象用于为 Command 对象定义单个参数。利用参数可以控制存储过程或者查询的结果。Parameter 对象可以提供输入参数、输出参数或者输入/输出参数。

7. Property 对象

一些 OLEDB 提供程序需要对标准的 ADO 对象进行扩展。Property 对象为完成这类工作提供了一种方法。Property 对象包含属性、名字、类型以及值的信息。

一般来说，使用 ADO 访问 SQL Server 数据库的大致步骤为：

1）创建一个到数据库的 ADO 连接。

2）打开数据库连接。

3）创建 ADO 记录集。

4）从记录集中提取需要的数据。

5）关闭记录集。

6）关闭连接。

10.3.3 ADO.NET

ADO.NET 是由微软的 Microsoft ActiveX Data Object（ADO）升级发展而来的，是在 .NET 中创建分布式数据共享程序的开发接口。ADO.NET 提供了一组数据访问服务的类，可用于对 Microsoft SQL Server、Oracle 等数据源及 OLEDB 和 XML 公开的数据源的一致访问。

1. ADO.NET 的新特点

ADO.NET 是一种高级的数据库访问技术，虽然始于 ADO，但确是一个改进了的 ADO 的新版本，ADO.NET 最终演变成了一个和 ADO 非常不同的技术。

（1）断开连接技术

ADO.NET 是对 ADO 的一个跨时代的改进，两者的最主要的区别表现在 ADO.NET 可在"断开连接模式"下访问数据库，即用户访问数据库中的数据时，首先要建立与数据库的连接，从数据库中下载需要的数据到本地缓冲区，之后断开与数据库的连接。此时用户对数据的操作（添加、修改、删除等）都是在本地进行的，只有需要更新数据库中的数据时，才再次与数据库连接，发送修改后的数据到数据库后关闭连接。这样大大减少了因连接过多（访问量较大时）对数据库服务器资源的大量占用。

（2）数据集缓存技术

在 ADO 中，数据在内存中表现为记录集（Recordset），就像一个虚拟数据表。而在 ADO.NET 中，从数据源检索的数据在内存中缓存为数据集（Dataset）。数据集就像一个虚拟的内存中的数据库，包括一个或多个数据表（DataTable）。这些表之间通常还包含关系和约束信息。由于数据集可以保存多个独立的表并维护表间关系，因此，它可以保存比记录集丰富得多的数据结构。数据集与数据库之间没有任何实际关系，这样，就不必保持与数据库的连接状态，使数据库可以自由执行其他任务。当在数据集上执行完更新操作后，再连接基础数据库写入结果。

（3）程序间更好地共享数据

由于 ADO.NET 传送的数据都是 XML 格式的，因此任何能够读取 XML 格式的应用程序都可以使用 ADO.NET 进行数据处理。事实上，接收数据的组件不一定是 ADO.NET 组件，它可以是一个基于 Microsoft Visual Studio 的解决方案，也可以是任何运行在其他平台上的任何应用程序。

2. ADO.NET 对象模型

ADO.NET 模型的一个主要目标是将数据操作与数据访问分开。要完成此任务，ADO.NET 向外界提供了两个核心组件：.NET 数据提供程序和 DataSet。.NET 数据提供程序主要负责数据访问，而 DataSet 主要负责对数据的操作。

图 10-6 说明了 .NET Framework 数据提供程序与 DataSet 之间的关系。

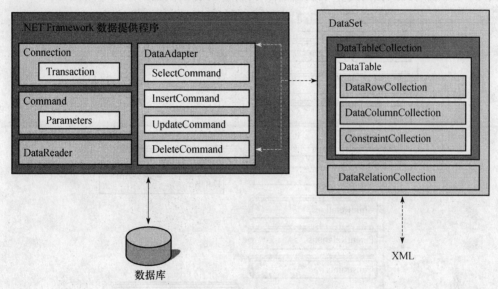

图 10-6　ADO.NET 对象模型

（1）.NET 数据提供程序

.NET 数据提供程序作为一个核心元素，在应用程序与数据源之间搭起了一座桥梁，是访问数据库的必备条件。它从数据源返回查询结果，在数据源上执行命令，把数据集上的改变提交到数据源。数据提供程序实现了对数据的通用访问形式。

数据提供程序与数据源类型紧密相关，不同的数据源有不同的数据提供程序。不管是哪一种提供程序，都要实现数据库连接接口（IDbConnection）、数据库命令接口（IDbCommand）、数据读取器接口（IDbDataReader）、数据适配器接口（IDbDataAdapter），以实现数据操作的统一。

.NET 数据提供程序用于连接数据库、执行命令和检索结果，共分为 4 种，分别是：SQL Server.NET 数据提供程序、OLEDB.NET 数据提供程序、ODBC.NET 数据提供程序和 Oracle.NET 数据提供程序。

.NET 数据提供程序提供了四个核心对象，分别是 Connection、Command、DataReader 和 DataAdapter 对象。这些对象及其功能如表 10-1 所示。

表10-1 核心对象

对象	功能
Connection	建立与特定数据源的连接
Command	对数据源执行命令
DataReader	从数据源中读取只向前的且只读的数据流，是一个简易的数据集
DataAdapter	用数据源填充 DataSet 并解析更新

（2）DataSet 数据集

DataSet 数据集对象是支持 ADO.NET 的断开式、分布式数据方案的核心对象。DataSet 是数据的内存驻留表示形式，无论数据源是什么，它都会提供一致的关系编程模型。它可以用于多个不同的数据源，如用于 XML 数据、用于管理应用程序本地的数据等。DataSet 包括相关表、约束和表间关系在内的整个数据集。DataSet 的对象模型如图10-7 所示。

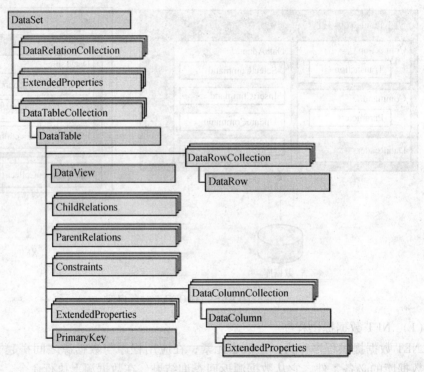

图 10-7 DataSet 的对象模型

DataSet 数据集可以包含表、表间关系、主码与外码的约束等，可以把它看做内存中的数据源。DataSet 对象模型中各主要对象的关系如下：DataTable 对象表示数据表，在 DataTable 对象中又包含了字段（列）和记录（行）。在 DataSet 中可以包含一个或多个 DataTable 对象，多个 DataTable 又组成了 DataTableCollection 集合对象。多个表之间可能存在一定的关系，表间的关系用 DataRelation 对象来表示，该对象通常表示表间的主外码关系（参照完整性）。多个表之间可能存在多个关系，因此 DataSet 可以包含一个或多个 DataRelation 对象，多个 DataRelation 对象又组成了 DataRelationCollection 集合对象。

3. 访问数据库方式

ADO.NET 是由很多类组成的一个类库。这些类提供了很多对象，分别用来完成和数据库的连接，进行查询、插入、更新和删除等操作，如图10-8 所示。它主要包括 Connection、

Command、DataReader、DataAdapter、DataSet 共 5 个对象。这 5 个对象提供了两种读取数据库的方式：第一种是利用 Connection、Command 和 DataReader 对象，这种方式只能读取数据库，即不能修改记录，如果只是想查询记录的话，这种方式的效率更高；第二种是利用 Connection、Command、DataAdapter 和 DataSet 对象，这种方式更灵活，可以对数据库进行各种操作。

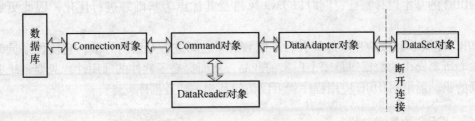

图 10-8　ADO.NET 访问数据库的方式

4. 使用 ADO.NET 开发数据库应用程序

使用 ADO.NET 开发数据库应用程序一般分为以下几个步骤：

1）根据使用的数据源，确定使用的 .NET 数据提供程序。

2）建立与数据源的连接，创建 Connection 对象来连接数据库。

3）创建 Command 对象，执行 SQL 命令。

4）创建 DataAdapter 对象，提供数据源与记录集之间的数据交换，以及数据库与内存中的数据交换。创建 DataSet 对象，将从数据源中得到的数据保存在内存中，并对数据进行各种操作。

5）创建 Windows 窗体，添加必要的控件。设置各控件的属性，编写主要控件的事件代码。

使用 ADO.NET 开发数据库应用程序，可以使用 ADO.NET 代码访问数据库，也可以使用 ADO.NET 控件访问数据库，还可以使用数据窗体向导。

10.4　JDBC 技术

10.4.1　JDBC 简介

JDBC 是 Javasoft 公司制定的 Java 数据库连接（Java Data Base Connectivity）技术的简称，由一组用 Java 编程语言编写的类和接口组成，是为各种常用数据库提供无缝连接的技术。

JDBC 定义了 Java 语言同 SQL 数据之间的程序设计接口。JDBC 是一种低级 API，用于直接调用 SQL 命令，并比其他的数据库连接 API 易于使用。同时它也是高级 API 的基础，它被设计为一种基础接口，在此之上可以建立高级接口和工具。高级接口使用一种更易于理解和更为方便的 API，这种 API 在幕后被转换为如 JDBC 这样的低级接口。高级接口是 "对用户友好的" 接口，例如用于 Java 的嵌入式 SQL、DBMS 实现 SQL 都是基于 JDBC 的高级 API。

JDBC 完全是用 Java 编写的。JDBC 在 Web 和 Internet 应用程序中的作用和 ODBC 在 Windows 系列平台应用程序中的作用类似，它为数据库开发人员提供了一个标准的 API，使他们能够用纯 Java API 来编写数据库应用程序。

Java 具有坚固、安全、易于使用、易于理解等特性，是编写数据库应用程序的杰出语言。虽然 Microsoft 的 ODBC（开放式数据库连接）API 可能是目前用于访问关系数据库的编程接口中使用最广泛的，但是 ODBC 不适合直接在 Java 中使用。因为 ODBC 使用 C 语言接口，从 Java 调用本地 C 代码在安全性、实现、坚固性和程序的自动移植性方面都有许多缺点。所以 Java 可以使用 ODBC，但最好是在 JDBC 的帮助下以 JDBC-ODBC 桥的形式使用。

JDBC API 对于基本的 SQL 抽象和概念是一种自然的 Java 接口。它建立在 ODBC 上，保留了 ODBC 的基本设计特征，同时以 Java 风格及其优点为基础并进行优化，因此更加易于使用。

JDBC 提供了 Java 应用程序与各种不同数据库之间进行对话的方法，它使程序员编程时不用关心所要操作的数据库是哪个厂家的产品，从而提高了软件的通用性。只要系统上安装了正确的驱动器组，JDBC 应用程序就可以访问其相关的数据库。

10.4.2　JDBC 的基本结构

JDBC 的基本结构如图 10-9 所示。从图 10-9 中可以看出：顶层是 Java 应用程序，它既可以是 Applet 应用程序，也可以是独立运行的 Application 应用程序，甚至还可以是服务器上运行的 Servlet 和 EJB 组件等。其他两层是 JDBC 接口，分别是面向程序员的 JDBC API 及面向数据库厂商的 JDBC Driver API。

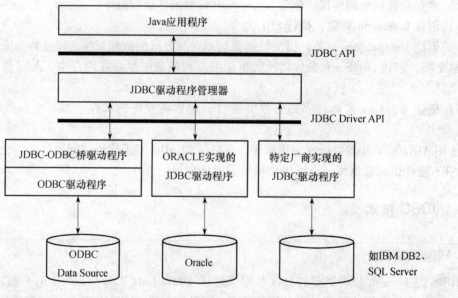

图 10-9　JDBC 的基本结构

1. Java 应用程序

Java 应用程序通过 JDBC API 接口，经由 JDBC 驱动程序管理器、JDBC Driver API 和 JDBC 驱动程序访问下层的数据库。JDBC API 屏蔽了不同的数据库驱动程序之间的差异，使得程序设计人员只能用一个标准的、纯 Java 的数据库程序设计接口，为在 Java 中访问任意类型的数据库提供支持。

2. JDBC 驱动程序管理器

JDBC 驱动程序管理器为应用程序装载数据库驱动程序，它与具体的数据库有关，用于向数据库提交 SQL 请求。

3. JDBC 驱动程序

数据库驱动程序一般是由生产数据库的厂商提供的。不同的厂商为数据库提供不同的驱动程序，从而把访问操作数据库的复杂操作封装在自己的驱动程序中。例如，数据库厂商 Oracle 为 Oracle 10 数据库提供了不同的驱动程序，但都实现了 JDBC 接口。

对于应用程序开发人员而言，不必关心特定数据库的复杂操作，只需要掌握 Java 提供的访问数据库的接口，就可以编写访问不同类型的数据库的应用程序。

10.4.3　使用 JDBC 访问数据库

1. JDBC 中的主要类和接口

JDBC 由一系列的类和接口组成，包括：

1）连接（connection）：实现建立与数据库的连接。

2）SQL 语句（statement）：向数据库发起查询请求。

3）结果集（resultset）：处理数据库返回结果。

其中核心的类和接口包含在 java.sql 包和 javax.sql 包中。表 10-2 中列出了 java.sql 包中访问数据库的重要类和接口及它们的功能说明。

表 10-2　访问数据库的重要类和接口

类名	功能说明
java.sql.DriverManager	用于加载驱动程序，建立与数据库的连接。在 JDBC 2.0 中建议使用 DataSource 接口来连接包括数据库在内的数据源
java.sql.Driver	驱动程序接口
java.sql.Connection	用于建立与数据库的连接
java.sql.Statement	用于执行 SQL 语句并返回结果。它有两个子类：java.sql.PreparedStatement（用于执行预编译的 SQL 语句）和 java.sql.CallableStatement（用于执行对于一个数据库的内嵌过程的调用）
java.sql.ResultSet	控制 SQL 查询返回的结果集
java.sql.SQLException	SQL 异常处理类，其父类是 java.lang.Exception

2. JDBC 访问数据库的基本过程

JDBC API 支持数据库访问的两层模型，也支持三层模型。在两层模型中，用户的计算机为客户端，提供数据库的计算机为服务器，Java 应用程序使用 JDBC 驱动程序驻留在客户端的本地机器上，通过某种厂家专有的 JDBC 驱动程序在网络上连接远程数据库。这种结构中，Java 应用程序将透明地连接资源。

在三层模型中，用户的 SQL 语句先是被发送到服务的"中间层"，然后由中间层将 SQL 语句发送给数据库。数据库对 SQL 语句进行处理并将结果送回到中间层，中间层再将结果送回给用户。例如，在客户端的 Applet 使用 Web 浏览器连接服务器应用程序，再通过服务器应用程序连接数据库。由于三层模型可以提供一些性能上的好处，越来越多的数据库应用程序已经往三层或多层模型发展。

目前各种驱动程序的厂家将所有的数据库接入逻辑都交给 JDBC 驱动程序实现，因此 JDBC 的程序设计人员编写两层结构的 JDBC 应用方案模型和三层结构的 JDBC 应用方案模型的代码几乎完全相同。

利用 JDBC 访问数据库需要经历下面几个基本步骤：

1）注册数据源。

2）加载 JDBC 驱动程序。

3）创建数据库连接。

4）创建 Statement。

5）执行 Statement。

6）处理查询结果集。

7）关闭数据库连接。

10.5　小结

本章首先简要介绍了数据库访问技术的发展演化过程，然后针对目前主流的几种数据库访问技术，阐述了其基本概念和使用方法。ODBC 是一个底层接口，是由 Microsoft 开发和定义的一种访问数据库的应用程序接口标准。OLEDB 是在 ODBC 之后开发的，也是一个底层接口，它提供了对关系数据库的访问，并且扩展了由 ODBC 提供的功能，主要用作所有数据类型的标准接口。ADO 和 ADO.NET 是两种不同的高级的数据库访问技术，ADO 适用于本地数据库，ADO.NET 适用于分布式应用程序。

JDBC 也是一种低级 API，它定义了 Java 语言同 SQL 数据之间的程序设计接口。JDBC 在 Web 和 Internet 应用程序中的作用和 ODBC 在 Windows 系列平台应用程序中的作用类似。掌握和了解各种数据库访问技术的优劣和特性有助于为当前工作选择更合适的技术。

习题

1. ODBC 的作用是什么？简述 ODBC 的体系结构。

2. 简述 ODBC 数据源的配置方法。

3. 简述 OLEDB 的意义和作用。

4. 简述 ADO 和 ADO.NET 的区别。

5. 简述 ADO.NET 对象模型的组成。

6. 给出一个通过 ADO.NET 连接 SQL Server 数据库的具体实例。

7. 简述 JDBC 的体系结构。

8. 简述 JDBC 访问数据库的基本方法。

SQL Server数据库应用系统开发

随着计算机技术在社会各领域的逐渐普及，作为最主要应用之一的数据库应用系统也在社会各个领域得到越来越广泛的应用。众所周知，一个数据库应用系统的主要工作就是对数据库进行增加、修改、删除、更新等数据处理，对数据库中的数据进行查询、统计、打印、报表操作等。一个数据库应用系统的设计主要包括数据库的设计和应用软件的设计。本章以一个大学生公寓管理系统为例，讲解如何使用 SQL Server 2008 作为后台数据库、C#作为开发语言开发数据库应用系统。本章首先介绍系统的需求分析、功能结构、数据结构设计，然后结合当前流行的 C#开发语言实现应用程序的编制。

11.1 系统需求

1. 系统概述

随着教育事业的不断发展，学校规模不断扩大，学生数量日益增加，有关学生的各种信息管理也随之展开。在这种环境下，大学生公寓管理系统应运而生，它可以实现学生住宿信息的规范管理、科学统计和快速查询，能够较好地提高学生管理工作的效率，进而降低管理工作的成本。

大学生公寓管理系统是计算机技术在管理学生公寓方面的典型应用，针对住宿制学校为学生公寓管理工作提供方便快捷的服务，采用计算机网络化管理程序来帮助前台管理员进行更有效的公寓管理工作。

本系统针对学生公寓管理日常的工作模式，对学生公寓的各项情况如学生信息、公寓宿舍管理、卫生管理、来访登记等进行有效管理，并能通过各种方法进行快速方便的查询，使学生公寓管理工作运作简明、清晰，更加科学化、规范化。

2. 需求分析

通过前面第 6 章数据库设计的学习，我们知道在数据库设计的整个过程中需求分析是基础，需求分析直接影响到概念模型并最终影响到数据模型的准确性。经过需求调研，总结出该系统需要完成的主要功能有：

1）公寓管理员信息管理：每个公寓都有管理员，因此需要对公寓管理员信息进行登记、维护。

2）学生信息维护：每个学生都有自己唯一的学号，在登记学生姓名、性别等基本信息时，还要登记学生的学院、专业、班级信息。

3）来访人员登记：当学生的父母、朋友等一些非公寓内住宿人员要进入公寓时，可以对来访信息进行登记，保证进出公寓人员的安全。

4）宿舍信息管理：当学校新盖公寓或是公寓内财产有变化时，可以及时地对公寓的信息进行更新。

5）宿舍卫生：当学校对公寓宿舍内的卫生进行检查后，记录下结果，为优秀宿舍评比提供依据。

6）综合查询：提供对学生、宿舍、来访人员等信息的查询，可按照组合条件查询到所需信息。

7）基础信息设置：可对系统的信息如民族、政治面貌、学院、专业、籍贯等进行添加、修改、删除操作。

8）打印功能：对于查询后的公寓管理员、学生、宿舍卫生等信息，可以通过报表的形式打印出来。

3. 其他需求

操作性要求：良好的人机界面。界面设计友好，操作方便。

安全性要求：任何使用本系统的用户必须输入正确的用户名和密码才能进入系统，为不同级别的用户赋予不同的操作权限。此外，超级管理员需要有权限分配的功能，可以对合法用户进行权限分配，不同用户享有不同操作权限。

11.2 系统功能设计

根据 11.1 节的需求分析和功能描述，我们可以将学生公寓管理系统划分为 8 个模块，分别为：公寓管理员管理模块、公寓信息管理模块、学生信息管理模块、来访人员管理模块、综合查询模块、报表打印模块、基础信息设置模块和权限管理模块。总体功能结构图如图 11-1 所示。各个分模块的设计这里从略。

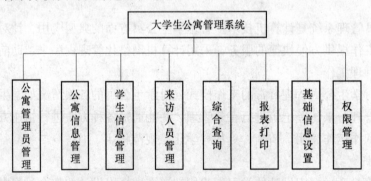

图 11-1 大学生公寓管理系统功能模块图

11.3 数据库设计

数据库分析与设计是数据库应用系统开发周期中的一个重要阶段，可以说是数据库程序开发的基础。数据库设计得合理与否，对数据的完整性、安全性、程序运行的效率和程序设计的复杂程度等有着直接的影响。数据库设计可分为三个阶段：一是概念模型的设计，通常可以用 E-R 图表示；二是逻辑模型的设计，即关系模式的设计；三是物理模型的分析及实现，即选择合适的数据库管理系统 DBMS，对逻辑模型进行实现。下面分别讲述三个阶段的具体工作。

11.3.1　概念结构设计

　　概念结构设计就是 E-R 方法的分析与设计，它是整个数据库设计的关键。这里，使用实体－联系（E-R）模型来描述系统的概念结构，同时设计出能够满足用户需求的各种实体及它们之间的联系，为后面的逻辑结构设计打下基础。这些实体包括各种实际信息，通过相互之间的作用形成数据的流动。

　　根据前面的需求分析及功能设计，我们可以得出本系统主要包括：公寓管理员、学生、学院、专业、班级、公寓、宿舍财产、宿舍卫生、来访登记、籍贯、民族、政治面貌、权限等实体集。主要的实体及其之间的联系的 E-R 模型如图 11-2 所示。

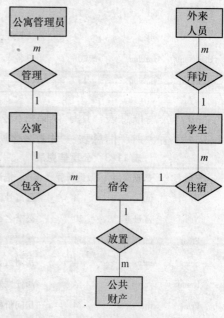

图 11-2　大学生公寓管理系统 E-R 图

11.3.2　逻辑结构设计

　　针对系统的总体需求，通过对学生公寓管理系统数据流程的分析与系统总体功能模块的梳理，可以归结出系统数据库的逻辑关系模型。按照 E-R 模型向关系模型的转换规则，将图 11-2 中所示的 E-R 图转换为下列关系模型，其中每个关系模式的主码用下划线标识：

　　学生信息(学号，姓名，性别，籍贯，政治面貌，出生日期，民族，联系电话，家庭住址，班级，宿舍)

　　公寓管理员(管理员编号，姓名，性别，出生日期，联系电话，身份证号，职位，家庭住址，公寓号，备注)

　　公寓信息(公寓号，公寓名称，楼层数，房间数，居住性别，房间价格，备注)

　　宿舍信息(宿舍号，宿舍名称，公寓号，备注)

　　宿舍财产信息(编号，宿舍名称，桌子数量，椅子数量，床铺数量，热水器数量，饮水机数量)

　　宿舍卫生信息(编号，宿舍号，公寓名称，卫生成绩，检查时间，备注)

　　来访登记(序号，来访人姓名，与被访人关系，性别，身份证号，被访人姓名，日期，备注)

11.3.3　物理结构设计

　　根据 11.3.2 节的数据库逻辑结构设计结果，综合考虑系统的功能要求及数据查询性能要求，在 SQL Server 2008 中进行数据库的物理结构设计。表 11-1 ~ 表 11-7 是所涉及的主要数据库表的结构。

　　1）权限管理表：用于存储不同级别用户所具有的系统操作权限及用户名、密码，如表 11-1 所示。

　　2）公寓管理员信息表：用于保存所有公寓管理员的基本信息，如表 11-2 所示。

表 11-1	权限管理表		
字段名	数据类型	数据长度	描述
System	bit	1	系统管理
Personnel	bit	1	管理员管理
Student	bit	1	学生管理
Flat	bit	1	公寓管理
Visit	bit	1	来访管理
UserName	varchar	20	用户名
UserPwd	varchar	15	密码

表 11-2	公寓管理员信息表		
字段名	数据类型	数据长度	描述
EmployeeID	varchar	10	管理员编号(主码)
EmployeeName	varchar	20	姓名
EmployeeSex	varchar	4	性别
EmployeeBirth	datetime	8	出生日期
EmployeeMobileTel	varchar	20	联系电话
EmployeeIDCard	varchar	20	身份证号
EmployeeDept	varchar	20	职位
EmployeeAddress	varchar	50	家庭住址
EmployeeMemo	varchar	100	备注

3)公寓信息表:用于存储每个公寓的基本情况,如表 11-3 所示。

4)宿舍财产信息表:用于保存所有宿舍的财产信息,如表 11-4 所示。

表 11-3	公寓信息表		
字段名	数据类型	数据长度	描述
ID	int	4	公寓号(主码)
Name	varchar	20	公寓名称
Floor	int	4	楼层数
Sex	int	4	房间数
Room	varchar	4	居住性别
Price	int	4	房间价格
Memo	varchar	50	备注

表 11-4	宿舍财产信息表		
字段名	数据类型	数据长度	描述
ID	bigint	8	编号(自动编号)
公寓号	int	4	公寓号
宿舍	varchar	20	宿舍名称
桌子	int	4	桌子数量
椅子	int	4	椅子数量
床铺	int	4	床铺数量
热水器	int	4	热水器数量
饮水机	int	4	饮水机数量

5)宿舍卫生信息表:用于存储每个宿舍每次卫生的检查情况,如表 11-5 所示。

表 11-5	宿舍卫生信息表			
字段名	数据类型	数据长度	字段名	数据类型	数据长度
公寓	varchar	20	检查时间	datetime	8
宿舍	varchar	20	备注	varchar	50
卫生成绩	varchar	10			

6)学生基本信息表:用于存储每个学生的基本信息,如表 11-6 所示。

表 11-6	学生基本信息表			
字段名	数据类型	数据长度	字段名	数据类型	数据长度
学号	varchar	20	联系电话	varchar	20
姓名	varchar	20	家庭住址	varchar	50
性别	varchar	4	学院	varchar	20
籍贯	varchar	20	专业	varchar	20
政治面貌	varchar	20	班级	varchar	20
出生日期	datetime	8	公寓	varchar	20
民族	varchar	20	宿舍	varchar	20

7)来访登记信息表:用于记录每个来访人的访问情况,如表 11-7 所示。

表 11-7　来访登记信息表

字段名	数据类型	数据长度	描述	字段名	数据类型	数据长度	描述
ID	bigint	8	编号	被访人姓名	varchar	20	被访人姓名
来访人姓名	varchar	20	来访人姓名	公寓	varchar	20	被访人公寓
与被访人关系	varchar	10	如同学、父子等	宿舍	varchar	20	被访人宿舍
性别	varchar	4	来访人性别	日期	datetime	8	来访日期
身份证号	varchar	20	来访人身份证号	备注	varchar	50	无

学院、班级、管理员职位等基本信息的表结构相对简单。另外，还需要对表设置完整性约束，创建索引、视图等。

11.3.4　创建数据库

经过前面的需求分析和概念结构设计，得到数据库的逻辑结构。接下来就可以在 SQL Server 2008 数据库的系统中实现逻辑结构。这可以利用 SQL Server 2008 数据库系统中的 Management Studio 来实现。建立的数据库名称为 house，各个基本表既可以在"对象资料管理器"中实现，也可以利用 CREATE TABLE 语句实现。

11.4　系统实现

11.4.1　C#语言

C#（读做 C sharp，中文译音暂时没有。专业人士一般将其读做 C sharp，现在很多非专业人士一般将其读做 C 井）是微软公司发布的一种面向对象的、运行于 .NET Framework 之上的高级程序设计语言，由微软公司研究员 Anders Hejlsberg 开发。C#看起来与 Java 有着惊人的相似之处：它包括了诸如单一继承、接口、与 Java 几乎同样的语法和编译成中间代码再运行的过程。但是 C#与 Java 又有着明显的不同：它借鉴了 Delphi 的一个特点，与 COM（组件对象模型）是直接集成的，而且它是微软公司 .NET Windows 网络框架的主角。

C#是一种安全的、稳定的、简单的，由 C 和 C++ 衍生出来的面向对象的编程语言。它在继承 C 和 C++ 强大功能的同时去掉了一些它们的复杂特性（例如没有宏和模板，不允许多重继承）。C#综合了 VB 简单的可视化操作和 C++ 的高运行效率，以其强大的操作能力、优雅的语法风格、创新的语言特性和便捷的面向组件编程的支持成为 .NET 开发的首选语言。以下是 C#的一些突出的特点：

1）简洁的语法。
2）精心的面向对象设计。
3）与 Web 的紧密结合。
4）完整的安全性保护与错误处理机制。
5）具有版本处理技术。
6）灵活性与兼容性。

11.4.2　创建项目

本系统的开发平台采用 Visual Studio 2005，开发语言为 C#。创建项目的过程为：

1）启动 Visual Studio 2005 集成开发环境，选择"新建"→"项目"，在打开的"新建

项目"对话框的"项目类型"中选择"Visual C#"→"Windows",在"模板"中选择
"Windows 应用程序",将项目名称命名为"大学生公寓管理系统",存放位置可根据自己的
需要通过"浏览"按钮确定某文件夹,单击"确定"按钮,如图 11-3 所示。

2)在"解决方案资源管理器"中添加启动窗体 frmLogin,具体方法为:在"解决方案
资源管理器"中,右键单击项目"大学生公寓管理系统",在弹出的菜单中选择"添加"→
"Windows 窗体",名称为 frmLogin,按照类似的方法依次添加其他的项目文件。本系统包括
的所有窗体及文件如图 11-4 所示。

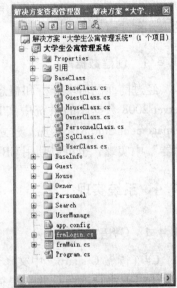

图 11-3　新建项目

图 11-4　"大学生公寓管理系统"
项目文件

11.4.3　通用连接数据库技术的实现

因系统的每个模块都要用到数据库的连接,为实现程序的可重用性,将数据库连接用一
个独立的 SqlClass 类实现,只要调用这个类就可以实现与数据库的连接。其关键实现代码
如下:

```
class SqlClass
    { public SqlConnection SqlConBind()
        {//连接数据库
         SqlConnection con = new SqlConnection("server = (local)\sqlexpress;
database = house;uid = sa;pwd = ;");
         return con; //返回数据库连接
        }
        public DataSet SqlDaAd(string strsql,string strTbl)
        {
            SqlConnection con = this.SqlConBind();
            SqlDataAdapter sda = new SqlDataAdapter(strsql,con);
            //创建数据适配器对象
            DataSet ds = new DataSet();
            //创建数据集对象
            sda.Fill(ds,strTbl);
            con.Close();
```

```
        return ds;//返回数据集对象
    }
    public SqlDataAdapter sqlsda(string strsql)
    {
        SqlConnection con = this.SqlConBind();
        SqlDataAdapter sda = new SqlDataAdapter(strsql,con);
         //声明一个数据适配器对象
        return sda;//返回 SqlDataAdapter 数据适配器对象
}

 public void sqlcmd(string strsql)
 {
        SqlConnection con = this.SqlConBind();
        con.Open();
        SqlCommand scd = new SqlCommand(strsql,con);//声明一个 SQL 命令对象
        scd.ExecuteNonQuery();
         // 执行 SqlCommand
        con.Close();
    }     }
```

其中：
- server 是连接 SQL Server 实例的名称或网络地址。
- database 是选定计算机时想要连接 SQL Server 数据库的名称。
- uid 是 SQL Server 登录的用户名。
- pwd 是登录用户名的密码。

11.4.4　主窗体界面设计

本系统采用多文档窗体 MDI 程序结构，程序中的每一个功能都对应一个子窗体，所有的子窗体都位于一个主窗体中。这样的程序结构比较简单，功能清晰，非常适合数据库应用程序开发。

本系统设计了一个多文档界面主窗体 frmMain.cs。在主窗体上设置菜单栏、工具栏、状态栏等，在主窗体上，功能菜单体现了系统的主要功能模块。系统主界面如图 11-5 所示。

图 11-5　系统主界面

下面的小节中将分别说明各子模块的设计及实现技术。

11.4.5 用户登录模块

为保证信息具有一定的安全性，所有要进入本系统的用户需要输入正确的用户名和密码。初始状态下系统有一个默认用户为超级管理员，其具备一切功能及权限。正确登录后可以为使用此系统的用户分配权限并设置相应的密码。超级管理员初始用户名为 admin，密码为 admin。登录界面如图 11-6 所示。

向窗体中添加代码。设置"登录"按钮的代码如下：

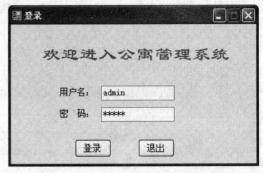

图 11-6　系统登录界面

```
private void butEnter_Click(object sender,EventArgs e)
    {   string username = this.txtUserName.Text;
        strEnter = userclass.LoginEnter(this.txtUserName.Text,this.txtUserPwd.Text);
        // LoginEnter 为验证用户登录正确与否的方法。在 userclass 类中定义
        if (strEnter! = "true")
        {
            MessageBox.Show("用户名或者密码错误,请重新输入!");
        }
        else
        {   frm_main.strUserName = txtUserName.Text;
            frm_main.Show();//显示主界面
            this.Visible = false;    //隐藏登录界面
        }
    }
```

LoginEnter 方法的具体实现如下：

```
//验证登录的 LoginEnter
  public string LoginEnter(string strUserName,string strUserPwd)
     {       string strEnter;
            SqlConnection con = sqlclass.SqlConBind();        //连接数据库
            con.Open();
            SqlCommand scd = new SqlCommand("select count(* )from 密码管理 where UserName =@
UserName and UserPwd =@UserPwd",con);
            SqlParameter para = new SqlParameter("@UserName",SqlDbType.VarChar,20);
            para.Value = strUserName;
            scd.Parameters.Add(para);
            para = new SqlParameter("@UserPwd",SqlDbType.VarChar,20);
            para.Value = strUserPwd;
            scd.Parameters.Add(para);
            //验证输入的用户信息是否在数据库中
            int intCount = Convert.ToInt32(scd.ExecuteScalar());
            if(intCount > 0)
                {strEnter = "true";   }
            else
            {strEnter = "false";  }
                return strEnter;   }
```

11.4.6 权限管理模块

超级管理员用户正确登录之后，会进入系统主界面。可以为其他用户分配权限。在主界面中选择菜单项"系统管理"→"用户管理"，显示界面如图 11-7 所示。

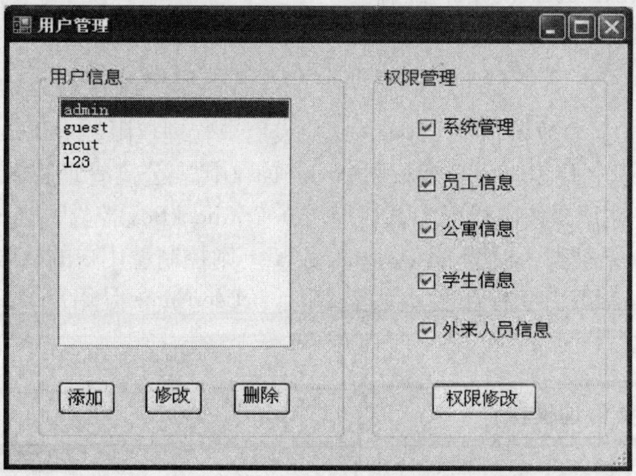

图 11-7　用户权限管理界面

　　具有权限分配的超级管理员可以添加新的宿舍管理员并给他分配使用系统的权限，新添加的宿舍管理员，系统仅默认分配"查询"权限。增加新用户并分配权限的操作如下：

　　1）点击"添加"按钮，出现增加新用户对话框，输入新的用户名并设置密码，这样新增加的用户名出现在图 11-7 所示的左侧用户信息列表中。

　　2）选中新增用户名（例如 ncut），勾选右侧"权限管理"中的各项管理功能，可为其分配相应的权限。点击"权限修改"按钮，此用户的权限生效。

　　这样，当用户以正确的用户名登录之后，根据权限不同所看到的菜单界面也会有差别。

　　主要程序代码如下：

```
//权限修改
        public void PurviewEdit (bool blSystem, bool blPersonnel, bool blStudent, bool
blFlat,bool blVisit,string strUserName)
        {   SqlConnection con = sqlclass.SqlConBind();
            con.Open();
            SqlCommand scd = new SqlCommand("update 密码管理 set System = @ System, Per-
sonnel = @ Personnel, Student = @ Student, Flat = @ Flat, Visit = @ Visit where UserName =
@ UserName",con);
            SqlParameter para = new SqlParameter("@ System",SqlDbType.Bit,1);
            para.Value = blSystem;
            scd.Parameters.Add(para);
            para = new SqlParameter("@ Personnel",SqlDbType.Bit,1);
            para.Value = blPersonnel;
            scd.Parameters.Add(para);
            para = new SqlParameter("@ Student",SqlDbType.Bit,1);
            para.Value = blStudent;
            scd.Parameters.Add(para);
            para = new SqlParameter("@ Flat",SqlDbType.Bit,1);
            para.Value = blFlat;
            scd.Parameters.Add(para);
            para = new SqlParameter("@ Visit",SqlDbType.Bit,1);
            para.Value = blVisit;
            scd.Parameters.Add(para);
            para = new SqlParameter("@ UserName",SqlDbType.VarChar,20);
            para.Value = strUserName;
```

```
            scd.Parameters.Add(para);
            scd.ExecuteNonQuery();
            scd.Dispose();
            con.Close();
        }
```

这里传进的 bool 型参数包括：blSystem（代表用户管理权限），blPersonnel（代表管理员管理权限），blStudent（代表学生管理权限），blFlat（代表公寓管理权限），blVisit（代表来访人员管理权限）。在用户权限界面中都对应着一个 CheckBox 控件，当控件被选中时，bool型参数赋值为 true，未被选中时为 false。true 与 false 则控制着用户的权限，例如，若该用户的 blPersonnel 为 true，用户享有管理员管理权限。strUserName 是用户名，代表着被修改权限的用户。

11.4.7　公寓管理员管理模块

公寓管理员管理模块主要实现对公寓管理员信息表中记录的浏览、添加、修改、删除等功能。所有与此模块对应的功能均放在文件夹 Personnel 下，如图11-8 所示。

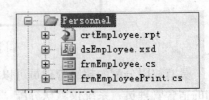

图 11-8　公寓管理员管理模块包含文件

管理员管理模块对应的窗体名为 frmEmployee.cs，运行界面如图 11-9 所示。

设计思路：本功能模块设计成上下两个部分，上部分主要用于单个管理员信息的增加、删除、修改等，下部分主要用于查询信息的浏览。

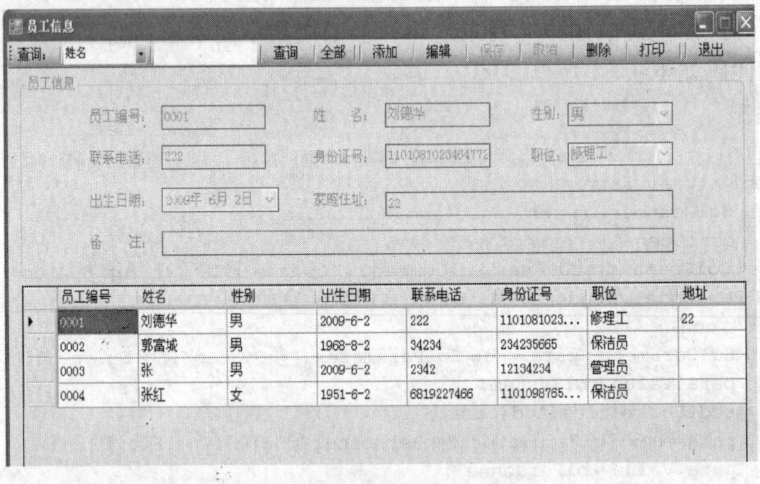

图 11-9　公寓管理员信息界面

Form 窗体最上面添加一个 Tooltrip 工具栏控件，用于承载查询、添加、编辑等按钮，同时当鼠标在某按钮上悬停时，显示提示信息。最下面放置一个 DataGridView 控件，Name 属性设置为：dgvPersonnelManage。DataGridView 控件用于管理员信息的列表显示。为减少一些误操作，当单击"添加"或"编辑"按钮后，界面上的其他按钮均变为不可用（灰色显示）状态，随后"保存"与"取消"按钮变成可用状态。所有上部分文本控件变为可编辑状态，输入正确信息后，选择"保存"按钮，则新增加的管理员信息可显示在下部分网格空间的第一行上。当在网格中上下浏览记录时，上部分文本框中的内容随之更新，实现了信息联动效果。

　　添加管理员时，系统自动生成不可修改的管理员编号。如果未填写完整的管理员信息，系统会给予提示。

　　除管理员的编号不可修改外，管理员的其他信息都可修改。若公寓内有多名管理员，还可根据管理员的编号、姓名、职位进行查询，方便、快捷地找到需要修改信息的管理员。

　　1）窗体初始装载时的主要代码如下：

```
private void frmEmployee_Load(object sender,EventArgs e)
{//窗体初始装载时,"保存"按钮、"取消"按钮不可用
    this.tlbtnSave.Enabled = false;
    this.tlbtnCancel.Enabled = false;
    //调用 Bind 方法
    this.Bind();
    //设置管理员职位下拉列表框的数据来源为"管理员职位表",在列表中显示职位名称
    this.cbbEmployeeDept.DataSource = sqlclass.SqlDaAd("select Name from 管理员职位","管理员职位").Tables["管理员职位"];
    this.cbbEmployeeDept.DisplayMember = "Name";
}
public void Bind()
{    ds = sqlclass.SqlDaAd("select* from 管理员信息","管理员信息");
    dgvPersonnelManage.AutoGenerateColumns = true;
    //设置 DataGridView 的数据源为"管理员信息表"
    dgvPersonnelManage.DataSource = ds.Tables["管理员信息"];
    //初始浏览状态下所有文本框中的管理员信息不可编辑
    gb 管理员信息.Enabled = false;
}
```

　　2）"查询"按钮中的主要程序代码如下：

```
private void tlbtnFind_Click(object sender,EventArgs e)
{string strdata;
    switch(this.tlcbbData.Text)
    {case"管理员编号":
            strdata = "EmployeeID";
            break;
        case"姓名":
            strdata = "EmployeeName";
            break;
        case"职位":
            strdata = "EmployeeDept";
            break;
        default:
            MessageBox.Show("请选择一个正确的字段");
            return;    }
    if(tltxtKeyWord.Text == "")
    {MessageBox.Show("查询关键字不能为空!","提示");
        return;    }
    try
    {//调用 personnelSearch 方法实现查询
        ds = personclass.personnelSearch(strdata,this.tltxtKeyWord.Text);
        //设置 DataGridView 的数据源为"管理员信息表"
        this.dgvPersonnelManage.DataSource = ds.Tables["管理员信息"];
        this.dgvPersonnelManage.Rows[0].Selected = true;    }
    catch
    {MessageBox.Show("查不到该信息,请重新查询!","提示");    }
}
```

```
/// 管理员信息查询方法:personnelSearch
    /// < param name = "strData" > 要查询的字段 < /param >
    /// < param name = "strKeyWord" > 要查询的关键字 < /param >
    /// < returns > 返回数据集 < /returns >
    public DataSet personnelSearch (string strData,string strKeyWord)
     {
        SqlConnection con = sqlclass.SqlConBind ();
        con.Open ();
        SqlDataAdapter sda = new SqlDataAdapter ();
       sda.SelectCommand = new SqlCommand ("select * from 管理员信息 where" + strData + "like
@ strKeyWord",con);
        SqlParameter para = new SqlParameter ("@ strKeyWord",SqlDbType.VarChar,20);
        para.Value = strKeyWord + "% ";
        sda.SelectCommand.Parameters.Add (para);
        DataSet ds = new DataSet ();
        sda.Fill (ds,"管理员信息");
        return ds;
        }
```

3）"保存"按钮中的主要程序代码如下：

```
//判断必填项信息是否为空
private void tlbtnSave_Click (object sender,EventArgs e)
{if(G_addOrUpdate == 0)
//全局变量 G_addOrUpdate 控制当前按下了"添加"还是"编辑"按钮。为 0 时表示添加状态
{    if(this.txtEmployeeName.Text == "")
    { MessageBox.Show ("请填写管理员姓名!","提示");
        this.txtEmployeeName.Focus ();
        return;        }
    if(this.cbbEmployeeSex.Text == "")
    {MessageBox.Show ("请填写管理员性别!","提示");
        this.cbbEmployeeSex.Focus ();
        return;        }
    if(this.txtEmployeeMobileTel.Text == "")
    { MessageBox.Show ("请填写管理员联系电话!","提示");
        this.txtEmployeeMobileTel.Focus ();
        return;        }
    if(this.txtEmployeeIDCard.Text == "")
    { MessageBox.Show ("请填写管理员身份证号码!","提示");
        this.txtEmployeeIDCard.Focus ();
        return;}
    try
    {
        SqlDataAdapter sda = sqlclass.sqlsda ("select * from 管理员信息");
        DataSet ds = new DataSet ();
        SqlCommandBuilder sb = new SqlCommandBuilder (sda);
        sda.Fill (ds,"管理员信息");
        DataRow newrow = ds.Tables[ "管理员信息"].NewRow ();
        newrow[ "EmployeeID"] = this.txtEmployeeID.Text;
        newrow[ "EmployeeAddress"] = this.txtEmployeeAddress.Text;
        newrow[ "EmployeeIDcard"] = this.txtEmployeeIDCard.Text;
        newrow[ "EmployeeMobileTel"] = this.txtEmployeeMobileTel.Text;
        newrow[ "EmployeeName"] = this.txtEmployeeName.Text;
        newrow[ "EmployeeDept"] = this.cbbEmployeeDept.Text;
        newrow[ "EmployeeSex"] = this.cbbEmployeeSex.Text;
        newrow[ "EmployeeBirth"] = this.dtpEmployeeBirth.Text;
        newrow[ "EmployeeMemo"] = this.txtEmployeeMemo.Text;
        ds.Tables[ "管理员信息"].Rows.Add (newrow);
```

```
        sda.Update(ds,"管理员信息");
        ds.Dispose();//释放数据集对象
        MessageBox.Show("管理员添加成功!","提示");
        this.empty();//将文本框内容清空
    }
    catch
    {MessageBox.Show("管理员添加失败!","提示");}
}…
//修改情况与添加类似,代码从略
```

4)"删除"按钮的主要程序代码如下:

```
try
    {  if(MessageBox.Show("确定删除?","提示",MessageBoxButtons.YesNo) ==  DialogResult.
Yes)
        {
        string strid = Convert.ToString(dgvPersonnelManage[0,dgvPersonnelManage. Cur-
rentCell.RowIndex].Value);
        if(strid ! ="")
        {try
            { sqlclass.sqlcmd("delete from 管理员信息 where EmployeeID = " + strid);
            this.Bind();  }
        catch
            {MessageBox.Show("删除失败!","提示");  }
        }
        }
    else {  return;}        }
catch{  MessageBox.Show("没有数据可删除!","提示");}
```

5)实现 DataGridView 控件中数据与管理员信息文本框中数据的联动效果。

在 dgvPersonnelManage 控件的 CellMouseClick 事件中增加如下代码:

```
private void dgvPersonnelManage _CellMouseClick (object sender, DataGridViewCellMou-
seEventArgs e)
    {try
        {string strid = dgvPersonnelManage[0,dgvPersonnelManage.CurrentCell.RowIndex].
Value.ToString();
        if(strid ! ="")
        { DataRowView rowview = sqlclass.SqlDaAd("select * from 管理员信息 where Employ-
eeID = " + strid,"管理员信息").Tables["管理员信息"].DefaultView[0];
    this.txtEmployeeID.Text = rowview["EmployeeID"].ToString();
    this.txtEmployeeName.Text = rowview["EmployeeName"].ToString();
    this.cbbEmployeeSex.Text = rowview["EmployeeSex"].ToString();
    this.dtpEmployeeBirth.Text = rowview["EmployeeBirth"].ToString();
    this.txtEmployeeIDCard.Text = rowview["EmployeeIDcard"].ToString();
    this.cbbEmployeeDept.Text = rowview["EmployeeDept"].ToString();
    this.txtEmployeeMobileTel.Text = rowview["EmployeeMobileTel"].ToString();
    this.txtEmployeeAddress.Text = rowview["EmployeeAddress"].ToString();
    this.txtEmployeeMemo.Text = rowview["EmployeeMemo"].ToString();
    }}
    catch
    {MessageBox.Show("请选择一条记录");  }        }      }
```

11.4.8 公寓基本信息管理模块

公寓基本信息管理模块包括三个部分:公寓基本信息维护、宿舍公共财产管理以及宿舍卫生情况管理。所有项目文件都放在文件夹 House 下,如图 11-10 所示。

图 11-10　公寓基本信息管理模块包含文件

公寓基本信息维护模块对应窗体为 frmFlatManage.cs，运行界面如图 11-11 所示。

公寓号	公寓名称	居住性别	楼层数	房间数
1	一公寓	女	11	22
2	二公寓	男	13	33
3	三公寓	男	21	23
4	四公寓	女	8	20
5	五公寓	男	4	3
6	金鼎一单元	女	20	180
7	金鼎二单元	男	20	200

图 11-11　公寓基本信息管理

设计思路：公寓基本信息维护模块主要实现公寓信息的添加、删除及修改。为保证每个窗体风格的统一，本窗体设计与管理员管理界面类似。界面上部分的文本框用于公寓信息的增加与修改，下部分的网格控件用于显示所有公寓信息，以列表形式显示。当在网格中下移一条记录时，文本框中显示的每个公寓的具体信息随之改变。

公寓号是公寓基本信息表的主码，当用户输入已有的公寓号时，系统会提示"该公寓号已经存在"。

窗体初始装载时的主要代码如下：

```
private void frmFlatManane_Load(object sender,EventArgs e)
   { this.tlbtnSave.Enabled = false;
//初始时"保存"按钮不可用,点击"添加"或"编辑"按钮之后可用
      this.tlbtnCancel.Enabled = false;
//初始时"取消"按钮不可用,点击"添加"或"编辑"按钮之后可用
      this.Bind();  }
   public void Bind()
   {    ds = sqlclass.SqlDaAd("select * from 公寓信息","公寓信息");
        dgvFlatManage.AutoGenerateColumns = false;       //禁止自动创建列
        dgvFlatManage.DataSource = ds.Tables["公寓信息"];//绑定网格控件的数据源为公寓信息表
```

```
    gb 公寓信息.Enabled = false;    //所有有关公寓信息的文本框处于只读状态
}
```

　　"添加"、"删除"、"保存"、"取消"等按钮的代码实现与公寓管理员管理模块中的类似，不再赘述。

11.4.9　来访人员管理模块

　　来访人员管理模块主要实现对来访人员进行登记。此模块对应的窗体名为 frmVisitor.cs，运行界面如图 11-12 所示。

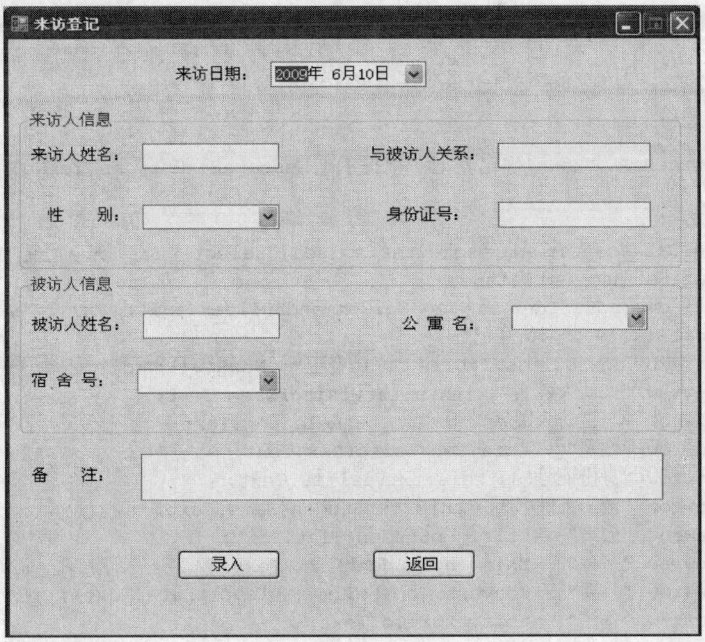

图 11-12　来访登记

　　设计思路：来访日期默认值是系统当前日期。通过 DateTimePicker 控件让用户选择来访日期。来访人需提供完整的本人基本信息，若信息不完整，系统会弹出提示，要求用户将来访人信息填写完整。

　　被访人需要提供被访人的姓名及所在公寓宿舍，提供的信息必须真实可靠，若系统在数据中找不到该被访人的信息，则会提示该被访人不在此公寓宿舍。

　　当来访人信息与被访人信息都完整、正确地输入时，单击"录入"按钮，完成来访登记。

　　1）frmVisitor 窗体初始装载时的主要代码如下：

```
private void frmVisitor_Load(object sender, EventArgs e)
{
    //设置公寓名下拉列表框的数据来源
    this.cbbStudentFlat.DataSource = sqlclass.SqlDaAd("select Name from 公寓信息", "公寓
信息").Tables["公寓信息"];
    this.cbbStudentFlat.DisplayMember = "Name";
    //初始状态下,公寓名及宿舍下拉列表框内容为空
    this.cbbStudentDorm.Text = "";
    this.cbbStudentFlat.Text = "";}
```

2) "录入"按钮的主要实现代码如下：

```csharp
//"录入"按钮
private void butVisit_Click(object sender,EventArgs e)
{
if(txtVisitorName.Text == "" || txtVisitID.Text == "" || txtStudentName.Text == "" || cbbStu-
dentFlat.Text == "" || cbbStudentDorm.Text == "")
{ MessageBox.Show("请把来访人信息填写完整","提示");
    return;}
if(txtStudentName.Text == "")
{   MessageBox.Show("请填写被访人姓名","提示");
    return;}
if(guestclass.Dorm(this.txtStudentName.Text, this.cbbStudentFlat.Text, this. cbbStu-
dentDorm.Text))
{   MessageBox.Show("被访人不在此公寓或宿舍错误!","错误");
    return;}
else
{    if(MessageBox.Show("确定登记?","提示",MessageBoxButtons.YesNo) == DialogResult.
Yes)
    {try
        {   SqlDataAdapter sda = sqlclass.sqlsda("select * from 来访登记");
            DataSet ds = new DataSet();
            SqlCommandBuilder sb = new SqlCommandBuilder(sda);
            sda.Fill(ds,"来访登记");
            DataRow newrow = ds.Tables["来访登记"].NewRow();
            newrow["来访人姓名"] = this.txtVisitorName.Text;
            newrow["与被访人关系"] = this.txtRelation.Text;
            newrow["性别"] = this.cbbVisitorSex.Text;
            newrow["身份证号"] = this.txtVisitID.Text;
            newrow["被访人姓名"] = this.txtStudentName.Text;
            newrow["公寓"] = this.cbbStudentFlat.Text;
            newrow["宿舍"] = this.cbbStudentDorm.Text;
            newrow["日期"] = Convert.ToDateTime(this.dtpData.Text);
            newrow["备注"] = this.txtMemo.Text;
            ds.Tables["来访登记"].Rows.Add(newrow);
            sda.Update(ds,"来访登记");
            ds.Dispose();
            MessageBox.Show("来访登记成功!","提示");
            this.Close();
        }
        catch
        {   MessageBox.Show("来访登记失败!","错误");
        }
    }
    else
    {return;}
}}
```

这里调用了一个 Dorm 方法用于判断被访人是否存在。判断被访人是否存在的实现代码如下：

```csharp
//判断被访人是否存在:Dorm 方法
public bool Dorm(string strStudentName,string strStudentFlat,string StudentDorm)
{   bool blEnter;
    SqlConnection con = sqlclass.SqlConBind();
    con.Open();
    SqlCommand scd = new SqlCommand("select count(* )from 学生信息 where 姓名 =@ 姓名 and 公
寓 =@ 公寓 and 宿舍 =@ 宿舍",con);
```

```
SqlParameter para1 = new SqlParameter("@姓名",SqlDbType.VarChar,50);
para1.Value = strStudentName;
scd.Parameters.Add(para1);
SqlParameter para2 = new SqlParameter("@公寓",SqlDbType.VarChar,50);
para2.Value = strStudentFlat;
scd.Parameters.Add(para2);
SqlParameter para3 = new SqlParameter("@宿舍",SqlDbType.VarChar,50);
para3.Value = StudentDorm;
scd.Parameters.Add(para3);
int intCount = Convert.ToInt32(scd.ExecuteScalar());
if(intCount > 0)
{blEnter = false;       }
else
{blEnter = true;        }
scd.Dispose();
con.Close();
return blEnter;
}}
```

11.4.10　查询模块

查询模块主要包括三个部分：学生住宿情况查询、来访查询以及宿舍卫生情况查询。

1. 学生住宿情况查询

学生住宿情况查询的运行界面如图 11-13 所示。

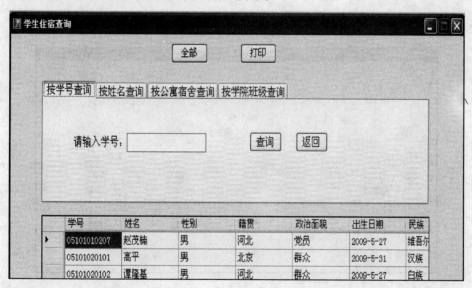

图 11-13　学生住宿情况查询界面

用户可按学号、姓名、公寓宿舍或学院班级查询。因为这 4 种查询方法都是针对学生信息查询，所以在这里以按照学号查询为例介绍实现过程。

按学号查询的主要实现代码如下：

```
//按学号查询中的"查询"按钮
private void butFindID_Click(object sender,EventArgs e)
{    string strdata = "学号";
    try
    {   //调用 studentSearch 方法查询学生学号
```

```
        ds = ownerclass.studentSearch(strdata,this.txtID.Text);
        this.dgvFindStuednt.DataSource = ds.Tables["学生信息"];
        this.dgvFindStuednt.Rows[0].Selected = true;
    }
    catch
    {MessageBox.Show("未查到!");}
}
```

按学号查询 studentSearch 方法的实现代码如下：

```
// 学生信息查询——管理界面查询;按学号、按姓名查询
public DataSet studentSearch(string strData,string strKeyWord)
{
    SqlConnection con = sqlclass.SqlConBind();
    con.Open();
    SqlDataAdapter sda = new SqlDataAdapter();
    sda.SelectCommand = new SqlCommand("select * from 学生信息 where" + strData + "like @
strKeyWord",con);
    SqlParameter para = new SqlParameter("@ strKeyWord",SqlDbType.VarChar,20);
    para.Value = strKeyWord + "%";
    sda.SelectCommand.Parameters.Add(para);
    DataSet ds = new DataSet();
    sda.Fill(ds,"学生信息");
    return ds;
}
```

2. 来访查询

来访查询的运行界面如图 11-14 所示。

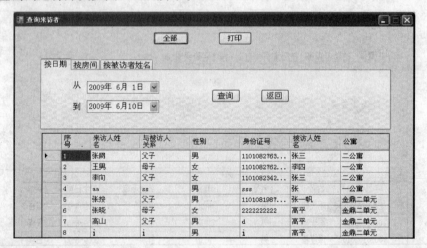

图 11-14　来访查询

来访查询设置了按日期查询、按房间查询和按被访者姓名查询。

- 按日期查询：可以查询一段日期内所有来访情况，方便用户统计一段时间内来访人员的人数与信息。若起始日期设置得一样，则是查询某一日的来访人员信息。
- 按房间查询：可以查询任意宿舍的来访情况。若只填写公寓，查询到的数据就是整座公寓的来访情况；若公寓、宿舍都填写，则查询到的是公寓内的具体宿舍的来访情况。
- 按被访者姓名查询：可以查询公寓内学生的被访情况。

　　具体实现思路与学生住宿情况查询类似。需要注意的一点是：按日期查询涉及数据类型转换，通过"convert（varchar（10），日期，121）"实现数据类型转换，这样在查询时数据库得到参数后先自动将数据库内的信息转换为 yyyy-mm-dd 格式的 10 位字符，只要与参数相同即可返回查询结果。而 convert 中的 121 是指将 datetime 类型转换为 char 类型时获得包括实际位数的 4 位年份。

```
//按日期查询
public DataSet visitorSearch4(string strBegin,string strEnd)
{
  SqlConnection con = sqlclass.SqlConBind();
  con.Open();
  SqlDataAdapter sda = new SqlDataAdapter();
  sda.SelectCommand = new SqlCommand("select * from 来访登记
where convert(varchar(10),日期,121)between @日期1 and @日期2",con);
  SqlParameter para1 = new SqlParameter("@日期1",SqlDbType.DateTime,8);
  para1.Value = strBegin;
  sda.SelectCommand.Parameters.Add(para1);
  SqlParameter para2 = new SqlParameter("@日期2",SqlDbType.DateTime,8);
  para2.Value = strEnd;
  sda.SelectCommand.Parameters.Add(para2);
  DataSet ds = new DataSet();
  sda.Fill(ds,"来访登记");
  return ds;
}
```

3. 宿舍卫生查询

宿舍卫生查询设置三个查询方式：按日期查询、按宿舍查询、按成绩查询。

1）按日期查询：根据检查日期或一段日期进行查询。

2）按宿舍查询：按照宿舍进行查询。

3）按成绩查询：可根据检查成绩（优、良、中、差）进行查询。

按日期查询和按宿舍查询与来访人员查询的设计思路相同，不再赘述。

按成绩查询则是为了分别统计不同分数段的公寓宿舍成绩。当要评优秀宿舍时，使用此查询方法就会很方便、快捷地找到需要的信息。

卫生查询的运行界面如图 11-15 所示。

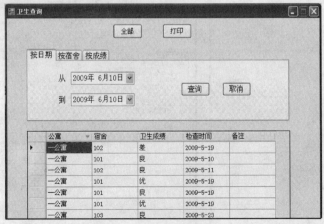

图 11-15　卫生查询界面

11.4.11　报表打印模块

数据库应用系统中经常需要对信息进行报表制作和打印。报表和打印功能是数据库应用系统的一项重要功能。在 Visual Studio 2005 中制作报表和打印模块一般有两种方法：一种是通过 Visual Studio 2005 中提供的水晶报表 Crystal Report 工具进行设计和打印报表；另一种是通过编程将数据库中的内容导出到 Excel 中进行打印。

下面我们以"学生住宿查询"界面中的打印功能为例，讲述报表及打印功能的实现过程。

首先在"大学生公寓管理系统"项目中新建一个架构文件 dsStudent.xsd，步骤如下：

1）在解决方案资源管理器中，右击项目名，选择"添加"→"添加新项"命令，在打开的模板中选择"数据集"，命名为 dsStudent.xsd。

2）指定数据库位置：在服务器资源管理器中，右击"数据连接"并选择"添加连接"命令，输入服务器名称及要连接到的数据库名称，单击"确定"按钮。如图 11-16 所示。

3）在服务器资源管理器中依次展开"hl \ sqlexpress.house.dbo"、"表"节点，将"学生信息"表拖放到数据集中。

4）单击"保存 dsStudent.xsd"按钮保存 dsStudent.xsd 文件。这样就创建了一个架构文件（dsStudent.xsd），后面将用它生成强类型数据集。该架构文件将显示在 ADO.NET 数据集设计器中，ADO.NET 数据集对象提供数据的描述，通过它可以向 Crystal Report 添加表。

然后添加水晶报表，步骤如下：

1）在解决方案资源管理器中，右击项目名，选择"添加"→"添加新项"命令，在打开的模板中选择 Crystal 报表，命名为 crtStudent.rpt。

2）选择"使用报表向导"来创建报表，单击"确定"按钮。

3）在"标准报表创建向导"对话框中，依次选择"项目数据"→"ADO.NET 数据集"→"学生信息"，添加到"选定的表"中，如图 11-17 所示。单击"下一步"按钮。

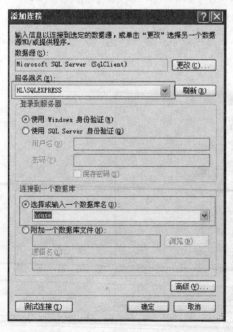

图 11-16　添加连接

图 11-17　标准报表创建向导

4）在随后打开的对话框中，从"可用字段"中选择需要的字段到"要显示的字段"，选择报表的样式，单击"完成"按钮。

5）展开 crtStudent.rpt，在右上方的"字段资源管理器"中打开"数据库字段"，拖放要显示的字段到"Section3（详细资料）"，调整报表的格式及显示字段间距。设计完成的报表如图 11-18 所示。

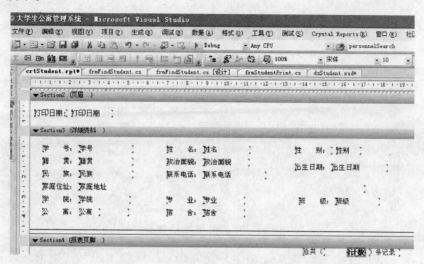

图 11-18　学生基本信息报表设计窗口

接着添加报表浏览器 CrystalReportViewer 到要显示报表的窗体，步骤如下：

1）在解决方案资源管理器中，新增一个窗体，名称为 frmStudentPrint.cs。

2）在工具箱中选择"Crystal Reports"栏目下的 CrystalReportViewer 组件，拖放到 frmStudentPrint 窗体上。在窗体中代码实现如下：

```
namespace 大学生公寓管理系统.owner
{   public partial class frmStudentPrint:Form
    {   public frmStudentPrint()
        {   InitializeComponent();
        }
      public DataSet ds;
      private void frmStudentPrint_Load(object sender,EventArgs e)
        {
            crtStudent crtstudent = new crtStudent();
            //为报表设置数据源
            crtstudent.SetDataSource(ds.Tables["学生信息"]);
            //设置 CrystalReportViewer 的报表源为 crtstudent
            crvStudent.ReportSource = crtstudent;        }
    }
}
```

最后在"学生住宿查询"界面中的"打印"按钮下添加如下代码：

```
private void butPrint_Click(object sender,EventArgs e)
{Owner.frmStudentPrint frm_studentprint = new 大学生公寓管理系统.Owner.frmStudentPrint();
    frm_studentprint.ds = this.ds;
    frm_studentprint.ShowDialog();
    }
```

　　这样，经过以上步骤后，用于显示查询结果的报表制作完毕。当单击"打印"按钮时，出现打印预览界面，如图 11-19 所示。可以单击"打印报表"按钮，完成纸质打印。

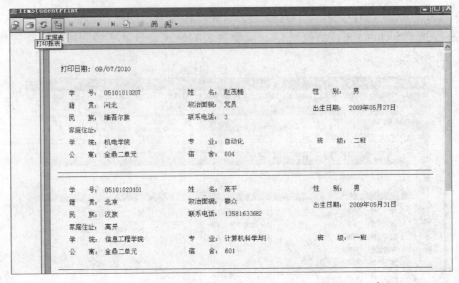

图 11-19　学生基本信息报表

　　至此，整个大学生公寓管理系统功能开发完毕。因篇幅所限，基础信息设置模块如民族、政治面貌、学院、专业等模块不再一一介绍，教师可以安排学生实践任务，组织学生实现其他模块功能的编程任务。

11.5　小结

　　本章通过一个大学生公寓管理系统的开发实例，详细介绍了系统的开发过程及开发步骤，并给出了主要实现的源代码，主要内容包括：
　　1）系统需求概述。
　　2）系统需求分析。
　　3）系统总体功能设计。
　　4）数据库分析及设计。
　　5）系统实现。
　　读者可以参考这个实例，根据用户需求对其稍加完善，使其成为一个相对实际的公寓管理系统，或者参考整个设计实现过程开发其他数据库应用系统。

习题

　　1. 试简述大学生公寓管理信息系统开发的过程。
　　2. 参照书上的示例编写代码实现基础信息设置模块的功能。
　　3. 如何使用 Command 对象执行 SQL 查询？举例说明。
　　4. 如何使用 DataReader 对象？
　　5. 如何使用 DataSet 和 DataAdapter 对象？
　　6. 试着利用 ODBC 技术实现与数据库连接。
　　7. 简述在 C#中如何实现水晶报表的打印。

第三部分
数据库技术的发展及展望

第12章　数据库技术的发展

第12章 Chapter

数据库技术的发展

数据库技术从 20 世纪 60 年代中期产生至今已有 40 多年的历史，数据库技术一直是最活跃、发展速度最快的 IT 技术之一。在应用需求的推动下，从第一代网状、层次数据库，第二代关系数据库，发展到了第三代以面向对象为主要特征的数据库系统。

数据库技术与网络通信技术、人工智能技术、面向对象程序设计技术、并行计算机技术等相互渗透结合，构成了当前数据库技术发展的主要特征。数据库技术应用到特定领域中，推动了新一代数据库技术的产生和发展。

本章对其中一些有代表性的数据库新技术作简要介绍。

12.1 数据库技术概述

20 世纪 80 年代，数据库在经历了第一代层次和网状数据库技术、第二代关系数据库技术以后，随着计算机应用的进一步扩大，不同领域的应用提出了许多新的数据管理需求，关系数据库系统暴露出了很多局限。新的数据库应用领域，如 CAD/CAM、CIM、CASE、OIS（办公信息系统）、GIS（地理信息系统）、知识库系统、实时系统等需要数据库的支持，但其所需的数据管理功能有相当一部分是传统的数据库系统所不能支持的。同时，随着面向对象技术在软件各个领域的应用越来越广，这个技术也被引入了数据库领域。于是在 20 世纪 80 年代后期，数据库技术与面向对象技术相结合成为数据库技术研究、应用和发展的一个重要方向。将面向对象技术应用到数据库系统中，使数据库管理系统能够支持面向对象数据模型和数据库模式。

12.1.1 新一代数据库系统的特点

数据库技术与其他学科的内容相结合，是新一代数据库技术的一个显著特征，随之涌现出各种新型的数据库系统（如图 12-1 所示）。

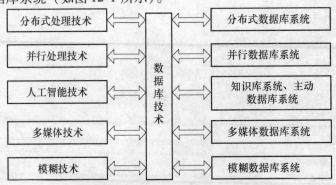

图 12-1 数据库技术与其他相关技术相结合

例如：数据库技术与分布式处理技术相结合，出现了分布式数据库系统；数据库技术与并行处理技术相结合，出现了并行数据库系统；数据库技术与人工智能技术相结合，出现了知识库系统和主动数据库系统；数据库技术与多媒体技术相结合，出现了多媒体数据库系统；数据库技术与模糊技术相结合，出现了模糊数据库系统；等等。

此外，为了适应数据库应用多元化的要求，在传统数据库的基础上，结合各个应用领域的特点，研究适合该应用领域的数据库技术，如数据仓库、工程数据库、统计数据库、科学数据库、空间数据库、地理数据库等，是当前数据库技术发展的又一大重要特征。

研究和开发面向特定应用领域的数据库系统的基本方法是以传统数据库技术为基础，针对某一领域的数据对象的特点，建立特定的数据模型，它们有的是关系模型的扩展和修改，有的是具有某些面向对象特征的数据模型。

12.1.2 第三代数据库系统应具备的三个基本特征

经过多年的研究和讨论，对第三代数据库系统的基本特征已达成了共识，具体如下：

1）第三代数据库系统应支持数据管理、对象管理和知识管理。

除提供传统的数据管理服务外，第三代数据库系统将支持更加丰富的对象结构和规则，应该集数据管理、对象管理和知识管理为一体，必须支持 OO（面向对象）数据模型，以提供更加强大的管理功能。

2）第三代数据库系统必须保持或继承第二代数据库系统的技术。

第三代数据库系统应继承第二代数据库系统已有的技术，必须保持第二代数据库系统的非过程化数据存取方式和数据独立性，不仅要能很好地支持对象管理和规则管理，而且要能更好地支持原有的数据管理，支持多数用户需要的即席查询等。

3）第三代数据库系统必须具有开放性。

第三代数据库系统必须支持当前普遍承认的计算机技术标准，如支持 SQL 语言，支持多种网络标准协议，使得任何其他系统或程序只要支持同样的计算机技术标准即可使用第三代数据库系统，而且第三代数据库系统还应当在多种软硬件平台上使用，并且在应用发生变化或计算机技术进一步发展时，易于得到扩充和增强。

12.2 面向对象数据库系统

12.2.1 面向对象数据库系统概述

面向对象数据库系统（Object Oriented DataBase System，OODBS）是数据库技术与面向对象程序设计相结合的产物。

面向对象的程序设计方法是目前程序设计中主要的方法之一，它简单、直观、自然，十分接近于人类分析和处理问题的自然思维方式，同时又能用来有效地组织和管理不同类型的数据。

把面向对象程序设计方法和数据库技术相结合能够有效地支持新一代数据库应用。于是，面向对象数据库系统研究领域应运而生。面向对象数据库系统的目标就是把数据库技术和面向对象技术集成在同一个系统里，以满足新的应用需要，如面向对象的程序设计环境、计算机辅助设计与制造（CAD/CAM）、地理信息系统（GIS）、多媒体应用、基于 Web 的电子商务以及其他非商用领域中的应用。

面向对象数据库系统支持面向对象数据模型（Object Oriented Data Model，OODM），它是以面向对象方法为指导并对数据库模型做语义解释后构成的。以 OODM 为核心所构成的数据库称为面向对象数据库（Object Oriented DataBase，OODB）。以 OODB 为核心所构成的数据库管理系统称为面向对象数据库管理系统（Object Oriented DataBase Management System，OODBMS）。进一步以 OODBMS 为核心所构成的数据库系统称为面向对象数据库系统（Object Oriented DataBase System，OODBS）。

12.2.2 面向对象数据库系统的功能要求

面向对象数据库系统在功能上具有以下特点：

1）在数据模型方面，引入面向对象的概念：对象、类、对象标识、封装、继承、多态性、类层次结构等。

2）在数据库管理方面，提供与扩展对持久对象、长事务的处理能力以及并发控制、完整性约束、版本管理和模式演化等的能力。

3）在数据库界面方面，支持消息传递，提供计算能力完备的数据库语言，解决数据库语言与宿主语言的失配问题，并且数据库语言应具有类似于 SQL 的非过程化的查询功能。除此之外，还要求兼顾对传统的关系数据的管理能力。面向对象数据库系统主要研究的问题有：对象数据模型、高效的查询语言、并发的事务处理技术、对象的存储管理、版本管理等。

12.2.3 面向对象的基本概念

面向对象概念最基本的方面是对象、对象标识、类、封装、继承和消息等。其中每个概念都对面向对象的软件工程和模型特征有影响。另外，每个特定的面向对象语言、系统或数据库都强调这些概念中的一个或几个，对其他的则可能不直接支持。

面向对象核心概念主要包括以下几种。

1. 对象及对象标识

数据库中的每个事物都看做是一个对象，对象具有一个唯一的标识符，即对象标识（Object Identifier，OID）。每个对象都封装一个状态和一个行为，即对象由一组属性和一组服务（操作）组成。对象的状态是该对象属性值的集合（一组数据），对象的行为是在对象状态上操作的方法（程序代码）的集合。一个对象的属性可以是简单的数据类型（整型、字符等），也可以是对象或对象的组合，因而可以递归地构成极为复杂的对象。

方法用以描述对象的行为特性。一个方法实际上是一段可对对象操作的程序。方法可以改变对象的状态，所以称之为对象的动态特征。如一台计算机，它不仅具有描述其静态特征的属性：CPU 型号、硬盘大小、内存大小等，还具有开机、关机等动态特征。由此可见，每个对象都是属性和方法的统一体。与关系模型的实体概念相比，对象模型中的对象概念更为全面，因为关系模型主要描述对象的属性，而忽视了对象的方法。

2. 类

类（class）是一组具有相同属性和相同操作的对象的集合。一个具体的对象只是类的一个实例（instance）。类的概念类似于关系模式，类的属性类似于关系模式中的属性；对象类似于元组的概念，类的一个实例对象类似于关系中的一个元组。类自身也可以看做一个对象，称为类对象。

3. 封装

每一个对象是其属性与行为的封装，其中属性是该对象一系列属性值的集合，行为是在对象属性上操作的集合，操作也称为方法。封装是 OO 模型的一个关键概念，是对象的外部界面与内部实现之间实行隔离的抽象，外部与对象的通信是通过"消息"实现的。

封装将对象的实现与对象应用互相隔离，允许对操作的实现算法和数据结构进行修改而不影响应用接口，不必修改它们的应用，这有利于提高数据独立性。封装还隐藏了数据结构与程序代码等细节，增强了应用程序的可读性。

4. 消息

对象是封装的，对象与外部的通信一般通过显式的消息传递实现，即消息从外部传送给对象，存取和调用对象中的属性和方法，在内部执行所要求的操作，而操作的结果仍以消息的形式返回。

5. 继承

在面向对象模型中有两种继承：单继承与多重继承。若一个子类只能继承一个父类的特性，这种继承称为单继承；若一个子类继承多个父类的特性，这种继承称为多重继承。

继承性是建模的有力工具，它同时提供了对现实世界简明而精确的描述和信息重用机制。子类可以继承父类的特性，避免许多重复定义，还可以定义自己特殊的属性、方法和消息。

6. 类层次及类包含

在一个面向对象数据库模式中，可以定义一个类 A 的子类 B，类 A 称为类 B 的父类，也称作超类。子类 B 还可以再进一步定义子类。这样，面向对象数据库模式的一组类构成一个有限的层次结构，称为类层次，如图 12-2 所示。每个类的顶部的类通常称为基类。

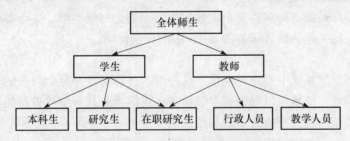

图 12-2　具有多重继承的类层次结构图

对一个类来说，它可以有多个超类，也可以继承类层次中其直接或间接超类的属性和方法。超类与子类结构在语义上具有泛化与特化的关系，也即常说的 Is-a 关系。

类之间的包含关系表现了事物的局部与整体关系（组合关系），即 a-part-of 关系。一个包含了其他对象的对象称为复合对象。复合对象是包含了其他对象而建立的一些对象，或者说是对简单的对象进行各种构造而得到的对象。简单的对象如整数、实数、字符串、布尔量等。构造型的复合对象如集合、数组等。

12.2.4　面向对象数据库系统的应用

面向对象数据库系统突破了传统数据库系统的事务性应用而在非事务性应用中取得了重大进展，下面分别介绍这些应用。

1. 工程应用领域

在工程应用领域（如 CAD/CAM、CIMS）中涉及的数据种类多（如图形数据、文字数据、数字数据等），相应的操作极为复杂（如图形操作、文字操作、数字操作等）。工程领域所需要的数据模型也较为复杂与特殊，工程领域还需要有不断修改模式的能力，更为重要的是工程领域中数据关系的复杂性。这些都是传统的数据库所无法支持的，但是这些要求可以在面向对象数据库中得到解决，通过建立工程领域中的面向对象模型以及模型的操纵，工程应用中的有关数据需求问题均可顺利解决。

2. 多媒体应用领域

多媒体应用是多种媒体集成的应用。在多媒体应用中，对不同的数据结构与操作，有不同数据类型的要求，它们之间有着复杂的语义联系并构成一个整体。多媒体应用的这些要求也可以用面向对象数据库中所提供的手段得到满足。

3. 系统集成应用

计算机应用近年来最大的发展趋势是集成化，集成化可以最大限度地做到资源共享，但集成化也带来了结构的复杂性。多种应用的集成需要有一个能适应不同应用要求的统一的结构模型，这种模型应能表示复杂语义与复杂结构，而面向对象数据模型是构建这种模型的极好工具，因此，面向对象数据库在系统集成应用中可以发挥很大的作用。

12.2.5 对象关系数据库系统

对象关系数据库系统（Object- Relational DataBase System，ORDBS）实际上是一种关系数据库系统，只不过在它之上增加了面向对象的部分功能。由于对象关系数据库系统在功能上尚未有统一规范，因此它一般具有面向对象功能的一部分功能。

1. 扩充的数据类型与复杂的数据类型

对象关系数据库系统支持多种复杂的数据类型，如大对象类型、集合类型、抽象数据类型、参照类型等。感兴趣的读者可查阅 SQL3 中的详细说明。

2. 继承

在对象关系数据库系统中允许有继承。这种继承是针对复杂类型与表的，即复杂类型间的继承与表间的继承。继承可以允许有单继承与多重继承。具有继承关系的复杂类型之间及表之间存在着子类型与超类型以及子表与超表的关系。

3. 引用

引用是组合的一种具体表示。它表示类型的一个属性，可以是对属于指定类型的对象引用，在对象关系数据库系统中引用不仅对类型有效，对表也有效。

4. 对象标志符 OID

在对象关系数据库中，OID 唯一地标志了存储在表中的元组，并且 OID 由系统自动生成，一旦生成将永远有效，即使该元组被删除。

5. 函数

部分对象关系数据库系统允许出现函数，函数一般可以用 C 或 C ++ 定义，也可以用 SQL 定义，但是函数不是方法，它不具有方法与数据的封装性。

关系数据库的面向对象扩展一般采用两种方法：一种是加一个外壳，而不修改关系数据库管理系统的核心，在这种方法中，允许关系表本身作为对象，并且允许对象像表那样操作，由外壳提供对象－关系型应用编程接口，并负责将面向对象数据库语言转换成关系数据库语言，送给内层的关系数据库管理系统，这种方式实现相对容易，但可能会丧失一些性能，系统效率会因外壳的存在而受到影响；另一种方法是直接对关系数据库管理系统核心进行扩充，逐渐增加对象特性，使之成为 ORDBMS，这种方法比较安全，新系统的性能往往也较高，不过改进的工作量较大。

12.2.6 RDBMS、ORDBMS 和 OODBMS 的比较

RDBMS 和 ORDBMS 的比较是显而易见的。RDBMS 不支持用户自定义数据类型和面向对象特征。由于其关系模型简洁，所以关系系统更容易使用，也更有利于执行查询优化。ORDBMS 是对 RDBMS 的扩展，它基于关系模型，但支持用户自定义数据类型和面向对象特征。

ORDBMS 和 OODBMS 都支持用户自定义数据类型和面向对象特征。两者还有类似的查询语言，ORDBMS 支持 SQL 的扩展形式，而 OODBMS 支持 OQL。ORDBMS 是对 RDBMS 的扩展，所以自然会向 RDBMS 增加 OODBMS 的特征；而 OODBMS 的 OQL 正是基于关系数据标准语言 SQL 开发的。ORDBMS 和 OODBMS 都提供一般数据库管理系统的功能，如并发控制、安全管理和恢复等。

ORDBMS 和 OODBMS 的不同之处在于它们的基本原理不同。ORDBMS 试图向 RDBMS 中增加新的数据类型和面向对象的特征；而 OODBMS 则试图向程序设计语言中增加 DBMS 的功能，并定义新的数据类型。

尽管这两类对象系统从功能上会越靠越近，但是由于实现方法和底层原理的差异，它们在设计时的重点以及对各种特征支持的有效性等方面自然会有不同之处。

OODBMS 的目标是实现与程序设计语言（如 C++ 和 Java）的无缝集成，而这种集成不是 ORDBMS 的主要目标。OODBMS 的目标适用于以对象为中心的应用，数据库应用的设计、开发和使用始终是以对象为中心的；而 ORDBMS 的目标是优化以大数据量操作为重点，虽然也支持面向对象的特征，但不以对象为中心，ORDBMS 在实质上还是关系数据库。

12.3 分布式数据库系统

12.3.1 分布式数据库系统概述

在 20 世纪 70~20 世纪 80 年代，人们主要采用集中式系统来处理计算机中的数据。集中式系统主要包括单机系统与主从式系统。集中式数据库系统的工作原理如图 12-3 所示。其特点是数据集中存放在一台计算机上。随着计算机应用的推广，特别是计算机网络技术的迅速发展，数据库应用已经普遍建立于计算机网络之上，这时集中式数据库系统表现出它的不足：首先，系统规模和配置不灵活，可扩充性和安全性差；其次，主机瓶颈，可靠性不高；再次，通信开销加大，影响性能；最后，很难适应地理分散的大型公司管理数据需要。

图 12-3 集中式数据库系统的工作原理

因此，分布式数据库系统的产生就成为数据库应用发展的一个必然趋势。

在分布式数据库系统中，数据库存储在网络中不同的计算机上，这些计算机可称为站点、节点或场地，其规模可大可小，小到工作站，大到大型机系统。因此，分布式数据库系统可看成是数据库系统和计算机网络有机结合的产物。

12.3.2 分布式数据库系统的概念及特点

1. 分布式数据库系统的概念

对于分布式数据库一般可定义如下：分布式数据库（Distributed DataBase，DDBS）是指物理上分散、逻辑上集中的数据库系统，系统中的数据分布存放在计算机网络中不同场地上的计算机中，每一场地都有自治处理（即独立处理）能力并能完成局部应用，同时，每一场地也能通过网络通信子系统执行（至少一种）全局应用。

我们以银行的业务系统为例说明分布式数据库系统的应用。这些系统，不仅可以使一个支行的用户通过访问该支行的账目数据库来完成现金的存取等交易，实现所谓的局部应用，还可以通过计算机网络实现异地现金转账等业务，从一个支行的账户中转出若干金额到另一个支行的账户中去，实现同时访问两个支行（场地）上的数据库的所谓全局应用（或分布应用）。

图 12-4 是一个分布式数据库的示意图。

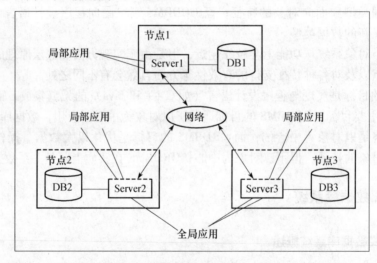

图 12-4 一个分布式数据库系统

如图 12-4 所示，分布式数据库的数据在物理上分散在各个场地，但是在逻辑上却是一个整体，如同一个大的集中式数据库一样。于是，在分布式系统中就有了全局数据库和局部数据库的概念。全局数据库是从系统的角度出发研究问题的，而局部数据库则是从各个场地的角度出发研究问题的。

2. 分布式数据库系统的特点

分布式数据库系统虽然是在集中式数据库系统的基础上发展起来的，但它比集中式数据库系统复杂得多。分布式数据库系统有自己的特色和理论基础，其主要特点概括如下：

1）物理分布性。数据库中的数据分布在计算机网络的不同节点上，而不是集中在一个节点上。因此它不同于通过计算机网络共享的集中式数据库系统。

2）逻辑整体性。分布在计算机网络中不同节点上的数据在逻辑上属于同一个系统，因此，它们在逻辑上是相互联系的整体。

3）场地自治性。每个节点有自己的计算机、数据库（局部数据库，LDB）及数据库管理系统（LDBMS），因而能独立地管理局部数据库。局部数据库中的数据可以供本节点的用户存取（局部应用），也可以供其他节点上的用户存取以供全局应用。

4）场地之间协作性。分布式数据库允许每个场地有各自的自主权，但同时各个场地的数据库系统又相互协作组成一个整体，这种整体的含义是：对于用户来说，一个分布式数据库系统在逻辑上看如同一个集中式数据库系统，用户可以在任何一个场地上执行全局应用。

3. 分布式数据库系统的分类

对于分布式数据库系统，可以按照许多方式进行分类。可以根据下列三个因素来划分：局部场地的 DBMS 及数据模型、局部场地的自治性以及分布式透明性等。通常根据局部场地的 DBMS 及数据模型来对分布式数据库系统进行分类。

根据构成各个场地局部数据库的 DBMS 及其依赖的数据模型，可以把分布式数据库系统分为下面三类：

1）同构同质型 DDBS：各个场地采用同一类型的数据模型（如关系型）及同一型号的 DBMS。

2）同构异质型 DDBS：各个场地采用同一类型的数据模型，但 DBMS 的型号不同，如 DB2、Oracle、Sybase、SQL Server 等。

3）异构型 DDBS：各个场地的数据模型和 DBMS 的型号都不同。

12.3.3　分布式数据库系统的体系结构

1. 分布式数据存储

在分布式数据库中存储一个关系 R 可以有两种方法：复制（replication）和分片（fragmentation）。

（1）数据复制

数据复制是指分布式数据库系统需要维护一个数据项的几个完全相同的副本，各个副本存储在不同的节点上。数据复制具体分为以下几种方式：

- 集中式：所有数据全部存放在同一个节点上。
- 分割式：数据分别存放在若干个节点上，所有数据只有一份。
- 全复制式：数据在每个节点上重复存储。
- 混合式：数据库分成若干可相交的子集，每一子集存放在一个或多个节点上，注意每一节点不一定保存全部数据。

数据复制是分布式数据库中最常用和最有用的机制之一。数据复制的优点是可用性强，增强了并行性，而且也可以降低通信开销。但是，系统的更新速度通常会变慢，因为数据的所有副本都需要被更新。因此，只有那些更新比查询少得多的应用中系统性能才会因数据复制得到提高。

（2）数据分片

分布数据的最简单的方法就是把单个的关系存储在不同的节点上。然而，关系并不一定是分布数据的最好单位。通常一个事务访问的只是关系的部分行或表的一个视图，而不是整个关系。数据分片允许我们将单独的一个对象分为两个或者多个分片。这里的对象可以是一个用户数据库、一个系统数据库或一个表。每个分片可以存放在计算机网络中的任意一个节点上。数据分片信息存放在分布式数据目录（DDC）中。

一般来说，数据分片的策略包括水平分片、垂直分片和混合分片。

- 水平分片：按一定的条件把全局关系的所有元组划分成若干个不相交的（行）子集，每个子集为关系的一个分片（片段）。
- 垂直分片：按一定的条件把全局关系的所有元组划分成若干个不相交的（列）子集，每个分片有与其他分片不同的列，但码对应的列除外，该列是所有的分片公有的。
- 混合分片：可以组合水平分片和垂直分片，但是一定要保证可以从其分片中重建原关系。

2. 分布式数据库系统的模式结构

集中式数据库系统具有三级模式结构，分布式数据库系统应该由若干个局部数据模式加上一个全局数据模式构成。全局数据模式用来协调各局部数据模式，使之成为一个整体的模式结构。

图 12-5 是分布式数据库系统模式结构的示意图。

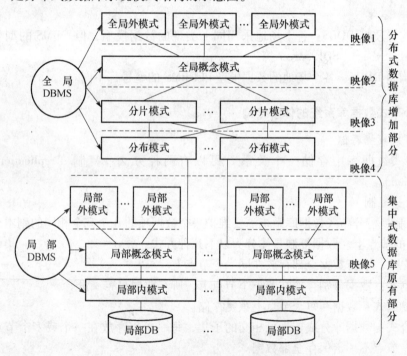

图 12-5   分布式数据库系统模式结构

分布式数据库系统的模式结构从整体上可以分为两大部分：集中式数据库原有的体系结构和分布式数据库增加的结构。集中式数据库原有的体系结构代表了各个节点上局部数据库系统的基本结构，分布式数据库增加的体系结构又可分为 4 个模式级别：全局外模式、全局概念模式、分片模式和分布模式。

（1）全局外模式

全局外模式是全局应用的用户视图，是全局概念模式的子集。

（2）全局概念模式

全局概念模式是所有全局应用的公共数据视图，它定义了分布式数据库中所有数据的逻辑结构，其定义方法与传统的集中式数据库所采用的方法相同。全局概念模式中所用的数据模型应该易于映射到其他模式，通常采用关系模型。这样，全局概念模式就是一组全局关系的定义。从用户和用户应用程序角度来看，分布式数据库和集中式数据库没有什么不同。

（3）分片模式

每一个全局关系可以分为若干不相交的部分，每一部分称为一个片段。分片模式定义片段以及全局关系到片段的映像。这种映像是一对多的，一个全局关系可对应多个片段，而一个片段只来自一个全局关系。

（4）分布模式

定义片段的存放节点。片段是全局关系的逻辑部分，一个片段物理上可以分配到网络的不同节点上。分布模式的映像类型确定了分布式数据库是冗余的还是非冗余的。若映像是一对多的，即一个片段可分配到多个节点上存放，则是冗余的分布式数据库；若映像是一对一的，则是非冗余的分布式数据库。

根据分布模式提供的信息，数据库用户的一个全局查询将被分解为若干个子查询，每一个子查询要访问的数据属于同一场地的局部数据库。

分片模式和分布模式都是全局的，这些模式和相应的映像使得分布式数据库系统具备了分布透明性。

相应地，在设计一个分布式数据库系统时，就要完成以下工作：

- 定义全局数据库的概念模式。
- 设计物理数据库，将概念模式映射到存储区域，并确定适当的数据存取方法。
- 设计分片，即确定如何将全局关系进行水平、垂直或混合划分，以便于将它们分配到不同的场地。
- 设计片段的分配方式。确定片段到各个场地的分配情况，同时要确定需复制的片段。

在分布式数据库的设计过程中，还必须考虑基于分布式数据库应用开发的需求，如应用提交的场地、应用执行的频度、不同应用存取数据的类型和次数、统计分布、开发的便利性以及数据库自身的可扩展性等信息。

12.3.4　分布式事务处理

分布式系统中对各种数据项的访问常常通过事务来完成，每个事务的执行必须包含原子性，也就是说，它所包含的所有更新操作要么全做，要么全不做。在分布式系统中，有两种类型的事务：局部事务和全局事务。局部事务是仅访问和更新一个局部数据库中数据的事务；全局事务是访问和更新多个局部数据库中数据的事务。局部事务的原子性与集中式数据库系统中事务的原子性一样，而全局事务的原子性就要复杂得多了，因为可能有多个节点参与执行，其中一个节点的故障或者将这些节点连起来的一个通信线路的故障，都可能导致事务的错误执行。

分布式事务管理主要包括两个方面：事务的恢复和并发控制。下面简要地探讨这两个问题。

1. 分布式事务的恢复

如同集中式数据库一样，在运行过程中分布式数据库同样会出现故障和错误，会造成数据库不同程度的损害，导致事务不能正常运行或数据库数据的不一致，或者会使部分或整个数据库遭到破坏。在分布式数据库系统中，各个场地除了可能发生如同集中式数据库中的那些故障外，还会出现通信网络中通信障碍、时延、线路中断等事故，情况比集中式数据库更复杂，相应的恢复过程也就更复杂。

为了执行分布式事务，通常在每个场地上都设立一个局部事务管理器，用来管理局部子事务的执行，保证子事务的完整性。同时，这些局部管理器之间还必须相互协调，保证所有场地对它们所处理的子事务采取同样的策略：要么都提交，要么都回滚。为了保证这一策略，最常用的技术是两段提交协议（简称2PC）。

两段提交协议把一个分布式事务的事务管理者分为两类：协调者和参与者（其他所有的）。只有协调者才有掌握提交或撤销事务的决定权，而所有参与者各自负责在其本地数据库中执行写操作，并向协调者提出撤销或提交子事务的意向。

两段提交协议的内容如下：

1）事务协调器向所有参与事务执行的节点发出"准备提交"的消息，并将该消息写入自己的日志中。当某个参与者收到消息以后，该节点上的事务管理器确定是否愿意提交事务中由该节点负责执行的那部分。如果愿意，就向事务协调器发送"就绪"信息，否则发送"撤销"信息。不论发送什么信息，该节点上的事务管理器都要把相应的信息写入自己的日志中。

2）当协调器收到所有节点对"准备提交"消息的响应后，或者当"准备提交"消息发出后一定的时间间隔已经过去时，协调器就可以确定是将事务提交还是中止。如果协调器收到了所有参与的节点"就绪"的信息，整个事务就可以提交；否则，事务必须中止。根据结论的不同，将相关信息写入日志中，并且协调器向所有参与节点发出"提交"或者"撤销"的消息。当参与节点收到该消息时，就把此消息写入自己的日志中。

采用两阶段提交协议后，一旦系统发生故障，各场地利用各自的日志信息便可执行恢复操作，恢复操作的执行类似于集中式数据库。

2. 并发控制

并发控制在分布式数据库系统中变得特别重要，因为在分布式数据库系统中的操作要比单节点的系统更容易引起数据不一致和死锁。

集中式数据库系统的封锁协议仍可以用于分布式环境，但分布式环境需要处理数据副本，因而分布式环境下的并发控制比起集中式环境来说更为复杂。下面介绍一些常用的在节点或链接发生故障时事务仍能继续进行的协议。

（1）单一锁管理器

单一锁管理器将仅有的一个锁管理器放在唯一的一个节点（如 Si）上，所有加锁和解锁的请求都在这个有锁管理器的节点上处理。当一个事务 T 希望对数据项 A 加锁时，T 向 Si 发出加锁请求。由锁管理器决定是否同意这个请求。如果不同意，T 的加锁请求被推迟。如果同意，锁管理器在 A 上加锁，并向发起加锁请求的节点发送一条消息告之此结果。事务 T 可以从任何一个存有 A 副本的节点读取数据。如果 T 要重写 A，则所有存储 A 副本的节点都要重写 A。

由于所有加锁和解锁请求都在一个节点 Si 上进行，所以这种锁技术对死锁的处理相对简单，但节点 Si 也因此成为一个锁管理瓶颈。如果 Si 出现故障，就会丢失并发控制器，因此单一锁管理器方式需要比较复杂的恢复策略。

（2）分布式锁管理器

分布式锁管理器中，每个节点保留一个局部锁管理器，处理存储在该节点上的数据项加锁和解锁的请求。当一个事务 T 希望对位于节点 Si 的数据项 A 加锁时，T 向该节点上的锁管理器发出加锁请求。

如果数据项 A 上有与之不相容的锁，则这个请求被推迟。一旦加锁请求被满足，锁管理器就向发出请求的节点返回一个许可消息。

分布式锁管理器机制实现简单，减轻了协调器成为瓶颈的程度，但由于加锁和解锁请求不再在单一节点上处理，所以对死锁的处理比较复杂，而且即使在单一节点上没有死锁发生，也可能会引起全局死锁。

（3）多数协议

如果数据项 A 在 n 个不同的节点上被复制，则加锁请求消息必须被送到存储 A 的副本的 n 个节点中的一半以上的节点上去。每个牵涉到的锁管理器都要确定该请求能否被满足。如果不被满足，则请求被推迟。事务只有在成功获得 A 的多个副本上的锁后才开始对 A 操作。

多数协议是以分散的方式处理数据复制，其缺点是实现复杂，而且此模式在即使只有一个数据项被封锁时也可能发生死锁。

分布式环境下的并发控制还需要解决全局死锁问题，可以用检测死锁及解除死锁的方法来解决死锁问题。和集中式数据库系统相似，一般采用分布等待图的方法来解决检测死锁，只不过分布式环境下的死锁检测涉及多个场地及多个局部数据库，需要较大的通信开销。此外，也可以采用死锁预防的方式，较为典型的解决方法是对事务按某一标准排序，只允许它们沿这个次序单向等待，以避免死锁的发生。

在分布式数据库中还研究了基于时标（或称为时间戳）的方法和乐观方法等并发控制技术，但实际系统中则大多数都采用基于封锁的方法。

12.4　多媒体数据库系统

12.4.1　多媒体数据库系统概述

传统数据库以数字和字符数据为管理对象，其应用对象主要是一般的商业或事务数据，一般不涉及诸如图像、声音、视频等多媒体数据。当数据库管理对象被扩充到用来管理多媒体数据之后，传统的数据库在处理包含多媒体数据及非结构化数据方面有很大的局限性，主要表现为：

1）传统数据库系统的主要处理对象是整数、实数、字符串等简单类型的数据，但这种格式的数据很难实现对人脸、指纹、人的声音等事物的有效描述。

2）多媒体数据对象除了具有状态特征以外，还有一定的行为特征。传统数据库系统中的关系数据模型只能表示数据对象的状态，而无法表示数据对象的行为。

3）传统数据库系统可以在用户给出查询条件后迅速地检索到正确的信息，但面对图像、声音、视频等无格式数据，如何设定检索条件、如何查询所需结果等，都是无法直接实现的。

因此，对多媒体数据库的研究引起了学界和业界的重视。

1. 多媒体数据库系统

多媒体数据库（MultiMedia DataBase，MMDB）是指数据库中的信息不仅涉及各种数字、字符等格式化的表达形式，而且还包括多媒体信息的非格式化表达形式，数据管理要涉及各种复杂对象的处理。

多媒体数据库系统（MDBS）由多媒体数据库（MDB）和多媒体数据库管理系统（MD-BMS）两大部分组成，MDBMS 向用户提供面向应用的多媒体信息存储、处理和查询等管理功能，是 MDBS 的管理核心，其基本内容包括系统功能、体系结构以及所能提供的用户接口三个方面。

2. 多媒体数据库特征

从多媒体数据库管理系统的角度来看，多媒体数据库具有如下特征。

多媒体数据库不同于传统数据库，在其处理数据对象、数据类型、数据结构、数据模型、应用对象等方面都与传统数据库有着较大差异。

多媒体数据库存储和处理的是现实世界中的复杂对象，这些对象往往通过多种形式的媒体来综合表现自己，如动态的视频。传统数据库是对格式化数据进行存储和处理，图像或声音媒体都作为无格式化数据而存在，而其存储特征则是一类二进制大对象。存储对象变化使得存储技术增加了新的内容，需要进行特殊处理，如进行数据压缩等。

多媒体数据库是面向应用的，其功能需求与应用密切相关，因此它并不是基于某一特定的数据类型，而是随着应用领域和对象而建立相应的数据模型，如可以概括地将多媒体数据划分为简单型、复杂型和智能型，用来表示不同类型的应用。传统数据模型概念更强调应用对象的逻辑结构。而多媒体应用则对于对象的物理表示和交付方式非常重视，多媒体系统的意义和作用就在于能将物理存储的信息以多媒体形式向用户表现和提供，因此多媒体数据库更强调用户界面的灵活性和多样性。单媒体显示相对容易，而混合媒体如声像的表现，由于涉及媒体的同步和集成，因此要复杂得多。

多媒体数据库应具有较强的对象访问手段，从而使多媒体数据库具有实用价值，访问方式可包括通过多媒体对象类型和建立的对象聚集来访问。对象概括访问对象，通过多媒体关系、媒体特征进行访问。特征访问主要用于对图像和声音等对象的访问，这里还涉及特征抽取等问题。浏览访问、近似性查询、混合方式访问都是多媒体数据库特有的查询方式。

12.4.2　多媒体数据库系统的实现方法

多媒体数据库系统的实现方法目前有扩展关系数据库系统和研究面向对象的多媒体数据库系统两种方法。

1. 扩展关系数据库系统

从 20 世纪 80 年代以来，虽然关系数据模型抽象能力较差，不适合用来表示复杂的多媒体对象，但它比较成熟、应用广泛，对于某些应用而言，在关系数据库的基础上构造多媒体数据库还是可行的。由于关系模型结构简单，数据类型和长度被限制在一个较小的子集中，且不支持新的数据类型和数据结构，从而使表达数据特性的能力受到限制。因此，要在多媒体数据库系统中使用关系模型，使它不但能支持格式化数据，也能处理非格式化数据，就必须对现有的关系模型进行扩充。

扩充关系数据库系统的主要技术方法有以下三种：

1）借用操作系统平台的文件管理功能，实现对复杂多媒体数据的管理。

2）将关系表元组中格式化数据和复杂多媒体数据装在一起形成一个完整的元组，存放在数据页面或数据页面组中。

3）将关系表元组中的复杂多媒体数据分成两部分，一部分是复杂多媒体数据本身，另一部分是对复杂多媒体数据的引用（属于格式化数据）。

2. 研究面向对象的多媒体数据库系统

由于面向对象数据模型具有很强的抽象能力，可以很好地满足复杂的多媒体对象的各种表示需求，能够为多媒体数据库的构造提供理想的基础，因此，面向对象技术在多媒体数据存储及管理中的应用也成为重要研究课题。

不同于扩展关系数据库系统，面向对象数据库直接从数据模型入手，重新考虑不同于传统 DBMS 的系统整体结构、对象类层次的存储结构、存取方法和继承性的实现方法，用户定义的数据类型和方法的处理策略，必要的版本控制和友好的用户接口，建立一个全新的 DBMS。但面向对象数据库管理系统的真正产品还很少见，人们还在探索、研究中。

12.4.3　多媒体数据库系统的主要技术

1. 大容量、高带宽的存储器系统

文本的存储和检索技术早已成熟。多媒体存储则是较新的课题。多媒体存储需要考虑若干新的需要，例如，巨大的存储空间、大型对象、多个相关对象和对检索的时间要求等。多媒体存储和检索最主要的特点是要考虑多媒体对象的庞大数据量及实时性的要求。

2. 多媒体数据模型

数据库系统的一个核心问题就是如何表示和处理实体间的联系，而表示实体之间联系的模型就是数据模型。数据模型可以用一种较为严格的定义表述为：数据模型（Data Model）是由数学上的一组定义组成的，这些概念可以用来表达数据密集型应用中的静态和动态性质。由于多媒体数据的来源紧密依赖于应用，很难有统一的模型面向所有应用需求，因此，讨论多媒体数据模型实质上只能提供若干有利于多媒体应用的建模技术和方法。目前多媒体数据模型主要采用文件系统管理方式、扩充关系数据库方式和面向对象数据库方式。

3. 元数据及其生成

多媒体数据库中存在大量的二进制位串、字符流等非结构化和半结构化数据，要理解和查询这类数据，就必须对其进行必要的描述和解释。这种描述和解释的数据是关于数据的数据，人们通常称其为多媒体元数据。多媒体元数据对于多媒体数据极其重要，它是多媒体数据的解释与描述，更是用户识别、选择多媒体数据的基本依据。因此，要进行多媒体数据的查询与管理，就要研究多媒体元数据及其生成。

4. 查询和索引技术

数据查询是任何一个数据库系统最基本和最重要的功能之一。在多媒体数据库中，数据查询条件一般表示为元数据应当满足的条件，而不是直接表示为媒体数据应该满足的条件，由此带来一些新的技术和方法问题需要处理。另外还有基于多媒体本身特性的多解查询、基于媒体内容的检索技术（特征提取、索引和查询优化）等基本课题也需要进行研究。

12.4.4　多媒体数据库的发展

当前对于多媒体数据库的研究已成为数据库技术发展的一个热点，并且也产生了许多实用系统。但是很多系统都是专用的，并且功能也不是很完善。因此，要想开发出一个通用的多媒体数据库，还应该重点研究以下问题：

1）加强合理语义模型技术的发展，特别是视频和图像的语义模型。这些模型应该有足够的能力抽象多媒体信息、捕捉其特性，并且充分地把其时空特性表现出来。

2）设计有效的多媒体数据的索引和组织方法。建立适合于媒体同步和集成的数据模型。

3）加大多媒体查询语言的研究。查询语言能够表达出模糊的复杂语义，表现时空关系，并实现基于内容的查询。

4）对于物理存储管理要设计出有效的数据存放模式，以满足多媒体数据实时性的要求。

目前，多媒体数据库的研究主要有以下三条途径：

1）在现有商用数据库管理系统的基础上增加接口，以满足多媒体应用的需要。

2）建立基于一种或几种应用的专用多媒体信息管理系统。

3）从数据模型入手，研究全新的通用多媒体数据库管理系统。

第一种途径实用，但是效率很低；第二种途径易于实现，但缺乏通用性，而且可扩展性差；第三种途径是研究和发展的主流，但是具有相当大的难度。

12.5　移动数据库系统

12.5.1　移动数据库系统概述

随着无线通信技术和便携式设备的飞速发展，造就了一种新的计算技术——移动计算（mobile computing）。移动计算是建立在移动环境上的一种新型的计算技术，它使得计算机或其他信息设备在没有与固定的物理连接设备相连的情况下能够传输数据。移动计算的作用在于，将有用、准确、及时的信息与中央信息系统相互作用，分担中央信息系统的计算压力，使有用、准确、及时的信息能提供给在任何时间、任何地点需要它的用户。移动计算环境由于存在计算平台的移动性、连接的频繁断接性、网络条件的多样性、网络通信的非对称性、系统的高伸缩性和低可靠性以及电源能力的有限性等因素，将比传统的计算环境更为复杂和灵活。这使得传统的分布式数据库技术不能有效支持移动计算环境，因此嵌入式移动数据库技术（mobile database）由此而产生，它涉及传统的数据库技术、分布式计算技术，以及移动通信技术等多个学科领域。

12.5.2　移动数据库系统的特点及体系结构

嵌入式移动数据库系统是支持移动计算或某种特定计算模式的数据库管理系统，数据库系统与操作系统、具体应用集成在一起，运行在各种智能型嵌入设备或移动设备上。其中，嵌入在移动设备上的数据库系统由于涉及数据库技术、分布式计算技术，以及移动通信技术等多个学科领域，目前已经成为一个十分活跃的研究和应用领域——嵌入式移动数据库或简称为移动数据库（EMDBS）。

移动数据库的计算环境是传统分布式数据库的扩展，它可以看做是客户端与固定服务器节点动态连接的分布式系统。因此，移动计算环境中的数据库管理系统是一种动态分布式数据库管理系统。与传统的分布式数据库系统相比，移动数据库系统具有以下特性：

1）移动性及位置相关性。移动数据库可以在无线通信单元内及单元间自由移动，而且在移动的同时仍然可能保持通信连接；此外，应用程序及数据查询可能是位置相关的。这要求移动数据库系统支持这种移动性，解决过区切换问题，并实现位置相关的处理。

2）频繁的断接性。移动数据库与固定网络之间经常处于主动或被动的断接状态，这要求移动数据库系统中的事务在断接情况下仍能继续运行，或者自动进入休眠状态，而不会因网络断接而撤销。

3）网络条件的多样性。在整个移动计算空间中，不同的时间和地点连网条件相差悬殊。因此，移动数据库系统应该提供充分的灵活性和适应性，提供多种系统运行方式和资源优化方式，以适应网络条件的变化。

4）系统规模庞大。在移动计算环境下，用户规模比常规网络环境庞大得多，采用普通的处理方法将导致移动数据库系统的效率极为低下。

5）系统的安全性及可靠性较差。由于移动计算平台可以远程访问系统资源，从而带来新的不安全因素。此外，移动主机遗失、失窃等现象也容易发生，因此移动数据库系统应该提供比普通数据库系统更强的安全机制。

6）资源的有限性。移动设备的电源通常只能维持几个小时。此外，移动设备还受通信带宽、存储容量、处理能力的限制。移动数据库系统必须充分考虑这些限制，在查询优化、事务处理、存储管理等诸环节提高资源的利用效率。

7）网络通信的非对称性。上行链路的通信代价与下行链路有很大的差异。这要求在移动数据库的实现中充分考虑这种差异，采用合适的方式（如数据广播）传递数据。

此外，如果系统所嵌入的某种移动设备支持实时应用，则嵌入式数据库系统还要考虑实时处理的要求。这是由于设备的移动性所致，如果应用请求的处理时间过长，任务就可能在执行完成后得到无效的逻辑结果或有效性大大降低。因此，处理的及时性和正确性同等重要。

图 12-6 是被业界广泛接受的移动数据库系统的体系结构。在此结构中，整个移动数据库系统由以下三类节点组成：

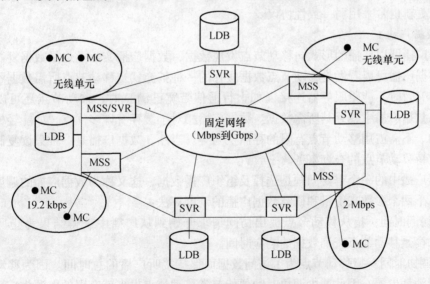

图 12-6 移动数据库的体系结构

1）服务器（SVR）：一般为固定节点，每个服务器维护一个本地数据库，服务器之间由可靠的高速互联网络连接在一起，构成一个传统意义上的分布式数据库系统。服务器可以处理客户端的联机请求，并可以保持所有请求的历史记录。

2）移动支持节点（MSS）：MSS 也位于高速网络中，并具有无线联网能力，用于支持一个无线网络单元（cell），该单元内的移动客户端既可以通过无线链路与一个 MSS 通信，从而与整个固定网络连通，也可以接收由 MSS 发送的广播信息。服务器与 MSS 可以是同一台机器。

3）移动客户端（MC）：MC 的处理能力与存储能力相对于服务器来说非常有限，且具有移动性（即可以出现在任意一个无线单元中），经常与服务器断接（指 MC 无法与服务器联机通信）。即使在与服务器保持连接时，由于 MC 所处的网络环境多变，MC 与服务器之间的网络带宽相差也很大，且可靠性较低、网络延迟较大。

12.5.3　移动数据库系统的关键技术

在移动数据库系统的关键技术研究中，比较重要的有复制与缓存技术、数据广播、移动查询技术、数据的安全性技术等。

1. 复制与缓存技术

移动数据库的复制技术包括两部分：一部分是服务器节点间的数据复制，简称为复制；另一部分是移动节点与服务器节点之间的复制，常称为缓存。

复制技术首要考虑的问题是维护多个复制节点上数据的一致性。现有的复制协议可分为严格一致性协议和弱一致性协议两类：严格一致性协议要求在任何时刻所有数据库的复制都是一致的；而弱一致性协议允许各个复制之间存在暂时的不一致，但这种不一致总是保持在一定的界限内，而且总是能够趋向于一致。严格一致性协议是数据库系统追求的目标，但是在移动数据库系统中它却并不合适，因为严格一致性协议需要所有节点都处于连接状态，以完成所有副本的更新，而移动计算环境中移动节点却有频繁断接的特点。另外，即使是在保持连接的服务器节点间采用严格一致性协议，其可用性也很差，因此只要允许，服务器节点间的复制更新也常采用弱一致性协议。

2. 数据广播

数据广播即以广播的形式向移动节点发送数据，数据广播实际上也是数据复制技术中的一种。数据广播可以看做是移动节点数据缓存的一种扩充，当移动节点所需数据不在其数据缓存内，又暂时不能跟服务器连接（如上行通信带宽已满）时，移动节点还可以侦听数据广播，从数据广播中找寻其所需数据。数据广播相对于缓存有许多优点，如能轻松保证数据是最新的、不需占用移动节点有限的存储空间等。当然，数据广播是一种只读复制技术，即它只能支持移动节点的查询事务。

数据广播中的一个重要问题是选择及组织广播数据，这又称为数据广播的调度问题。通常使用以下两个参数来衡量和研究数据广播的调度算法：

1）访问时间：指从移动节点提出访问请求开始到从广播中获得结果为止所需要的时间，用来衡量移动节点查询数据的响应时间。

2）调协时间：指移动节点为了访问数据而保持接听广播的总时间。因为移动节点接听广播需要消耗电源，因此减少调协时间便能节省移动节点本来就有限的电源供应。

在访问时间的优化上，通常的做法是采用一种称为多盘广播调度的方法。服务器通过分析移动节点的请求，并适当引入一些背景知识，归纳出用户经常访问的热点数据，并把这些数据按照访问概率再分为若干组，让访问概率高的数据在一个广播周期中出现的次数多，而访问概率低的数据在一个广播周期中出现的次数少。例如假设要广播 A、B、C 三个热点数据，移动节点对它们的访问概率的比值为 2∶1∶1，则我们可以把一个广播周期组织为"ABAC"的形式，于是实际上数据 A 的广播周期要比其他数据要短，从而达到了更频繁地把 A 广播出去的效果。

在调协时间的优化上，通常的做法是引入索引信息。在可以与服务器通信时，可以考虑从服务器中直接获取索引信息，但更通常的做法是在数据广播中插入索引信息。当移动客户端侦听数据广播时，它先侦听索引信息，再由索引信息得知所需数据到来的时间，因此移动节点便可以在数据到来前转入休眠，节省电源消耗。

3. 移动查询技术

移动查询处理通常工作在无线网络环境下，由于无线网络具有带宽多样性、频繁断接性等特点，移动查询需要在传统分布式数据库查询优化技术的基础上进行改良与扩展，以适应无线网络的特殊要求。移动查询技术应足够灵活，综合考虑网络带宽的利用和通信费用问题，能根据用户指出的优先考虑的因素来进行优化。这里要解决两个主要问题：一是查询费用，二是位置相关处理。

（1）查询费用

前面提到的移动客户端缓存技术也能在一定程度上解决查询费用问题。缓存技术最大的缺点是不能保证其缓存的数据是最新的，严格保证缓存数据与服务器数据的一致性需要复杂的技术与大量的开销。因此缓存技术只适合对数据一致性要求不高的场合。

数据广播也是减少通信费用的一种途径。但是数据广播通常只广播热点数据，因此移动用户所需数据也常常不能在数据广播里找到。

（2）位置相关处理

在无线网络中使用位置服务器来对移动节点的位置进行跟踪和管理。位置服务器放置在固定网络中，这些位置服务器彼此互联，每一个位置服务器下接若干个移动基站 MSS。我们把一个位置服务器下面连接的所有 MSS 及其支持的无线网络单元称为该服务器的覆盖范围，每个位置服务器负责跟踪并管理位于自己覆盖范围内的移动计算机的地址。每个移动计算机都在某一个位置服务器上作永久性的登记，该服务器称为它的宿主服务器（home location server）。此外，当它移动到其他位置服务器的范围内时，以访问者的身份向当地的位置服务器登记，并通报给其宿主服务器。像 Internet 中的 DNS 服务器一样，位置服务器也可以组织成层次的形式，支持大规模的移动计算环境。

4. 数据的安全性技术

许多应用领域的嵌入式设备是系统中数据管理或处理的关键设备，因此，嵌入式设备上的数据库系统对存取权限的控制较为严格。另外，许多嵌入式设备具有较高的移动性、便携性和非固定的工作环境，也会带来潜在的不安全因素，而且某些数据的个人隐私性又很高，因此，在防止碰撞、磁场干扰、遗失、盗窃等对个人数据安全的威胁上需要提供充分的安全性保证。

保证数据安全的主要措施有：

- 对移动终端进行认证，防止非法终端的欺骗性接入。
- 对无线通信进行加密，防止数据信息泄漏。
- 对下载的数据副本加密存储，防止移动终端物理丢失后的数据泄密。

12.5.4　移动事务处理

1. 移动事务的特点

移动事物的特点如下：

1）移动性。在事务执行期间，移动客户端很可能是处于移动状态的，甚至可能会由一个工作区域移动到另一个工作区域，相应的移动事务也应具有移动性。

2）长事务。由于移动性、无线通信的低带宽和不稳定缘故，移动主机会出现断接；同时因移动主机自身能源有限，移动主机也会主动断接，这导致移动事务通常是长事务，可以和其他事务共享它们的状态和部分结果。

3）易错性。由于移动客户端不如固定点可靠，而且无线网络通信也不如固定网络稳定，因此与一般事务相比移动事务更容易出错。另外由于移动事务通常会分为一系列子事务，各个事务之间的协调也相对复杂，更容易出错。

4）异构性。移动事务在执行过程中可能要访问更复杂的异构数据资源。

2. 移动事务的过区切换

通常在每个移动基站 MSS 上都有一个协调器来管理并监控移动事务的执行。当移动计算机 MC_A 在无线网络 A 中启动一个移动事务 Tran_A 时，在网络 A 的移动基站 MSS_A 上的协调器 MSS_AC 上需要维护移动事务 Tran_A 的一个上下文，记录该事务的运行信息；若事务还没有完成时，移动计算机移动到了无线网络 B 中，则需要网络 B 的移动基站 MSS_B 上的协调器 MSS_BC 与 MSS_A 上的协调器 MSS_AC 共同合作，才能完成事务 Tran_A 并返回结果给 MC_A。两个协调器间的合作策略有很多，一种常见策略是 MSS_BC 与 MSS_AC 联系，取得事务 Tran_A 运行情况的上下文，然后再由 MSS_BC 来负责完成事务余下的操作。

协调器维护的事务上下文的内容取决于移动事务管理的策略，过少的内容将使协调器难以监控事务的执行，过多的开销又会增加协调服务器的开销，并加重协调服务器之间通信的开销，从而影响系统的性能。

3. 移动事务处理模型

一个理想的移动事务处理模型应具有以下特点：

1）较低的事务夭折率。

2）保证系统中复制数据状态的一致性。

3）有效支持用户在断接后继续操作。

4）低通信代价和高并行性。

5）有效支持事务的迁移，并且该迁移应对用户透明。

6）允许根据需要为事务的原子性提供灵活的支持。

移动事务不同于传统事务，传统的 ACID 模型已不能很好地描述移动事物，需要为移动事务寻找更好的模型。下面具体讨论一些主要的事务模型。

（1）Kangaroo 事务模型

Kangaroo 事务模型引入了"分割事务"的概念来支持事务的移动性。一个分割事务将一个正在执行的事务划分为可串行化的子事务，较早创建的事务完成提交后，后续的事务继续执行。当发生跨区切换时事务进行分裂，分裂后的事务迁移到新基站去继续执行。某子事务失败后由该子事务的补偿事务来恢复数据库状态。因此 Kangaroo 事务模式支持分割模式和补偿模式，但是该模型中并不是所有子事务都是可以补偿恢复的，因此若某先执行的子事务无法补偿恢复，便无法保证事务的可串行性。另外，由于补偿事务是在子事务级别上实现的，因此可能会破坏事务的隔离性。

（2）Clustering 事务模型

Clustering 事务模型把数据对象按语义相关性聚合成不同的簇，在簇内维护数据的严格一致性，而在簇间可以按要求允许不同等级的一致性。这些不一致性最终将通过簇的归并来解决。为了支持移动计算，该模型引入了弱读、弱写、强读和强写等概念。强读和强写在语义上与传统数据库的读写操作相同，都满足事务的 ACID 四个准则。弱读是读取局部缓存的数据对象，弱写只是更新局部缓存的数据对象。包含弱操作的事务称为弱事务。弱事务的提交分为本地提交和全局提交。本地提交只是对本地缓存数据的操作，其执行结果并没有永久化，但该结果对其他弱事务可见。本地提交后的事务必须在服务器上进行全局提交，如果和任何强操作都不产生冲突，则该事务可以最终永久化。该模型不能支持事务的移动性。

（3）乐观两阶段提交移动事务处理模型（O2PC-MT）

该模型是我国学者提出的在移动事务处理模型研究上比较有代表性的成果。该模型采用乐观并发控制与两阶段提交协议相结合的方法，对移动事务的长事务特性提供了灵活与有效的支持。此外，该模型允许移动计算机分多次发送事务操作，且在事务执行的过程中可以任意移动，从而提供了对交互式事务及随意移动性的支持。

12.5.5　移动数据库的发展

随着信息产业竞争的日趋激烈，移动通信技术将加速发展，智能化终端产品将不断涌现，移动计算硬件平台的技术改进和价格将不断下降，移动电子商务应用解决方案将不断完善，企业对移动计算的需求将会稳步增长。另外，通过具有移动计算功能的移动计算机、汽车、手机甚至是手表等新一代的智能化设备，随时随地发送、获取所需的信息将是人们的生活方式和工作方式的一次革命。下面我们列举几个典型的移动数据库应用的例子。

1. 移动计算在物流领域的应用

我国物流领域的发展目前远落后于一些发达国家，信息化程度低是其中一个重要的原因。物流信息化有利于协调生产、销售、运输、储存等业务的开展，有利于降低库存，节约在途资金等。

在运输方面，利用移动计算机与 GPS/GIS 车辆信息系统相连，使得中央控制系统可以对车辆的位置、状况等进行实时监控。利用这些信息可以对运输车辆进行优化配置和调遣，另外，通过将车辆载货情况以及到达目的地的时间预先通知下游单位配送中心或仓库等，有利于下游单位合理地配置资源、安排作业，从而提高运营效率，节约物流成本。

在物流的储存保管环节，带有小型移动数据库的手持移动计算机将是一个非常理想的工具，通过这种移动计算机库存，校对或控制的数据通过无线通信网直接写入中央数据库，这样就提高了工作效率和信息的时效性，有利于物流的优化控制。

在配送环节，带有小型移动数据库的手持移动计算机同样是非常理想的信息工具，在物品投递的同时，输入手持计算机的数据，通过无线通信网同时输入中央数据库。因此，几乎在物品投递的同时，用户即可查询到物品已投递的信息。总之，移动计算的发展将使得物流信息做到真正的无缝连接，使得物流真正实现实时高效，从而也就更好地满足了用户跟踪查询的需求。此外，物流的高效运营将进一步促进电子商务的发展。

2. 移动计算在银行业务中的应用

移动银行业务主要有以下几类：银行账户操作、支付账单、信用卡账户操作、股票买卖、联机外汇、讯息通知、移动商务和第三方身份验证。随着广大的移动用户为移动银行所吸引，首先开展这项业务的银行将吸引大量的新客户，便利的服务将刺激客户更多地使用银行服务，从而扩大银行的业务量。银行可充分利用移动计算设备，与客户快速而直接地沟通，很多客户事务均可以利用移动设备的短信息功能发布，从而提高银行的工作效率。

移动银行可以使客户在远程对"自己的银行业务"实现简单操作,方便省时,降低成本,同时安全可靠,机动灵活。客户可以在任何时间、任何地点进行银行交易,节约了去银行的时间。客户出差或旅游在外,仍可以方便地享受银行服务。客户不仅可以依靠计算机、调制解调器和电话线,还可以凭借一部手机就可以随时操作"电子商务",安全可靠地随时随地查询自己的账目。

移动银行可先从银行的现有电话银行和网上银行业务入手,即把原有有线电子银行服务业务转换到智能电话和 WAP 手机上。同时随着智能电话、双向寻呼机和各种掌上设备的迅速发展,移动用户不仅可以利用这些设备进行日常金融活动,如查阅债券、转账和支付账单,还可以在这些设备上安装移动嵌入式数据库,利用移动数据库的功能,定制移动用户数据库,保持其与企业数据库的双向同步,使移动数据库仅是企业数据库的一个子集,从而真正实现移动用户信息本地化,实现移动银行个性化服务,让客户把"银行"带到身边,使当今的银行能够为总是处于运动和静止之中的客户提供及时、准确、方便和个性化的服务。

3. 利用移动计算进行实时数据采集和公共信息发布

在移动计算环境中,大量的移动用户将通过笔记本电脑、掌上电脑、PDA、车载平台等移动设备的无线通信接口获取各种各样的公共信息,如股票行情、天气状况和交通信息等。以交通信息发布为例,一个大城市的移动信息系统将同时为超过 10 万个移动用户提供服务。又例如,保险业务员在外出联系客户时,使用笔记本电脑或掌上电脑,可随时从公司调出最新的资料,查询客户的详细信息,完成交易后又可将最新的保单信息即时反馈回公司,这样大大加快了保险公司的工作效率。

嵌入式移动数据库技术目前已经从研究领域向更广泛的应用领域发展,随着移动通信技术的进步和人们对移动数据处理和管理需求的不断提高,与各种智能设备紧密结合的嵌入式移动数据库技术已经得到了学术界、工业界、军事领域、民用部门等各方面的重视。不久的将来嵌入式移动数据库将无处不在,人们希望随时随地存取任意数据信息的愿望终将成为现实。

12.6　数据仓库与数据挖掘技术

12.6.1　数据仓库的产生

在激烈的市场竞争中,信息对于企业的生存和发展起着至关重要的作用。一个企业只有把业务经营和市场需求联系起来,才能生存和发展。因此在过去的几十年来,各企业纷纷建立了自己的数据库系统,由计算机代替手工操作,以此来收集、存储和管理这些业务数据,从而提高企业的工作效率。可以说那时的数据库系统是基于业务处理的需要,主要用于联机事务处理(OLTP)。

以一家"会员制"的商场为例,它可以按照业务的需要建立销售、采购、库存管理以及人事管理等系统,每个系统负责处理各自的日常事务,这在一定程度上大大提高了企业的业务水平和工作效率。

但是,如果上述的商场要扩展现有的业务或者增加经营项目,那么作为商场的高级领导应该如何处理呢?他需要对商场近几年或十几年的数据加以分析,从这些历史数据中提取出有用的信息,然后在此基础上作出科学、正确的决策。但是目前的信息管理系统是不能很好地支持决策的。因为它是面向业务操作设计的,而不是面向分析数据而设计的。

因此，随着数据量的增大，查询要求也越来越复杂，数据库逐渐出现了许多难以克服的问题，集中表现为：数据分散、缺乏组织性；数据难以转化为有用信息；不能满足复杂的查询要求；只保存短期数据，分析时不能满足长期预测需要。

于是，人们开始尝试对数据库中的数据进行再加工，形成一个综合的、面向分析的环境，以更好地支持决策分析，数据仓库的思想便逐渐形成了。

数据仓库的思想提出之后，有关数据仓库的技术也相应地发展起来。作为一个完整的数据仓库系统，主要包括三个方面的技术内容：

1）数据仓库技术（Data Warehouse，DW）。

2）联机分析处理技术（Online Analytical Processing，OLAP）。

3）数据挖掘技术（Data Mining，DM）。

12. 6. 2　数据仓库的概念及体系结构

1. 数据仓库的概念

数据仓库一词始于 20 世纪 80 年代中期，目前为止，对于数据仓库并没有一个统一的定义。

数据仓库概念的创始人 William H.Inmon 在《建立数据仓库》（Building the Data Warehouse）一书中提出了数据仓库的概念，书中是这样描述数据仓库的：“数据仓库是一个面向主题的、集成的、相对稳定的、反映历史变化的数据集合，用于支持管理决策”。

对于这个概念，我们可以从两个层次来理解：

首先，数据仓库用于支持决策，面向分析型数据处理，它不同于传统的操作型数据库。

其次，数据仓库是对多个异构数据源的有效集成，集成后按照主题进行了分组，并包含历史数据，而且存放在数据仓库中的数据一般不再修改。

根据数据仓库概念的含义，数据仓库主要有 4 个特点，下面分别介绍。

（1）面向主题

主题是某一宏观分析领域中所涉及的分析对象。它是根据最终用户的观点来组织和提供数据，目的是尽量快而全面地提供用户需要的信息，很少或几乎不要求做数据更新操作。因此，数据仓库中的数据是按照各种主题的方式来进行组织的，主题在数据仓库中的物理实现是一系列的相关表，这与面向应用环境有很大的区别。这样就决定了数据仓库将焦点集中在数据建模和数据库设计上，而不像面向应用的环境那样还需要关心过程设计。另外，数据仓库中还摒弃了仅用于操作而对决策支持分析没有用处的数据。

（2）集成的数据

数据仓库中的数据不是对原有数据库系统中数据的简单复制，而是在对原有的分散的数据库进行抽取、清理的基础上进行系统加工、汇总整理得到的，消除了源数据中的不一致性，以保证数据仓库中的信息是正确的。错误的、不准确的数据将不能指导企业作出科学的决策。

（3）相对稳定（不可更新）

从数据使用方式来看，数据仓库中的数据主要供企业决策分析之用，所涉及的数据操作主要是数据查询，修改和删除的操作很少。从数据的内容来看，数据仓库中的数据是当前的或历史数据，一般情况下被长期保留，经过一定的时间间隔后，通常被加载和刷新，因此一段时期内是不可更新的。数据库与数据仓库数据访问方式对比如图 12-7 所示。

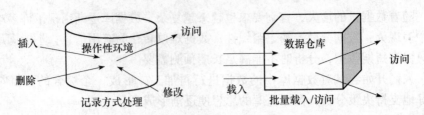

图 12-7　数据库与数据仓库数据访问方式对比

当然有人可能会问，既然数据仓库只涉及查询操作，不存在像 DBMS 中的并发控制、完整性保护等技术难点，那么数据仓库不是很容易吗？然而数据仓库的查询是对大数据量的操作，所以对查询有更高的要求，要采用复杂的索引技术，同时它是面向高层管理者的，对查询界面的友好性和数据表示有更高的要求。

（4）反映历史变化（随时间变化）

刚才说的数据不可更新是针对应用而言的，即分析处理时不能更新数据，但并不表示数据是永久不变的。一方面数据仓库要随时间变化不断增加新的内容，要不断捕捉 OLTP 中变化的数据，将其追加到数据仓库中；另一方面数据仓库也要随时间变化不断删除旧的内容，数据超过存储期限，就被删除。被删除的数据可以保存到廉价设备上。

反映历史变化的另一层含义是指数据仓库中包含大量的综合数据，这些综合数据中很多与时间有关，如经常按照时间段进行综合，这些数据要随着时间变化不断进行重新组合。因此数据仓库的键码结构一般都包含时间元素。

2. 数据仓库的体系结构

从本质上讲，数据仓库其实是一种信息集成技术，它从多个数据源中获取原始数据，经加工处理后，存储在数据仓库的内部数据库中。通过向它提供访问工具，为数据仓库的用户提供统一、协调、集成的数据环境。数据仓库支持企业全局的决策和对企业经营管理的深入综合分析。所以从功能上来说，它的体系结构如图 12-8 所示。

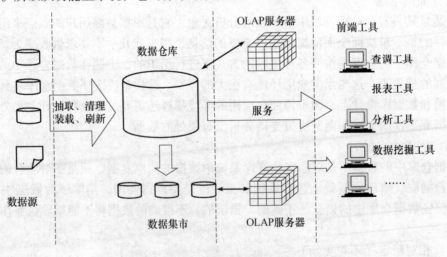

图 12-8　数据仓库的体系结构

从图 12-8 可以看出，整个数据仓库系统是一个包含四个层次的体系结构，其中：

1）数据源数据仓库系统的基础，是整个系统的数据源泉，通常包括企业内部信息和外部信息。内部信息包括存放于 RDBMS 中的各种业务处理数据和各类文档数据。外部信息包括各类法律法规、市场信息和竞争对手的信息等。

2）数据抽取（extraction）、转换（transformation）和装载（load）工具——简称 ETL：其功能是从数据源中抽取数据后检验和整理数据，并根据数据仓库的设计要求重新组织和加工数据，装载到数据仓库的目标数据库中。

3）数据的存储与管理：整个数据仓库系统的核心。数据仓库的真正关键是数据的存储和管理。元数据在这里承担了重要的角色。

4）OLAP 服务器：对分析需要的数据进行有效集成，按多维模型予以组织，以便进行多角度、多层次的分析，并发现趋势。其具体实现可以分为：ROLAP、MOLAP 和 HOLAP。ROLAP 中基本数据和聚合数据均存放在 RDBMS 之中；MOLAP 中基本数据和聚合数据均存放于多维数据库中；HOLAP 中基本数据存放于 RDBMS 之中，聚合数据存放于多维数据库中。

5）前端工具：主要包括各种报表工具、查询工具、多维分析工具、数据挖掘工具等。前端工具是数据仓库发挥作用的关键。只有通过高效的工具，才能真正发挥它的数据宝库的作用，数据仓库中的数据才能充分利用。

3. 数据仓库的数据组织结构

为更好地支持决策，数据仓库中的数据分为四个级别：早期细节级、当前细节级、轻度综合级和高度综合级，如图 12-9 所示。

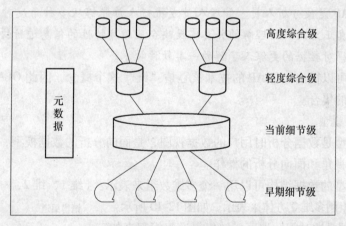

图 12-9　数据仓库的数据组织结构

其中，当前细节级是最近时期的数据，是数据仓库中数量最大的数据。随着时间的推移，当前细节级的数据在某些时间、某些数据属性和某些内容上的综合提取形成轻度综合级数据；高度综合级数据是最高层数据，它是对轻度综合级数据的进一步综合，因而最为概括、精练，是数据仓库中的准决策数据；老化的数据将进入早期细节级。

由此可见，数据仓库中存在着不同细节程度的数据，一般称之为“粒度”。粒度越大，表示细节程度越低，综合程度越高。级别的划分是根据粒度进行的，在数据仓库中将同时存在多重粒度。

数据仓库中还有一种重要的数据——元数据（metadata）。元数据是“关于数据的数据”，如传统数据库中的数据字典就是一种元数据。在数据仓库环境中，主要有两种元数据：第一种是为了从操作型环境向数据仓库环境转换而建立的元数据，它包含了所有源数据项名、属性及其在数据仓库中的转换；第二种元数据在数据仓库中用来与终端用户的多维商业模型/前端工具之间建立映射，此种元数据称为 DSS 元数据，常用来开发更先进的决策支持工具。

12.6.3　联机分析处理（OLAP）

20 世纪 60 年代末，关系数据库之父 E.F.Codd 提出的关系模型促进了联机事务处理（OLTP）的发展（数据以表格的形式而非文件方式存储）。一方面，政府以及商业应用不断发展，数据量不断增大；另一方面，用户查询的需求也越来越复杂。1993 年，E.F.Codd 提出了 OLAP 概念，认为 OLTP 已不能满足终端用户对数据库查询分析的需要，SQL 对大型数据库进行的简单查询也不能满足终端用户分析的要求。用户的决策分析需要对关系数据库进行大量计算才能得到结果，而查询的结果并不能满足决策者提出的需求。因此，E.F.Codd 提出了多维数据库和多维分析的概念，即 OLAP。

1. OLAP 的概念

对于什么是 OLAP，当前存在着两种比较有权威性的定义。

定义 1：OLAP 是针对特定问题的联机数据访问和分析。通过对信息（维度数据）的多种可能的观察形式进行快速、稳定一致和交互性的存取，允许管理决策人员对数据进行深入观察。

定义 2：OLAP 是使分析人员、管理人员或执行人员能够从多种角度对从原始数据中转化出来的、能够真正为用户所理解的并真实反映企业维度特性的信息进行快速、一致、交互的存取，从而获得对数据的更深入了解的一类软件技术。

从以上定义可以得出，OLAP 的技术核心是"维"这个概念，因此 OLAP 也可以说是多维数据分析工具的集合。

2. 多维数据模型

多维数据模型是数据分析时用户的数据视图，是面向分析的数据模型，用于给分析人员提供多种观察的视角和面向分析的操作。

多维数据模型的数据结构可以用一个多维数组来表示：（维 1，维 2，…，维 n，变量）。一般地，多维数组用多维立方体来表示。如图 12-10 所示，某个商品的销售数据是按时间、地区、销售渠道组织起来的三维立方体（时间，地区，销售渠道）。

如果加上销售额，就组成了一个多维数组（时间，地区，销售渠道，销售额）。

3. 多维数据分析操作

多维分析是指对以多维形式组织起来的数据采取切片、切块、旋转、钻取等各种分析动作，以求剖析数据，使最终用户能从多个角度、多个侧面观察数据库中的数据，从

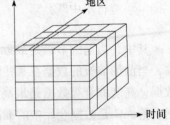

图 12-10　按时间、地区、销售渠道组织起来的三维立方体

而深入地了解包含在数据中的信息及其内涵。多维分析方式迎合了人的思维模式，减少了混淆，降低了出现错误解释的可能性。

4. OLAP 的实现方式

OLAP 是建立在客户端/服务器结构之上的，因为要对来自基层的数据（数据库或者数

据仓库）进行多维化或综合预处理，因此不同于传统的 OLTP 的两层客户端/服务器结构，OLAP 实施的体系结构是三层客户端/服务器结构。三层结构如图 12-11 所示。

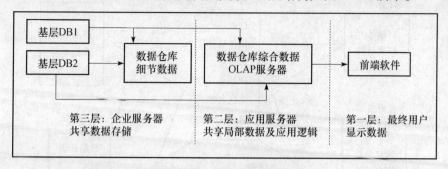

图 12-11 OLAP 实施的体系结构

从图 12-11 中可以看出，OLAP 实施的关键主要有两点：1）如何组织来自不同的数据源或者数据仓库中的数据，即 OLAP 服务器的设计；2）OLAP 服务器与前端工具的连接，OLAP 与前端工具的连接桥梁就是多维数据分析，也就是 OLAP 服务器必须以多维的形式进行构建。

目前市场上已经出现了很多有关 OLAP 的软件工具和工具集，它们在具体实现上可能有些差别，如服务器的数据组织方法不同但基本上是遵循这三层结构的。

OLAP 有多种实现方法，根据存储数据的方式不同可以分为多维 OLAP（Multidimensional OLAP，MOLAP）、关系 OLAP（Relational OLAP，ROLAP）和混合型 OLAP（Hybrid OLAP，HOLAP）三种类型。

（1）MOLAP

基于多维数据库的 OLAP 以多维数据库为核心。所谓多维数据库，简单地说就是以多维方式组织数据，以多维方式显示数据。

MOLAP 使用多维数组存储数据。多维数据在存储中将形成"数据立方体"（cube）的结构，此结构在得到高度优化后，可以最大限度地提高查询性能。随着源数据的更改，MOLAP 存储中的对象必须定期处理以合并这些更改。两次处理之间的时间将构成滞后时间，在此期间，OLAP 对象中的数据可能无法与当前源数据相匹配。维护人员可以对 MOLAP 存储中的对象进行不中断的增量更新。MOLAP 的优势在于由于经过了数据多维预处理，分析时数据运算效率高，其主要的缺陷在于数据更新有一定延滞。

（2）ROLAP

基于关系数据库的 OLAP 以关系数据库为核心，那如何用二维表来表达多维概念呢？

关系数据库将多维数据库中的多维结构分为两类表：维度表（dimension table）和事实表（fact table）。

1）维度表。用维度表来记录多维数据库中的维度，即将多维数据立方体的坐标轴上的各个取值记录在一张维度表中，这样对于一个 n 维数据，ROLAP 中就存在 n 张维度表。

2）事实表。用事实表来记录多维数据立方体各个维度的交点的度量值。除此之外，事实表中还包含各个维度表的码键。

事实表通过每一个维度的值和维度表联系在一起，形成一个"星型模型"（star schema），图 12-12 所示就是一个星型结构。

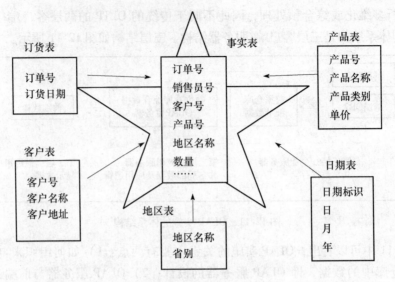

图 12-12　星型结构

　　建立了"星型模式"之后，就可以在关系数据库中模拟数据的多维查询。通过维度表的主码，对事实表和维度表作连接操作，就可以得到数据的值以及对数据的多维描述。

　　但是在实际的应用中，人们观察数据的角度是多层次的，即数据的维不止一个层次，对于维内复杂的层次，用一张维度表描述会带来过多的冗余数据，因此可以用多张表来描述一个复杂的维。如产品维可进一步划分成类型表、颜色表等。这样在星型上出现了一个分支，这种变化的"星型模型"称为"雪片式模型"，如图 12-13 所示。

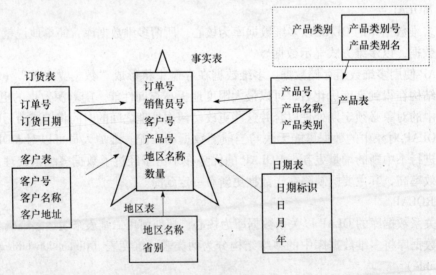

图 12-13　雪片型模型

　　无论采用星型模式还是雪花型模式，关系型联机分析处理（ROLAP）都具有以下特点：

- 数据结构和组织模式需要预先设计和建立。
- 数据查询需要进行表连接，这在查询性能测试中往往是影响速度的关键。
- 数据汇总查询（例如查询某个品牌的所有产品销售额），需要进行分组（group by）操作，虽然实际得出的数据量很少，但查询时间变得更长。

- 为了改善数据汇总查询的性能，可以建立汇总表，但汇总表的数量与用户分析的角度数目和每个角度的层次数目密切相关。例如，用户从 8 个角度进行分析，每个角度有 3 个汇总层次，则汇总表的数目高达 3 的 8 次方。

因此可以采取对常用的汇总数据建立汇总表，对不常用的汇总数据进行分组操作的方式，来达到性能和管理复杂度之间的均衡。

（3）HOLAP

HOLAP 表示基于混合数据组织的 OLAP 实现（Hybrid OLAP），用户可以根据自己的业务需求，选择哪些模型采用 ROLAP，哪些采用 MOLAP。一般来说，会对不常用或需要灵活定义的分析使用 ROLAP 方式，而对常用、常规模型采用 MOLAP 方式实现。

12.6.4　数据挖掘技术

近年来，数据挖掘引起了信息产业界的极大关注，其主要原因是存在大量数据可以广泛使用，并且迫切需要将这些数据转换成有用的信息和知识。获取的信息和知识可以广泛应用于各种领域，如商务管理、生产控制、市场分析、工程设计和科学探索等。

面对海量数据库和大量繁杂信息，如何才能从中提取有价值的知识，进一步提高信息的利用率，引发了一个新的研究方向：基于数据库的知识发现（Knowledge Discovery in Database）及相应的数据挖掘（Data Mining）理论和技术的研究。

1. 数据挖掘定义

数据挖掘（Data Mining，DM），简单地讲就是从大量数据中挖掘或抽取出知识，从海量的数据中抽取感兴趣的（有价值的、隐含的、以前没有用但是潜含有用信息的）模式和知识。

数据挖掘概念的定义描述有若干版本，以下给出一个被普遍采用的定义描述：数据挖掘，又称为数据库中的知识发现（Knowledge Discovery in Database，KDD），它是一个从大量数据中抽取、挖掘出未知的、有价值的模式或规律等知识的复杂过程。数据挖掘的全过程定义描述如图 12-14 所示。

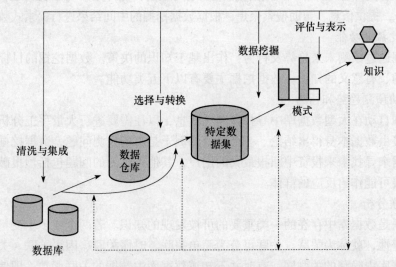

图 12-14　知识挖掘的过程示意图

如图 12-14 所示，整个知识挖掘过程是由若干挖掘步骤组成的，而数据挖掘仅是其中的一个主要步骤。整个知识挖掘的主要步骤有：

1）数据清洗：其作用是清除数据噪声和与挖掘主题明显无关的数据。

2）数据集成：其作用是将来自多数据源中的相关数据组合到一起。

3）数据转换：其作用是将数据转换为易于进行数据挖掘的数据存储形式。

4）数据挖掘：知识挖掘的一个基本步骤，其作用是利用智能方法挖掘数据模式或规律知识。

5）模式评估：其作用是根据一定评估标准从挖掘结果中筛选出有意义的模式知识。

6）知识表示：其作用是利用可视化和知识表达技术，向用户展示所挖掘出的相关知识。

基于图 12-14 所示的数据挖掘过程，一个典型的数据挖掘系统可用图 12-15 表示。

数据挖掘系统主要包含以下主要部件：

1）数据库、数据仓库或其他信息库：一个或一组数据库、数据仓库、电子表格或其他类型的信息库，可以在数据上进行数据清理和集成。

2）数据库或数据仓库服务器：根据用户的挖掘请求，数据库或数据仓库服务器负责提取相关数据。

3）知识库：领域知识，用于指导搜索或评估结果模式的兴趣度。

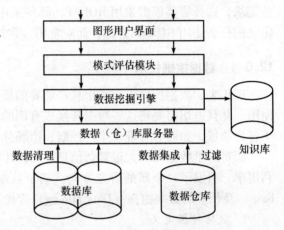

图 12-15　数据挖掘系统的组成

4）数据挖掘引擎：数据挖掘系统的基本部分，由一组功能模块组成，用于特征化、关联、分类、聚类分析以及演变和偏差分析。

5）模式评估模块：使用兴趣度量，并与数据挖掘模块交互，以便将搜索聚焦在有兴趣的模式上，可能使用兴趣度阈值过滤发现的模式。

6）图形用户界面：在用户和数据挖掘系统之间通信，允许用户与系统交互，指定数据挖掘查询或任务，提供信息，帮助搜索聚焦，根据数据挖掘的中间结果进行探索式数据挖掘。

2. 数据挖掘的功能

数据挖掘通过预测未来趋势及行为，作出基于知识的决策。数据挖掘的目标是从数据库中发现隐含的、有意义的知识。数据挖掘主要有以下五类功能。

（1）自动预测趋势和行为

数据挖掘自动在大型数据库中寻找预测性信息，以往需要进行大量手工分析的问题如今可以迅速直接由数据本身得出结论。一个典型的例子是市场预测问题，数据挖掘使用过去有关促销的数据来寻找未来投资中回报最大的用户，其他可预测的问题包括预报破产以及认定对指定事件最可能作出反应的群体。

（2）关联分析

数据关联是数据库中存在的一类重要的可被发现的知识。若两个或多个变量的取值之间存在某种规律性，就称为关联。关联可分为简单关联、时序关联、因果关联。关联分析的目的是找出数据库中隐藏的关联网。有时并不知道数据库中数据的关联函数，即使知道也是不确定的，因此关联分析生成的规则带有可信度。

（3）聚类

数据库中的记录可划分为一系列有意义的子集，即聚类。聚类增强了人们对客观现实的认识，是概念描述和偏差分析的先决条件。聚类技术主要包括传统的模式识别方法和数学分类学。20 世纪 80 年代初，Mchalski 提出了概念聚类技术，其要点是，在划分对象时不仅考虑对象之间的距离，还要求划分出的类具有某种内涵描述，从而避免了传统技术的某些片面性。

（4）概念描述

概念描述就是对某类对象的内涵进行描述，并概括这类对象的有关特征。概念描述分为特征性描述和区别性描述，前者描述某类对象的共同特征，后者描述不同类对象之间的区别。生成一个类的特征性描述只涉及该类对象中所有对象的共性。生成区别性描述的方法很多，如决策树方法、遗传算法等。

（5）偏差检测

数据库中的数据常有一些异常记录，从数据库中检测这些偏差很有意义。偏差包括很多潜在的知识，如分类中的反常实例、不满足规则的特例、观测结果与模型预测值的偏差、量值随时间的变化等。偏差检测的基本方法是，寻找观测结果与参照值之间有意义的差别。

3. 数据挖掘的研究热点

当前，数据挖掘及知识发现的研究方兴未艾，其研究与开发的总体水平相当于数据库技术在 20 世纪 70 年代所处的地位，迫切需要类似于关系模式、DBMS 系统和 SQL 查询语言等理论和方法的指导，才能使数据挖掘的应用得以普遍推广。目前数据挖掘的研究热点主要包括以下几个方面：

1）发现语言的形式化描述，即研究专门用于知识发现的数据挖掘语言，它也许会像 SQL 语言一样走向形式化和标准化。

2）寻求数据挖掘过程中的可视化方法，使知识发现的过程能够被用户理解，也便于在知识发现的过程中进行人机交互。

3）研究在网络环境下的数据挖掘技术（web mining），特别是在因特网上建立 DMKD 服务器，并且与数据库服务器配合，实现数据挖掘。

4）加强对各种非结构化数据的开采（Data Mining for Audio&Video），如对文本数据、图形数据、视频图像数据、声音数据乃至综合多媒体数据的开采。

5）处理的数据将会涉及更多的数据类型，这些数据类型或者比较复杂，或者结构比较独特。为了处理这些复杂的数据，就需要一些新的和更好的分析和建立模型的方法，同时还会涉及为处理这些复杂或独特数据所做的费时和复杂数据准备的一些工具和软件。

6）交互式发现。

7）知识的维护更新。

总之，只有从数据中有效地提取信息，从信息中及时地发现知识，才能为人类的思维决策和战略发展服务。随着计算机计算能力的发展和业务复杂性的提高，可挖掘的数据的类型会越来越多、越来越复杂，数据挖掘将发挥出越来越大的作用。

12.7　小结

数据库是数据处理的重要工具，在计算机系统中占有无可替代的地位。在传统的关系数据库取得巨大成功的同时，数据库技术也适应时代发展的需要，涌现了许多新的研究成果，本章选取其中的面向对象数据库、分布式数据库、多媒体数据库、移动数据库、数据仓库与数据挖掘作了简单介绍。

面向对象数据库是将面向对象的思想与数据库技术相结合而产生的，它克服了关系模型由于结构简单而难以表示复杂对象的不足，可以支持关系数据库无法构造的一些数据类型，如集合、列表、数组等。根据面向对象技术和关系数据库技术的结合形式，可以把面向对象数据库分为两种，一种是对传统的关系数据库加以扩展，增加面向对象的特性，称为对象关系数据库；另一种则是纯粹的面向对象数据库。

分布式数据库是将计算机网络与数据库技术相结合而产生的，它使传统的数据库从集中式计算走向分布式计算。它的主要优点是可靠性高、性能好、可扩展性好以及与分布式的企业组织结构相对应。分布式数据库要为用户提供分布的透明性。包括位置透明性、分片透明性和复制透明性。用户可以像访问集中式数据库一样来访问分布式数据库。与集中式数据库相比，分布式数据库系统的复杂度要高得多，这包括分布式的查询优化、并发控制、故障恢复、死锁处理等，它的目标是降低网络通信开销，提高数据访问的本地化程度。

多媒体数据库是指数据库中的信息不仅涉及各种数字、字符等格式化的表达形式，而且还包括多媒体信息的非格式化表达形式，数据管理要涉及各种复杂对象的处理。多媒体数据库涉及的主要技术包括：大容量、高带宽的存储器系统、多媒体数据模型、元数据及其生成、查询和索引技术等。

移动数据库系统是支持移动计算或某种特定计算模式的数据库。移动数据库的计算环境是传统分布式数据库的扩展，它可以看做是客户端与固定服务器节点动态连接的分布式系统。在移动数据库的关键技术的研究中，比较重要的有复制与缓存技术、数据广播技术、移动查询技术、移动事务处理技术等。

传统的数据库在事务处理方面非常优秀，但在数据分析决策方面则显得力不从心。数据仓库是一个面向主题的、集成的、相对稳定的、反映历史变化的数据集合，它适合于OLAP。数据仓库定期地从数据库等数据源中抽取数据进行更新。数据仓库和OLAP一般都是基于多维数据模型的，该模型将数据看做数据立方体的形式，它由维和度量来定义构成一个多维空间。数据挖掘是从大量的、不完全的、有噪声的、模糊的数据中提取出含在其中的、潜在有用的信息和知识的过程，它主要包括自动预测趋势和行为、关联分析、聚类、概念描述、偏差检测等功能。

习题

1. 什么是面向对象数据库？试举例说明面向对象数据库的应用。
2. 面向对象数据库应该具备哪些基本特征？
3. 什么是分布式数据库？它有什么特点？
4. 什么是多媒体数据库？它有什么特点？
5. 多媒体数据库要解决的关键技术问题有哪些？
6. 什么是移动数据库？它与分布式数据库有何联系？
7. 什么是数据仓库？数据仓库的四个基本特征是什么？
8. 操作型数据和分析型数据的主要区别是什么？
9. 进行多维分析处理的方法主要有几种？举例说明。
10. 简要描述数据仓库、多维分析处理、数据挖掘之间的联系及区别。

参 考 文 献

[1] 王珊，萨师煊. 数据库系统概论 [M]. 4 版. 北京：高等教育出版社，2007.

[2] 施伯乐. 数据库系统教程 [M]. 2 版. 北京：高等教育出版社，2005.

[3] 王琬茹，等. SQL Server 2005 数据库原理及应用教程 [M]. 北京：清华大学出版社，2008.

[4] 王晟. Visual C#.NET 数据库开发经典案例解析 [M]. 北京：清华大学出版社，2005.

[5] 常玉慧. 数据库原理与应用 [M]. 北京：科学出版社，2006.

[6] 李建中，王珊. 数据库系统原理 [M]. 2 版. 北京：电子工业出版社，2004.

[7] 李小英，SQL Server 2005 数据库原理与应用基础 [M]. 北京：清华大学出版社，2008.

[8] 邵超，等. 数据库实用教程：SQL Server 2008 [M]. 北京：清华大学出版社.

[9] 陈志泊，李冬梅，王春玲. 数据库原理及应用教程 [M]. 北京：人民邮电出版社，2002.

[10] 钱雪忠. 数据库原理及应用 [M]. 2 版. 北京：北京邮电大学出版社，2007.

[11] 何玉洁. 数据库管理与编程技术 [M]. 北京：清华大学出版社，2007.

[12] 王珊，李盛恩. 数据库基础与应用 [M]. 北京：人民邮电出版社，2002.

[13] 段凡丁，苏斌. 数据库基础及应用 [M]. 西安：西南交通大学出版社，2003.

[14] 程云志. 数据库原理与 SQL Server 2005 应用教程 [M]. 北京：机械工业出版社，2006.

[15] 胡燕. 数据库技术及应用 [M]. 北京：清华大学出版社，2005.

[16] 王雯，刘新亮，左敏，数据库原理及应用 [M]. 北京：机械工业出版社，2009.

[17] 何玉洁，梁琦，等. 数据库原理与应用 [M]. 2 版. 北京：机械工业出版社，2011.

[18] 张蒲生. 数据库应用技术 SQL Server 2005 提高篇 [M]. 北京：机械工业出版社，2008.

[19] 高巍巍. 数据库基础与应用：SQL Server 2008 [M]. 北京：清华大学出版社，2011.

[20] 李春葆，等. 数据库系统开发教程：基于 SQL Server 2005 + VB [M]. 北京：清华大学出版社，2008.

[21] Microsoft. MSDN for. NET [EB/OL]. 2005.

[22] Microsoft. SQL Server 联机丛书 [EB/OL]. 2008.

相关图书

书　名	书号 (ISBN)	作　者	译者	出版日期	价格
数据库基础案例教程与实验指导	978-7-111-32156-9	张巨俭		2011	35.00
Access数据库应用教程	978-7-111-33023-3	朱翠娥		2011	29.80
分布式数据库系统原理与应用	978-7-111-34524-4	申德荣 等		2011	35.00
数据库原理与应用教程 第3版	7-111-31204-8	何玉洁		2010	29.80
数据库原理与应用	7-111-19871-9	何玉洁		2006	32.00
数据库技术原理与应用教程	7-111-22945-2	徐洁磬 常本勤		2008	29.00
数据库技术原理与应用教程学习与实验指导	7-111-29126-8	常本勤 徐洁磬		2010	19.80
数据库系统实现 第2版	978-7-111-30287-2	Hector Garcia-Molina	杨冬青 等	2010	59.00
数据库系统导论（原书第8版）	7-111-21333-8	C. J. Date	孟小峰 王珊 等	2007	75.00
数据库系统概念（原书第5版·本科教学版）	7-111-23422-7	Abraham Silberschatz; Henry F. Korth; S. Sudarshan	杨冬青 马秀莉 等	2008	45.00
数据库系统概念、设计及应用	7-111-27958-7	S. K Singh	何玉洁	2009	89.00
数据库系统基础教程（英文版·第3版）	7-111-24733-3	Jeffrey D. Ullman; Jennifer Wdom		2008	45.00
数据库系统基础教程（原书第三版）	7-111-26828-4	Jeffrey D. Ullman; Jennifer Wdom	岳丽华 金培权 等	2009	45.00
数据库系统实现（英文版 第2版）	7-111-28860-2	（美）Jeffrey D Ulman		2009	55.00
数据库应用技术 SQL Server 2005提高篇	7-111-23518-7	张蒲生		2008	29.00
数据库应用技术SQL Server 2005基础篇	7-111-22791-5	张蒲生		2008	26.00
网络数据库技术应用	7-111-24609-1	周玲艳 张希		2008	25.00
SQL Server2005数据库管理与开发实用教程	7-111-286684	李丹		2009	29.00
数据库技术应用教程	7-111-20741-2	何宁 黄文斌 熊建强		2007	29.00
数据库技术应用实验教程	7-111-20953-9	何宁 滕冲 熊素萍		2007	19.00
Visual FoxPro数据库管理系统教程	7-111-22967-4	程玮 陆晶		2008	26.00
Visual FoxPro数据库与程序设计教程	7-111-20561-6	张莹		2007	28.00

教师服务登记表

尊敬的老师：

您好！感谢您购买我们出版的 _____ 教材。

机械工业出版社华章公司为了进一步加强与高校教师的联系与沟通，更好地为高校教师服务，特制此表，请您填妥后发回给我们，我们将定期向您寄送华章公司最新的图书出版信息！感谢合作！

个人资料（请用正楷完整填写）

教师姓名		□先生 □女士	出生年月		职务		职称：□教授 □副教授 □讲师 □助教 □其他
学校			学院			系别	

联系电话	办公：		联系地址及邮编	
	宅电：			
	移动：		E-mail	

学历		毕业院校		国外进修及讲学经历	
研究领域					

主讲课程	现用教材名	作者及出版社	共同授课教师	教材满意度
课程： □专 □本 □研 人数： 学期：□春□秋				□满意 □一般 □不满意 □希望更换
课程： □专 □本 □研 人数： 学期：□春□秋				□满意 □一般 □不满意 □希望更换

样书申请	
已出版著作	已出版译作
是否愿意从事翻译/著作工作 □是 □否 方向	
意见和建议	

填妥后请选择以下任何一种方式将此表返回：（如方便请赐名片）
地　址：北京市西城区百万庄南街1号　华章公司营销中心　　邮编：100037
电　话：(010) 68353079 88378995　传真：(010)68995260
E-mail:hzedu@hzbook.com　markerting@hzbook.com　图书详情可登录http://www.hzbook.com网站查询